"十二五"普通高等教育本科国家级规划教材

"十二五"江苏省高等学校重点教材（编号：2014-1-021）

21世纪高等学校计算机基础实用规划教材

数字逻辑电路设计学习指导与实验教程

（第二版）

马汉达 赵念强 曾宇 等 编著

清华大学出版社

北京

内容简介

本书分为两部分，第一部分是课程的学习指导，根据鲍可进主编的《数字逻辑电路设计》（第二版）教材的内容，主要从课程的要点指导、例题精讲、习题答案3个方面对每一章的重点内容进行概括和总结，方便学生学习；第二部分是实验教程，主要介绍数字逻辑电路设计课程实验涉及的相关内容，如EDA技术的基本概念、开发方法，Quartus Ⅱ开发工具，以提高学生实践动手能力和工程设计能力为目的。本书精心选择了若干个基础实验和综合性的实验内容，实验具有一定的层次性，还具有较强的综合性、设计性、实用性和趣味性，能够引起学生的学习兴趣，从而激发他们内在的学习动力。

本书可作为高等院校电子信息、通信工程、计算机科学与技术、软件工程、网络工程、自动化等电气信息类专业数字逻辑电路设计课程和EDA技术课程的实验教学用书，同时也可作为高等院校相关专业的教学参考书。

图书在版编目(CIP)数据

数字逻辑电路设计学习指导与实验教程/马汉达，赵念强，曾宇等编著．—2版．—北京：清华大学出版社，2015(2023.8重印)

(21世纪高等学校计算机基础实用规划教材)

ISBN 978-7-302-40884-0

Ⅰ．①数…　Ⅱ．①马…　②赵…　③曾…　Ⅲ．①数字电路－逻辑电路－电路设计－高等学校－教材　Ⅳ．①TN790.2

中国版本图书馆CIP数据核字(2015)第164373号

责任编辑：刘向威　薛　阳
封面设计：何凤霞
责任校对：焦丽丽
责任印制：杨　艳

出版发行：清华大学出版社
网　　址：http://www.tup.com.cn，http://www.wqbook.com
地　　址：北京清华大学学研大厦A座　　**邮　　编**：100084
社 总 机：010-83470000　　**邮　　购**：010-62786544
投稿与读者服务：010-62776969，c-service@tup.tsinghua.edu.cn
质量反馈：010-62772015，zhiliang@tup.tsinghua.edu.cn
课件下载：http://www.tup.com.cn，010-83470236
印 装 者：涿州市般润文化传播有限公司
经　　销：全国新华书店
开　　本：185mm×260mm　　**印　　张**：13.5　　**字　　数**：323千字
版　　次：2012年8月第1版　2015年8月第2版　　**印　　次**：2023年8月第10次印刷
印　　数：5101～5600
定　　价：39.00元

产品编号：064143-02

出版说明

随着我国改革开放的进一步深化，高等教育也得到了快速发展，各地高校紧密结合地方经济建设发展需要，科学运用市场调节机制，加大了使用信息科学等现代科学技术提升、改造传统学科专业的投入力度，通过教育改革合理调整和配置了教育资源，优化了传统学科专业，积极为地方经济建设输送人才，为我国经济社会的快速、健康和可持续发展以及高等教育自身的改革发展做出了巨大贡献。但是，高等教育质量还需要进一步提高以适应经济社会发展的需要，不少高校的专业设置和结构不尽合理，教师队伍整体素质亟待提高，人才培养模式、教学内容和方法需要进一步转变，学生的实践能力和创新精神亟待加强。

教育部一直十分重视高等教育质量工作。2007 年 1 月，教育部下发了《关于实施高等学校本科教学质量与教学改革工程的意见》，计划实施“高等学校本科教学质量与教学改革工程（简称‘质量工程’）”，通过专业结构调整、课程教材建设、实践教学改革、教学团队建设等多项内容，进一步深化高等学校教学改革，提高人才培养的能力和水平，更好地满足经济社会发展对高素质人才的需要。在贯彻和落实教育部“质量工程”的过程中，各地高校发挥师资力量强、办学经验丰富、教学资源充裕等优势，对其特色专业及特色课程（群）加以规划、整理和总结，更新教学内容、改革课程体系，建设了一大批内容新、体系新、方法新、手段新的特色课程。在此基础上，经教育部相关教学指导委员会专家的指导和建议，清华大学出版社在多个领域精选各高校的特色课程，分别规划出版系列教材，以配合“质量工程”的实施，满足各高校教学质量和教学改革的需要。

本系列教材立足于计算机公共课程领域，以公共基础课为主、专业基础课为辅，横向满足高校多层次教学的需要。在规划过程中体现了如下一些基本原则和特点。

（1）面向多层次、多学科专业，强调计算机在各专业中的应用。教材内容坚持基本理论适度，反映各层次对基本理论和原理的需求，同时加强实践和应用环节。

（2）反映教学需要，促进教学发展。教材要适应多样化的教学需要，正确把握教学内容和课程体系的改革方向，在选择教材内容和编写体系时注意体现素质教育、创新能力与实践能力的培养，为学生的知识、能力、素质协调发展创造条件。

（3）实施精品战略，突出重点，保证质量。规划教材把重点放在公共基础课和专业基础课的教材建设上；特别注意选择并安排一部分原来基础比较好的优秀教材或讲义修订再版，逐步形成精品教材；提倡并鼓励编写体现教学质量和教学改革成果的教材。

（4）主张一纲多本，合理配套。基础课和专业基础课教材配套，同一门课程可以有针对不同层次、面向不同专业的多本具有各自内容特点的教材。处理好教材统一性与多样化，基本教材与辅助教材、教学参考书，文字教材与软件教材的关系，实现教材系列资源配套。

(5) 依靠专家,择优选用。在制定教材规划时依靠各课程专家在调查研究本课程教材建设现状的基础上提出规划选题。在落实主编人选时,要引入竞争机制,通过申报、评审确定主题。书稿完成后要认真实行审稿程序,确保出书质量。

繁荣教材出版事业,提高教材质量的关键是教师。建立一支高水平教材编写梯队才能保证教材的编写质量和建设力度,希望有志于教材建设的教师能够加入到我们的编写队伍中来。

21世纪高等学校计算机基础实用规划教材
联系人:魏江江 weijj@tup.tsinghua.edu.cn

前　言

为贯彻落实教育部《关于进一步加强高等学校本科教学工作的若干意见》和《教育部关于以就业为导向深化高等职业教育改革的若干意见》的精神，加强教材建设，确保教材质量，作者编写了此教材。

本书分为两部分，共 10 章。第一部分是“数字逻辑电路设计”课程的学习指导，共分 6 章，是根据鲍可进教授主编的《数字逻辑电路设计(第二版)》教材的第 1～6 章的主要内容从要点指导、例题精讲、习题答案 3 个方面进行归纳和总结，对于学生学习该课程具有很好的指导价值。第二部分是数字逻辑电路的实验教程，共分 4 章，主要对数字逻辑电路设计和 EDA 技术课程实验涉及的相关内容进行介绍，内容包括 EDA 的基本概念、设计流程、设计方法和常用开发工具以及 Quartus Ⅱ 的设计流程、文本输入设计过程和原理图设计方法。在第二版中对第 1 版内容进行了优化，本书的基本实验部分以提高学生实践动手能力和工程设计能力为目的，精心选择了 20 个不同难度的基础实验，供不同专业、不同学时的学生选用；综合性设计性的实验部分，设计了 6 个典型工程应用设计案例，所有的实验项目在内容安排上由浅入深、循序渐进，便于读者的学习和教学使用。

本书由马汉达、赵念强、曾宇等编著，鲍可进主审，其中第一部分的第 1～6 章由赵念强主要负责编写，其中的第 1 章 1.3 节、第 5 章的 5.3 节由鲍可进编写，第 2 章的 2.3 节和第 4 章的 4.3 节由赵不贿编写。第二部分的第 7～9 章和附录部分由马汉达编写，第 10 章由曾宇、马汉达编写。由于作者水平有限，书中难免存在不当之处，敬请广大读者批评指正。

编　者

2015 年 6 月

目　录

第一部分　学习指导

第二部分 实验教程

第一部分　学习指导

第1章 数字系统与编码

【学习要求】

本章讲述了数字系统中最基础的知识——数制与编码，主要包括各种进制数的表示方法与相互转换、带符号二进制数的编码表示方法及运算、十进制数的二进制编码、各种可靠性编码及字符编码。要求学生重点掌握各种进制数之间的相互转换、真值与三种机器数(原码、反码、补码)之间的相互转换、补码的运算、十进制数与8421码和余3码之间的相互转换以及8421码和余3码的加减运算、二进制数与格雷码之间的相互转换。

1.1 要点指导

1. 数制

1）进位记数制

数制是指用一组固定的符号和统一的规则进行记数的方法。如果按照进位规则记数，则称为进位记数制。任何一种进位记数制都有基数和权两个基本要素。

基数是指某种进位记数制中使用的数字符号的个数。权是指在某种进位记数制中，数字符号根据其所处的位置不同所代表的单位大小。

数有并列表示法和多项式表示法两种表示方法。并列表示法是将各位数字简单罗列的方法，如$(N)_R=(r_{n-1}r_{n-2}\cdots r_1 r_0.r_{-1}r_{-2}\cdots r_{-m})_R$，$r_i\in\{0,1,2,\cdots,R-1\}$表示有$n$位整数和$m$位小数的$R$进制数据。多项式表示法又称为按权展开式，即将各位的数字与其对应的权相乘然后再求和的一种表示方法。如：

$$\begin{aligned}(N)_R &= (r_{n-1}r_{n-2}\cdots r_1r_0.r_{-1}r_{-2}\cdots r_{-m})_R\\ &= (r_{n-1}\times R^{n-1}+r_{n-2}\times R^{n-2}+\cdots r_1\times R^1+r_0\times R^0\\ &\quad +r_{-1}\times R^{-1}+r_{-2}\times R^{-2}+\cdots+r_{-m}\times R^{-m})_R\\ &= \sum_{i=-m}^{n-1} r_i\times R^i,\quad r_i\in\{0,1,2,\cdots,R-1\}\end{aligned}$$

常用的进位记数制有二进制、八进制、十进制、十六进制等，其特点如表1-1所示。

表1-1 4种常用进位记数制的特点

数制	基数	使用的字符	进位规则	表示形式	权
二进制	2	0、1	逢二进一	$(N)_2=(r_{n-1}\cdots r_0.r_{-1}\cdots r_{-m})_2=\sum_{i=-m}^{n-1}r_i\times 2^i$	2^i
八进制	8	0～7	逢八进一	$(N)_8=(r_{n-1}\cdots r_0.r_{-1}\cdots r_{-m})_8=\sum_{i=-m}^{n-1}r_i\times 8^i$	8^i

续表

数制	基数	使用的字符	进位规则	表示形式	权
十进制	10	0～9	逢十进一	$(N)_{10}=(r_{n-1}\cdots r_0.r_{-1}\cdots r_{-m})_{10}=\sum_{i=-m}^{n-1}r_i\times 10^i$	10^i
十六进制	16	0～9,A～F	逢十六进一	$(N)_{16}=(r_{n-1}\cdots r_0.r_{-1}\cdots r_{-m})_{16}=\sum_{i=-m}^{n-1}r_i\times 16^i$	16^i

2）数制转换

各种进制数之间的相互转换方法汇总如表 1-2 所示。

表 1-2　进制转换方法汇总

进制转换	方　　法	要　　点
α 进制→十进制	按权展开法	第 i 位的权为 α^i，而非 10^i
十进制整数→α 进制	除 α 取余法	直到商为 0 为止，第一次得到的余数为最低位，最后一次得到的余数为最高位
十进制小数→α 进制	乘 α 取整法	直到小数部分为 0 或达到要求的精度为止，第一次得到的整数为最高位，最后一次得到的整数为最低位
α 进制↔β 进制	α 进制↔十进制↔β 进制	以十进制为桥梁进行转换
2^i 进制↔二进制	1 位 2^i 进制↔i 位二进制	牢记 1 位 2^i 进制与 i 位二进制之间的对应关系
2^i 进制↔2^j 进制	2^i 进制↔二进制↔2^j 进制	以二进制为桥梁进行转换，牢记 1 位 2^i、2^j 进制与 i、j 位二进制之间的对应关系

表中 2^i 进制↔2^j 进制的转换，常见的是八进制和十六进制之间的相互转换，以二进制为桥梁要比以十进制为桥梁更为方便，但要牢记 1 位 2^i、2^j 进制与 i、j 位二进制之间的对应关系。可以采用按权展开的方法进行记忆。

十进制→α 进制的转换也可以按照“按权累加”的方法直接进行，这样比采用“除 α 取余”法和“乘 α 取整”法更方便快捷。如：

$$(169.375)_{10}=(128)_{10}+(32)_{10}+(8)_{10}+(1)_{10}+(0.25)_{10}+(0.125)_{10}$$
$$=(10101001.011)_2$$

2. 编码

1）带符号数的代码表示

这部分首先要掌握真值和机器数的概念。真值是人们直接用＋号和－号表示数据正、负的一种带符号数的表示方法。机器数是计算机或其他数字系统中有符号数的表示方法，即将＋号和－号转换成数字 0 和 1，并将数据位做适当变换(或不变换)的表示方法。根据数据位变换规则的不同，机器数有原码、反码和补码三种常见的表示形式，表 1-3 对这三种机器数进行了总结。

相对于原码和反码来讲，补码有表示形式唯一、运算速度快等优势，因此在计算机等数字系统中被广泛使用。教材中有关补码的快速求法和特殊数据的补码求法需要熟练掌握。另外，要熟练掌握真值、原码、反码和补码之间的相互转换，已知其中任意一种代码，应能熟练地写出其他代码。代码之间的相互转换方法是相同的，如从负数的原码到补码的转换是数值位变反加 1，符号位不变，那么从负数的补码到原码的转换也是数值位变反加 1，符号位不变。

表 1-3　三种常见机器数的比较

机器数	原　　码	反　　码	补　　码
编码规则	符号位：+和−转换成0和1，数值位不变	符号位：+和−转换成0和1，正数的数值位不变，负数的数值位按位取反	符号位：+和−转换成0和1，正数的数值位不变，负数的数值位变反加1
0的表示形式	$[+0]_{原}=0.00\cdots00$ $[-0]_{原}=1.00\cdots00$	$[+0]_{反}=0.00\cdots00$ $[-0]_{反}=1.11\cdots11$	$[+0]_{补}=0.00\cdots00$ $[-0]_{补}=0.00\cdots00$
n位代码的表示范围	整数：$-2^{n-1}<N<2^{n-1}$ 小数：$-1<N<1$	整数：$-2^{n-1}<N<2^{n-1}$ 小数：$-1<N<1$	整数：$-2^{n-1}\leqslant N<2^{n-1}$ 小数：$-1\leqslant N<1$
加减运算规则	数值位进行加减运算，符号位需单独处理	符号位一起参与运算，加减运算统一成加法运算，需要循环进位 $[N_1+N_2]_{反}=[N_1]_{反}+[N_2]_{反}$ $[N_1-N_2]_{反}=[N_1]_{反}+[-N_2]_{反}$	符号位一起参与运算，加减运算统一成加法运算，不需要循环进位 $[N_1+N_2]_{补}=[N_1]_{补}+[N_2]_{补}$ $[N_1-N_2]_{补}=[N_1]_{补}+[-N_2]_{补}$

这里还要注意，教材中讲述已知$[N]_{补}$求$[-N]_{补}$时，引入了求补的概念，即

$$[-N]_{补}=[[N]_{补}]_{求补}$$

这里的求补运算是连同符号位一起变反加1，不区分数据的正负，与求补码的运算是两个不同的概念。

另外，在计算机等数字系统中真值的表示可以采用不同的位数，如8位、16位等，因此同一个数的真值，因为使用的位数不同会有多种不同的表示方法。比如教材中讲到$N=-2^{n-1}$（n为代码的长度）时，给出的结论是$[N]_{补}=2^{n-1}$，如$N=-10000$，则$[N]_{补}=10000$。有的同学会质疑，因为采用变反加1法得到的结论是$[N]_{补}=110000$。这里的问题就是代码位数的问题，教材中讲的是$N=-2^{n-1}$这样的特殊数的补码的求法，而且这里n是代码的位数（包括符号位），而用变反加1法求得的$[N]_{补}=110000$是用$n+1$位表示的，同样若用$n+2$位表示，则$[N]_{补}=1110000$。

2）十进制数的二进制编码

通常称为二-十进制编码，即BCD码。常用的BCD码有8421码、2421码和余3码三种，因8421码是其中最常用的一种，所以8421码也常简称为BCD码。按照代码的各位是否有固定的权值，BCD码分为有权码（各位有固定的权，如8421码、2421码等）、偏权码（在有权码的基础上加上一个偏值，如余3码）和无权码（如格雷码等）三种类型。

三种BCD码与十进制数之间的相互转换，是以4位对应1位直接进行变换的。一个n位十进制数对应的BCD码为$4n$位。

这里应特别强调的是，BCD码不是二进制数，而是用二进制编码表示的十进制数，因此每种BCD码都仅有与十进制的"0"～"9"对应的10组有效代码，另外6组为非法代码。

虽然BCD码表示的是十进制数据，但因其编码采用的是相当于1位十六进制的4位二进制数据，内部运算时也就按照十六进制的进位规则进行。因此用BCD码进行加减运算时，需要对运算结果进行适当的修正。

8421码的加法修正规则是，当两个8421码相加的结果无进位且小于或等于9时，则不需要修正（或加0修正）；当相加的结果大于9或有进位时，则该位需加6修正；低位修正的

结果使高位大于 9 或有进位时,则高位也应加 6 修正。

余 3 码的加法修正规则是,当两个余 3 码相加的结果无进位时,和需要减 3 进行修正,否则和需要加 3 进行修正。

3) 可靠性编码

可靠性代码可以提高信息传输的准确性。有两种方法可以实现代码的可靠性,一种是基于代码本身的某种特征(如相邻代码间仅有 1 位数字不同),使得代码在形成过程中不易出错。另一种是代码出错时可以被发现,甚至能对错误进行定位并予以纠正,这种代码称为校验码。

教材讲述了格雷码、奇偶校验码和汉明码三种常用的可靠性编码。格雷码就是具备上述第一种特性的可靠性编码,对于格雷码,学习时应重点掌握其代码的特点、编码方式以及与普通二进制码之间的相互转换方法。奇偶校验码和汉明码属于校验码,其中奇偶校验码因为只有 1 位校验位,相对比较简单,掌握其编码方法和校验规则即可。汉明码实际上是多重奇偶校验码(有多个校验位,进行分组奇偶校验),其功能比奇偶校验码更强大,可以对单个错误进行定位,学习时应重点理解其编码的方法和校验的过程。

4) 字符编码

这部分内容重点掌握常见字符的 ASCII 代码,后续的计算机课程中会经常用到。

数字“0”~“9”:30H~39H(后缀 H 表示是十六进制数据);

大写字母“A”~“H”:41H~5AH;

小写字母“a”~“h”:61H~7AH,与大写字母相差 20H;

空格:20H,回车:0DH,换行:0AH。

1.2 例题精讲

例 1-1 将十进制数 80.125 转换成二进制数和十六进制数。

解:十进制数转换成任意进制数的基本方法是“基数乘除法”,用该方法进行转换的过程如下:

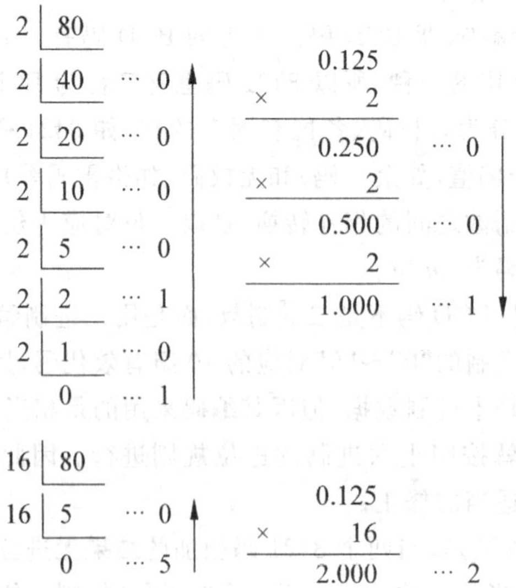

```
2 | 80
2 | 40  … 0  ↑          0.125
2 | 20  … 0  |        ×     2
2 | 10  … 0  |        -------
2 | 5   … 0  |          0.250  … 0  |
2 | 2   … 1  |        ×     2       |
2 | 1   … 0  |          0.500  … 0  |
    0   … 1  |        ×     2       |
                        -------      |
                        1.000  … 1  ↓

16 | 80
16 | 5   … 0  ↑          0.125
     0   … 5  |        ×    16
                        -------
                        2.000  … 2
```

即

$$(80.125)_{10}=(1010000.001)_2=(50.2)_{16}$$

在掌握基本方法的基础上，针对具体问题可灵活处理，尽可能采用简单快速的方法。本例采用“按权累加”法更快捷，具体过程为：

因为

$$(80.125)_{10}=64+16+0.125=2^6+2^4+2^{-3}$$

又因为

$$2^6=(1000000)_2,2^4=(10000)_2,2^{-3}=(0.001)_2$$

所以

$$(80.125)_{10}=(1010000.001)_2$$

求出对应的二进制数之后，可以直接按照二进制数与十六进制数的对应关系，采用“4位变1位”的方法直接求出对应的十六进制数据，具体过程如下：

$$\underline{0\,1\,0\,1}\;\underline{0\,0\,0\,0}.\underline{0\,0\,1\,0}$$
$$\downarrow\qquad\downarrow\qquad\downarrow$$
$$5\qquad 0\qquad 2$$

所以

$$(80.125)_{10}=(50.2)_{16}$$

例 1-2 已知 $N=-\frac{13}{64}$，求$[N]_{补}$和$[-N]_{补}$。

解：一般同学拿到该题后，可能首先会想到先把分数化成十进制小数，然后再转换成二进制数据，最后再求补码。这种方法虽然步骤正确但比较烦琐，而且有时会因为除不尽而影响转换精度。

实际上，联想到教材中介绍的根据$[N]_{补}$求$\left[\frac{N}{2}\right]_{补}$的方法，不难找出该问题的简便解法。因为 $N=-\frac{13}{64}=-\frac{13}{2^6}$，所以，只要写出十进制$-13$对应的二进制数$-1101$，然后将小数点左移6位(整数的小数点默认在最低位的右边)，便可得到N的二进制小数-0.001101，再求其补码即可得到$[N]_{补}=1.110011$。

当然也可以通过先求-13，即二进制数-1101的补码$[-1101]_{补}=1110011$(用7位代码表示)，然后再将小数点左移6位，同样得到$[N]_{补}=1.110011$。

注意，教材中所讲的已知$[N]_{补}$求$\left[\frac{N}{2}\right]_{补}$的方法，是假设$\frac{N}{2}$仍然为整数的情况下进行的，此时将$[N]_{补}$右移1位，保持符号位不变，将最右边的位忽略即可(如略去的是1则有精度损失)。而此处 $N=-\frac{13}{64}$为小数，是通过左移-13对应的二进制数的小数点进行的(对于定点小数，小数点左移1位即相当于原数据右移1位)。

本题的另外一个问题，求$[-N]_{补}$可以通过对$[N]_{补}$进行求补运算得到，即

$$[-N]_{补}=[[N]_{补}]_{求补}=0.001101$$

当然也可以直接对$-N=0.001101$直接求补码得到。这里应注意求补码的运算和求补运算是两个完全不同的概念。

例 1-3 已知$[N_1]_{反}=10110101$、$[N_2]_{补}=10000000$，求 N_1 和 N_2 对应的十进制真值。

解：前面已经强调，大家要掌握三种机器数与真值之间的相互转换，已知其中任意一种代码，就应该能快速地写出其余代码。任意两种代码之间的相互转换方法是相同的，比如已知原码求反码的方法是符号位不变，负数时数值位取反，那么从反码回到原码也是同样的过程。

在本题中，因为$[N_1]_{反}=10110101$，所以$[N_1]_{原}=11001010$，进而 $N_1=(-1001010)_2=(-74)_{10}$。

对于本题的 N_2 要特别注意，它属于-2^{n-1}(n 为代码长度)这样的特殊数字的补码。因为$[N_2]_{补}=10000000$，所以 $N_2=(-10000000)_2=(-128)_{10}$。

例 1-4 求二进制数 B=1000011.101 对应的 8421 码。

解：8421 码是用 4 位二进制编码表示 1 位十进制数字的 BCD 码，所以求二进制数的 8421 码，就要先将给定的二进制数转换成十进制数，然后再求相应十进制数的 8421 码。

$$(1000011.101)_2=(67.625)_{10}=(01100111.011000100101)_{8421}$$

例 1-5 求余 3 码 100010101001 对应的二进制数据，并将所得的二进制数转换为典型的 Gray 码。

解：余 3 码同样是用 4 位二进制编码表示 1 位十进制数字的 BCD 码，所以求余 3 码对应的二进制数，也应先求出其表示的十进制数，然后再转换成二进制数。求出二进制数之后，根据二进制数与典型 Gray 码之间的转换公式，可求出对应的典型 Gray 码。

$$(100010101001)_{余3}=(576)_{10}=(1001000000)_2=(1101100000)_{Gray}$$

例 1-6 某机器对标准 ASCII 代码进行了扩充，用一个字节表示，其中最高位 P 为奇偶校验位，低 7 位 $X_6\ X_5\ X_4\ X_3\ X_2\ X_1\ X_0$ 为标准 ASCII 码的数据位。如果校验位 P 的生成方式为 $P=X_6\oplus X_5\oplus X_4\oplus X_3\oplus X_2\oplus X_1\oplus X_0$，问该 ASCII 码的校验方式是奇校验还是偶校验。若要改成另外一种校验方式，则 P 的生成表达式应如何修改？

解：异或运算$\oplus$具有“奇数个 1 相异或结果为 1，偶数个 1 相异或结果为 0”的性质，所以，当数据位 $X_6\ X_5\ X_4\ X_3\ X_2\ X_1\ X_0$ 中含有奇数个 1 时，P 为 1，从而使整个代码中 1 的个数为偶数，所以该机器中 ASCII 码的校验方式是偶校验。

不难理解，若要改成奇校验方式，则 P 的生成表达式应为 $P=X_6\oplus X_5\oplus X_4\oplus X_3\oplus X_2\oplus X_1\oplus X_0\oplus 1$。

例 1-7 某机器中十进制数采用 8421 码表示，试给出十进制数加法 87+74=161 用 8421 码运算的过程。

解：前面已经讲过 8421 码加法，需要对结果进行修正。方法是：当两个 8421 码相加的结果无进位且小于或等于 9 时，不需要修正(或加 0 修正)；当相加的结果大于 9 或有进位时，则该位需加 6 修正；低位修正的结果使高位大于 9 或有进位时，则高位也应加 6 修正。

本题的运算过程如下：

		1	0	0	0	0	1	1	1	(87)	
+)		0	1	1	1	0	1	0	0	(74)	
		1	1	1	1	1	0	1	1		
+)						0	1	1	0		结果的低位大于9，加6调整
	1	0	0	0	0	0	0	0	1		
+)		0	1	1	0						向高位产生进位，高位加6调整
	1	0	1	1	0	0	0	0	1		表示十进制的161，结果正确

1.3 主教材习题参考答案

1.

(1) $(4517.239)_{10}=4\times10^{3}+5\times10^{2}+1\times10^{1}+7\times10^{0}+2\times10^{-1}+3\times10^{-2}+9\times10^{-3}$

(2) $(10110.010)_{2}=1\times2^{4}+0\times2^{3}+1\times2^{2}+1\times2^{1}+0\times2^{0}+0\times2^{-1}+1\times2^{-2}+0\times2^{-3}$

(3) $(325.744)_{8}=3\times8^{2}+2\times8^{1}+5\times8^{0}+7\times8^{-1}+4\times8^{-2}+4\times8^{-3}$

(4) $(785.4AF)_{16}=7\times16^{2}+8\times16^{1}+5\times16^{0}+4\times16^{-1}+10\times16^{-2}+15\times16^{-3}$

2.

(1) $(1101)_{2}=(13)_{10}=(15)_{8}=(D)_{16}$

(2) $(101110)_{2}=(46)_{10}=(56)_{8}=(2E)_{16}$

(3) $(0.101)_{2}=(0.625)_{10}=(0.5)_{8}=(0.A)_{16}$

(4) $(0.01101)_{2}=(0.40625)_{10}=(0.32)_{8}=(0.68)_{16}$

(5) $(10101.11)_{2}=(21.75)_{10}=(25.6)_{8}=(15.C)_{16}$

(6) $(10110110.001)_{2}=(182.125)_{10}=(266.1)_{8}=(B6.2)_{16}$

3.

(1) $(27)_{10}=(11011)_{2}=(33)_{8}=(1B)_{16}$

(2) $(915)_{10}=(1110010011)_{2}=(1623)_{8}=(393)_{16}$

(3) $(0.375)_{10}=(0.011)_{2}=(0.3)_{8}=(0.6)_{16}$

(4) $(0.65)_{10}\doteq(0.1010011)_{2}=(0.514)_{8}=(0.A6)_{16}$

(5) $(174.25)_{10}=(10101110.01)_{2}=(256.2)_{8}=(AE.4)_{16}$

(6) $(250.8)_{10}\doteq(11111010.11001)_{2}=(372.62)_{8}=(FA.C8)_{16}$

4.

(1) $(78.8)_{16}=(120.5)_{10}$

(2) $(10.375)_{10}=(1010.011)_{2}$

(3) $(65634)_{8}=(6B9C)_{16}$

(4) $(121.02)_{3}=(100.032)_{4}$

5.

(1) $[+0.00101]_{原}=[+0.00101]_{反}=[+0.00101]_{补}=0.00101$

(2) $[-0.10000]_{原}=1.10000$，$[-0.10000]_{反}=1.01111$，$[-0.100000]_{补}=1.10000$

(3) $[-0.11011]_{原}=1.11011$，$[-0.11011]_{反}=1.00100$，$[-0.11011]_{补}=1.00101$

(4) $[+10101]_{原}=[+10101]_{反}=[+10101]_{补}=010101$

(5) $[-10000]_{原}=110000$，$[-10000]_{反}=101111$，$[-10000]_{补}=110000$(或 10000)

(6) $[-11111]_{原}=111111$，$[-11111]_{反}=100000$，$[-11111]_{补}=100001$

6.

(1) $X_1=-1011$

(2) $X_2=-0100$

(3) $X_3=-0101$

(4) $X_4=-10000$

7.

(1) $(0001100110010001.0111)_{BCD}=(1991.7)_{10}$

(2) $(137.9)_{10}=(0100\ 0110\ 1010.1100)_{余3}$

(3) $(1011001110010111)_{余3}=(1000\ 0000\ 0110\ 0100)_{BCD}$

8.

(1) $(011010000011)_{BCD}=(683)_{10}=(1010101011)_2$

(2) $(01000101.1001)_{BCD}=(45.9)_{10}=(101101.1110)_2$

9.

(1) $(111000)_{Gray}=100100$

(2) $(10101010)_{Gray}=11111111$

10.

表 1-4　一位余 3 码的奇校验汉明码

十　进　制	余 3 码	汉　明　码
0	0 0 1 1	0 1 0 1 0 1 1
1	0 1 0 0	0 1 0 0 1 0 0
2	0 1 0 1	1 0 0 1 1 0 1
3	0 1 1 0	0 0 0 1 1 1 0
4	0 1 1 1	1 1 0 0 1 1 1
5	1 0 0 0	0 0 1 1 0 0 0
6	1 0 0 1	1 1 1 0 0 0 1
7	1 0 1 0	0 1 1 0 0 1 0
8	1 0 1 1	1 0 1 1 0 1 1
9	1 1 0 0	1 0 1 0 1 0 0

第2章 门 电 路

【学习要求】

本章主要讲述了数字信号基础、半导体器件的开关特性、基本逻辑门电路、TTL 集成门电路以及 CMOS 门电路。应重点掌握脉冲信号的特点、逻辑电平与正负逻辑的概念、半导体器件(二极管、三极管、MOS 管)的开关特性、基本逻辑门电路的符号及实现的运算、三态门和 OC 门的特点。了解集成门电路的性能参数、CMOS 集成门电路、TTL 与 CMOS 电路之间的接口电路。

2.1 要 点 指 导

1. 数字信号基础

1) 脉冲信号

脉冲信号是一种离散信号,与普通模拟信号(如正弦波)相比,脉冲信号的波形之间在时间上不连续(波形与波形之间有明显的间隔),但具有一定的周期性。脉冲信号的形状多种多样,最常见的脉冲波是矩形波(也就是方波)。脉冲信号分为正脉冲和负脉冲,每个脉冲又有上升沿和下降沿,正脉冲的上升沿为其前沿,下降沿为其后沿,负脉冲相反。脉冲信号可以用来表示信息。

2) 逻辑电平

逻辑电平表示一定的电压变化范围,而非固定的电压值。逻辑电平有高电平和低电平之分。不同类型的器件,其逻辑电平代表的电压范围是不同的。TTL 高电平的范围为 2～5V,标准值为 3.6V,低电平的范围为 0～0.8V,标准值为 0.2V。

3) 正、负逻辑

逻辑电平中的高、低电平正好与二进制数据中的 0 和 1 对应,因此可以用逻辑电平表示二进制信息。如果规定高电平表示 1,低电平表示 0,则为正逻辑,反之为负逻辑。对于一个给定的逻辑电路,其输出与输入之间的逻辑电平具有确定的关系,而这个逻辑电路具体实现的是什么逻辑关系,还要看采用的是什么逻辑约定。如某电路有两个输入 A 和 B,有一个输出 F,则输入和输出之间的逻辑电平关系如表 2-1 所示,表中 L 表示低电平,H 表示高电平。若采用的是正逻辑约定,则其实现的是与逻辑关系,如表 2-2 所示,若采用的是负逻辑约定,则其实现的是或逻辑关系,如表 2-3 所示。

2. 半导体器件的开关特性

半导体器件如晶体二极管、三极管和 MOS 管都有导通和截止的开关作用,器件的开关特性分为静态特性和动态特性,前者指器件在导通和截止两种状态下的特性,后者指器件在状态转换过程中表现出的特性。大家在学习的过程中应重点掌握其静态特性,动态特性只要有所了解即可。

表 2-1 某电路的逻辑电平关系

A	B	F
L	L	L
L	H	L
H	L	L
H	H	H

表 2-2 表 2-1 的正逻辑约定

A	B	F
0	0	0
0	1	0
1	0	0
1	1	1

表 2-3 表 2-1 的负逻辑约定

A	B	F
0	0	0
0	1	1
1	0	1
1	1	1

1) 二极管的开关特性

二极管的开关特性主要是单向导电性。当外加正向电压时,二极管导通,正向压降很小,等效于开关闭合;当外加反向电压时,二极管截止,反向电阻很大,等效于开关断开。

2) 三极管的开关特性

三极管有放大、导通(饱和)和截止三种工作状态,数字电路中主要使用其导通和截止两种状态。

当 U_{BE} 小于死区电压时,三极管工作在截止区,基极电流 I_B 为 0,集电极电流 I_C 很小,C 与 E 之间相当于开关打开。当三极管的发射结和集电结都加正向电压时,三极管处于饱和导通状态,C 与 E 之间相当于开关闭合。

3) MOS 管的开关特性

当栅极电压 u_i 小于开启电压 $U_{GS(TH)}$ 时,漏极与源极之间无沟道,MOS 管的 D 与 S 之间相当于开关打开。当 u_i 增大时,MOS 管导通,D、S 之间的电压很小,相当于开关闭合。

3. 基本逻辑门电路

对该部分内容,大家只需掌握各类门电路的逻辑符号、运算规则,能够在后面的电路设计中熟练应用即可,对门电路的内部结构不作重点要求。教材中给出了各种门电路的国标逻辑符号,但很多教材或资料上(尤其是外文资料和复杂器件的原理图)使用的是美国标准符号(基本上是国际通用的符号)。为方便查阅,这里给出常见门电路的新、旧国标符号与国际常用符号的对照表,如表 2-4 所示。

表 2-4 常用门电路的逻辑符号对照表

名 称	国标符号	曾用符号	国外流行符号
与门	&		
或门	≥1	+	
非门	1 1		

续表

名　　称	国标符号	曾用符号	国外流行符号
与非门	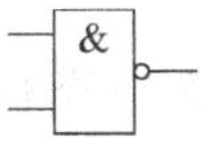 &	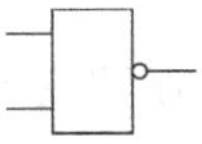	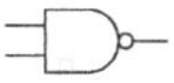
或非门	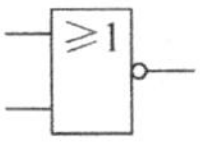 ≥1	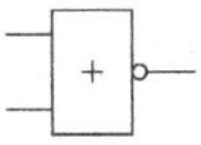 +	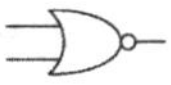
与或非门	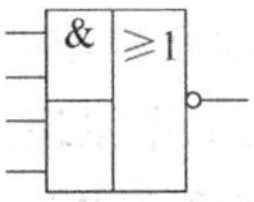 & ≥1	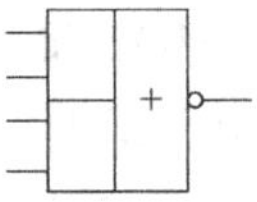 +	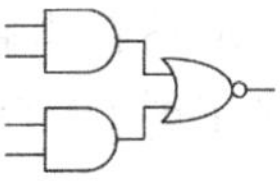
异或门	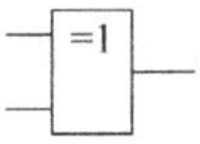 =1	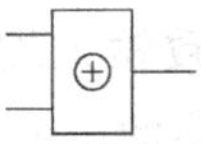 ⊕	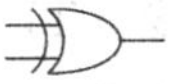
同或门	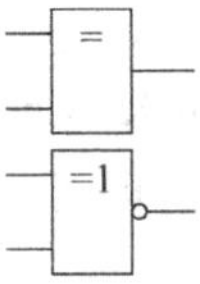 = =1	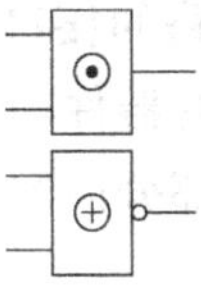 ⊙ ⊕	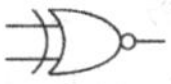
OC(集电极开路)门、OD(漏极开路)门	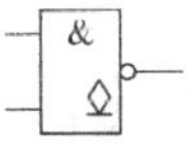 &	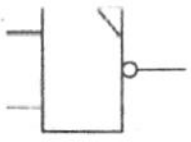	
缓冲器	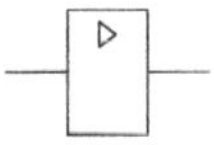 ▷	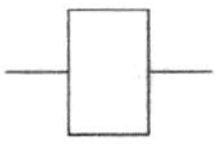	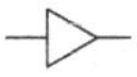
互补输出缓冲器	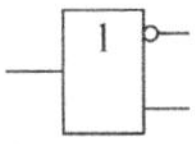 1	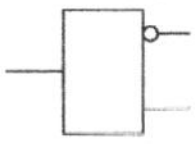	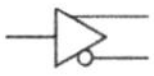
三态非门	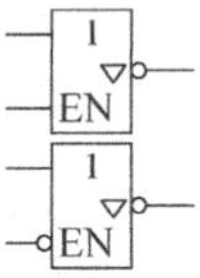 1 ▽ EN 1 ▽ EN	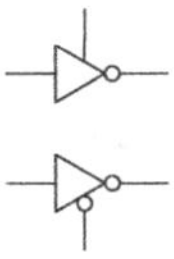	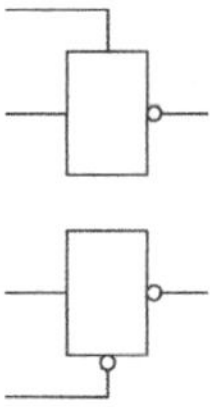
传输门	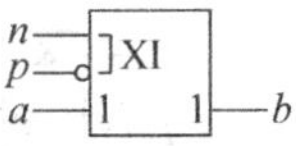 n p a]XI 1 1 b	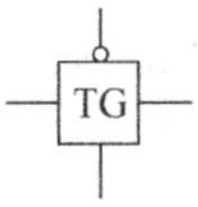 TG	

4. TTL逻辑门电路

1) 集成电路的外部特征

集成电路的外部特征包括电路的逻辑功能和电气特性。逻辑功能可以用逻辑符号、真值表、逻辑函数和时序图等表示。电气特性包括输出高电平和输出低电平、开门电平和关门电平、扇出系数、平均延迟时间及功耗等，使用时可查阅相应元器件说明书。

2) OC(集电极开路)门

普通TTL门电路的输出端不能直接连在一起，否则会损坏器件，而OC门的输出端是可以直接相连的,实现的是“线与”功能。另外在具体应用中 OC 门的输出端要外接上拉电阻,才能正常工作并实现其逻辑关系。OC 门也可以实现电平转换功能。

3) TS(三态)门

三态门的输出有 0、1 和“高阻”三个状态,其中高阻状态相当于输出断开的状态(虚断)。当三态门处于高阻状态时,三态门的输出与其相连的前端电路脱离,因此三态门主要应用在总线共享结构中,以实现多路收发双方对总线的分时共享。

5. CMOS 门电路

CMOS 门电路以增强型 PMOS 和 NMOS 管串联互补或并联互补为基本单元电路。本节要求了解 CMOS 非门、与非门、或非门和三态门的工作原理。

由于 CMOS 门电路的输入是增强型 MOS 管,其输入电流近似于零,因此在输入端接电阻不会像 TTL 门电路那样导致输入端的逻辑电平改变。由于输入阻抗很高,因此多余输入端不能悬空,应根据逻辑功能的需要接电源或地。

6. TTL 电路与 CMOS 电路的接口

在数字系统中,不同类型的器件,其逻辑电平的要求不同,因此不同类型的集成电路互连时,需要使用接口电路。这部分内容学习时只要了解即可,具体应用时可以查询接口电路的类型与连接方法。

2.2 例题精讲

例 2-1 写出图 2-1 的输出表达式 F。

解:图 2-1 中左边两个二极管 D_1 和 D_2 连接实现与逻辑关系,即 $F_1=A\cdot B$,进而有 $F=\overline{ABC}$。

例 2-2 写出图 2-2 的逻辑表达式 F。图中 G_1、G_2、G_3 均为 TTL 门电路,G_4 为 CMOS 门电路。

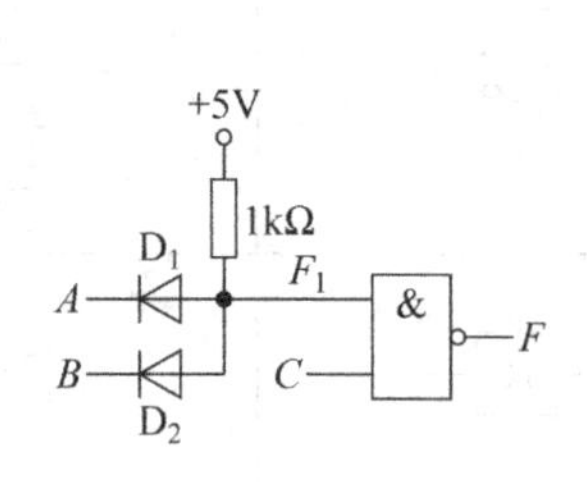

图 2-1 例 2-1 的逻辑电路图

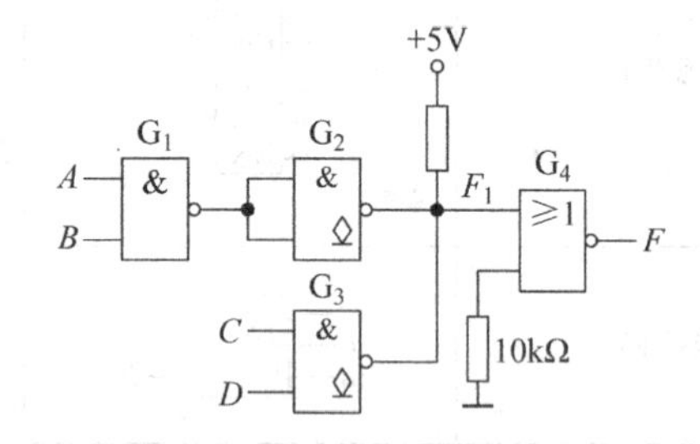

图 2-2 例 2-2 的逻辑电路图

解:G_1、G_2、G_3 均为 TTL 门,其中 G_2、G_3 是 OC 门,实现“线与”连接,其输出端 $F_1=AB\overline{CD}$。

G_4 为 CMOS 门电路,其中的一个输入端接 10kΩ 电阻后接地,即输入端接地。因此,$F=\overline{AB\overline{CD}+0}=\overline{AB}+CD$。

例 2-3 图 2-3(a)为三态门组成的总线换向开关电路,其中 A、B 为输入信号端,分别送入两个频率不同的信号;EN 为换向控制端,控制电路波形如图 2-3(b)所示。试画出输出

端 Y_1 和 Y_2 的波形。

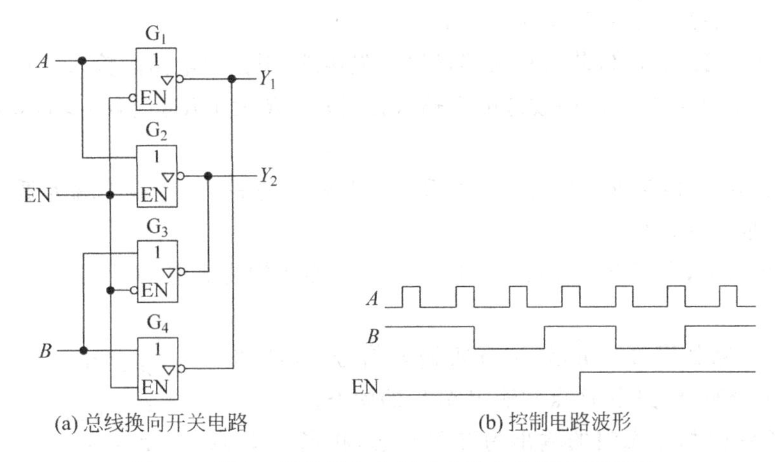

(a) 总线换向开关电路　　(b) 控制电路波形

图 2-3　例 2-3 的总线换向开关电路和控制电路波形

解：由图 2-3(a)可知，G_1、G_3 的使能控制端为低电平有效，G_2、G_4 的使能控制端为高电平有效。于是，当 EN=0 时，Y_1、Y_2 分别是 G_1、G_3 门的输出；当 EN=1 时，Y_1、Y_2 分别是 G_4、G_2 门的输出，即：

$$Y_1=\begin{cases}\bar{A}, & \text{当 EN}=0\text{ 时}\\ \bar{B}, & \text{当 EN}=1\text{ 时}\end{cases}\qquad Y_2=\begin{cases}\bar{B}, & \text{当 EN}=0\text{ 时}\\ \bar{A}, & \text{当 EN}=1\text{ 时}\end{cases}$$

由此，可以画出在图 2-3(b)给定的 A、B 信号和 EN 信号条件下的输出端 Y_1 和 Y_2 的波形，如图 2-4 所示。

例 2-4　图 2-5 给出了两个逻辑门电路，试针对下列两种情况，分别讨论图 2-5(a)和图 2-5(b)的输出各是什么？

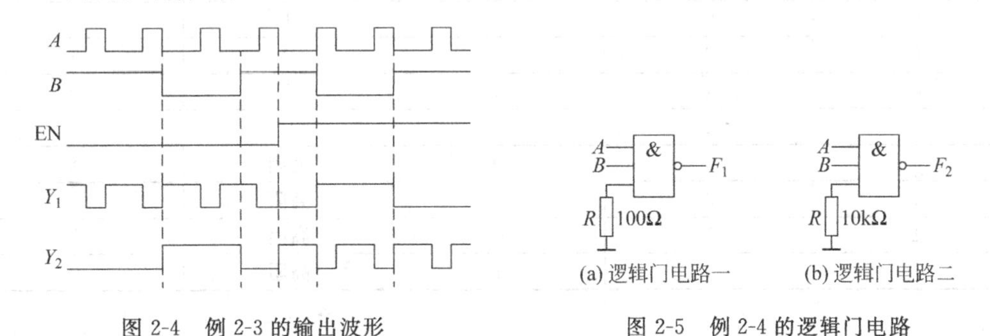

(a) 逻辑门电路一　　(b) 逻辑门电路二

图 2-4　例 2-3 的输出波形　　图 2-5　例 2-4 的逻辑门电路

(1) 两个电路均为 CMOS 电路，输出高电平 $U_{OH}=5V$，输出低电平 $U_{OL}=0V$；

(2) 两个电路均为 TTL 电路，输出高电平 $U_{OH}=3.6V$，输出低电平 $U_{OL}=0.3V$，门电路的开门电阻 $R_{ON}=2k\Omega$，关门电阻 $R_{OFF}=0.8k\Omega$。

解：不论是 TTL 门电路还是 CMOS 门电路，当有输入端通过电阻接地时，必须要根据门电路器件的内部结构及输入负载特性，具体判断出该端口的输入信号究竟是高电平还是低电平。

(1) 对于 CMOS 门电路，由于栅极为绝缘栅，无栅流。若在输入端(即栅极)接一电阻到“地”，则不论电阻值的大小，都相当于栅极电位为“地”电位，构成该端口以低电平方式输入。因此，对于图 2-5(a)和图 2-5(b)所示的 CMOS 与非门，由于各有一个输入端恒为低电平，它们的输出端都为高电平，即 $F_1=5\text{V}$，$F_2=5\text{V}$。

(2) 对于 TTL 门电路，若有输入端通过电阻接地，根据门电路的输入端负载特性可知，当 R 小于 R_{OFF} 时，$U_R<U_{\text{OFF}}$，构成低电平输入方式；当 R 大于 R_{ON} 时，$U_R>U_{\text{ON}}$，构成高电平输入方式。

对于图 2-5(a)，由于 $R=100\Omega$，小于 R_{OFF}，则该门电路有一个输入端为低电平，故其输出为高电平，即 $F_1=3.6\text{V}$。

对于图 2-5(b)，由于 $R=10\text{k}\Omega$，大于 R_{ON}，则该输入端为高电平，所以，与非门的输出为 $F_2=A\cdot B$。

例 2-5 电路如图 2-6 所示，试分析输入信号 A、B 和 C 的不同取值组合时，电路中 P 点和输出端 F 的状态。

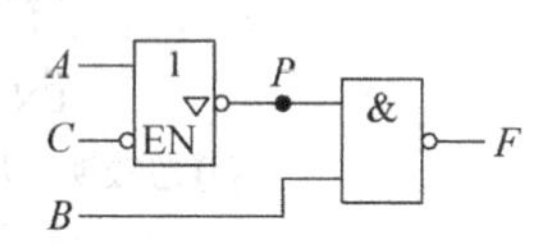

图 2-6 例 2-5 的逻辑电路图

解：当 $C=1$ 时，三态门的输出为高阻状态，相当于 P 点与前面的连接断开，处于悬空状态。从 TTL 门电路可知，输入悬空时，相当于输入为高电平。因此，本题的输出表达式为：

$$F=\begin{cases}\overline{\overline{A}\cdot B}, & \text{当 } C=0 \text{ 时}\\ \overline{B}, & \text{当 } C=1 \text{ 时}\end{cases}$$

据此，可列出电路中 P 点和输出端 F 在输入信号 A、B 和 C 的不同取值情况下的状态如表 2-5 所示。

表 2-5 例 2-5 P 和 F 点的状态表

C	B	A	P	F
0	0	0	1	1
0	0	1	0	1
0	1	0	1	0
0	1	1	0	1
1	0	0	高阻	1
1	0	1	高阻	1
1	1	0	高阻	0
1	1	1	高阻	0

2.3 主教材习题参考答案

1.

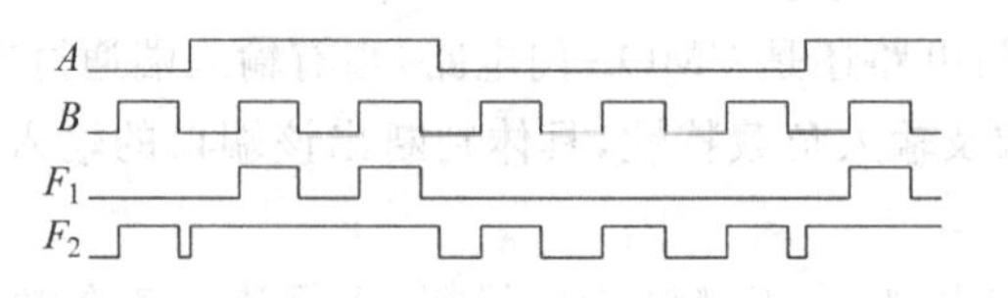

图 2-7 习题 1 的波形图

2.

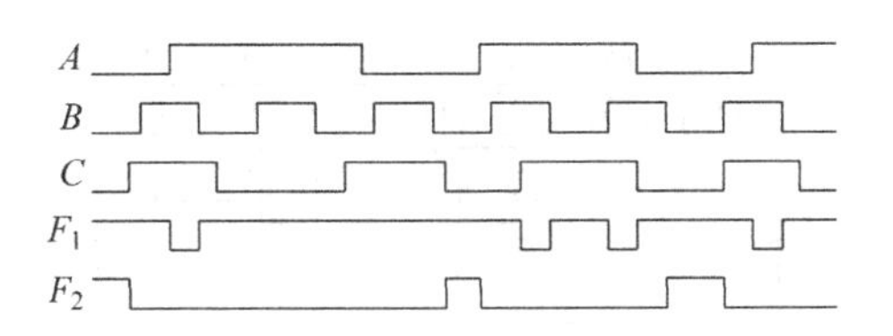

图 2-8　习题 2 的波形图

3.

表 2-6　习题 3 *P* 点和 *F* 点的功能表

C	*B*	*A*	*P*	*F*
0	0	0	0	1
0	0	1	0	1
0	1	0	0	1
0	1	1	1	0
1	0	0	高阻	1
1	0	1	高阻	0
1	1	0	高阻	1
1	1	1	高阻	0

4.

表 2-7　习题 4 的真值表

A	*B*	*C*	$A\oplus B\oplus C$	$A\odot B\odot C$
0	0	0	0	0
0	0	1	1	1
0	1	0	1	1
0	1	1	0	0
1	0	0	1	1
1	0	1	0	0
1	1	0	0	0
1	1	1	1	1

5.

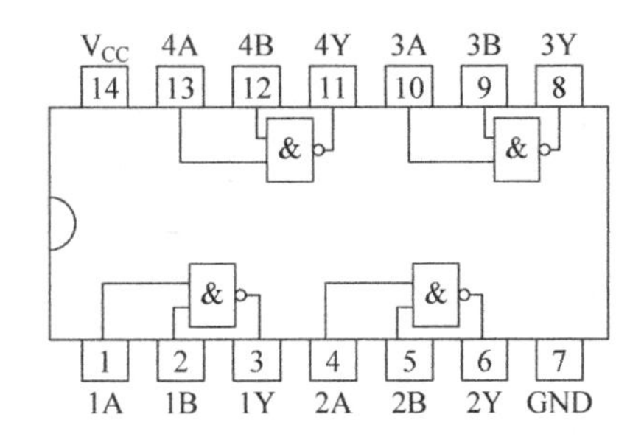

图 2-9　74LS00 四 2 输入与非门的引脚排列图

6.

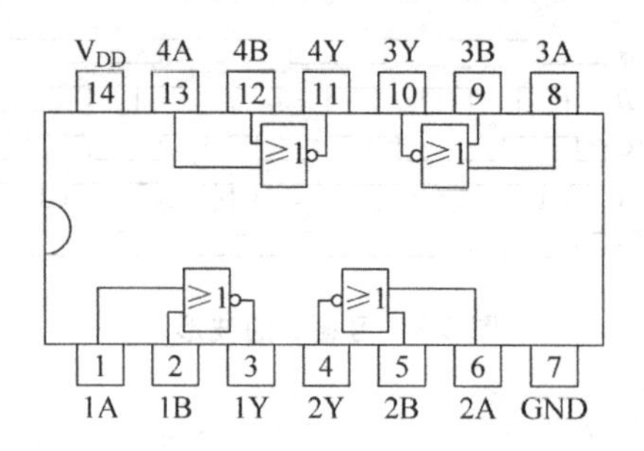

图 2-10　CC4001 四 2 输入或非门的引脚排列图

7.

A 门。

8.

(a) $F_1=\overline{ABCDE}$　(b) $F_2=\overline{A+B+C+D+E}$　(c) $F_3=\overline{ABC}+\overline{DEF}$

(d) $F_4=\overline{A+B+C}\cdot\overline{D+E+F}$

9.

$F=\overline{AB\cdot\overline{CD}}$

10.

$\bar{E}_A=0,\bar{E}_B=1,\bar{E}_C=1,\bar{E}_O=0,\bar{E}_P=0,\bar{E}_G=1$。

11.

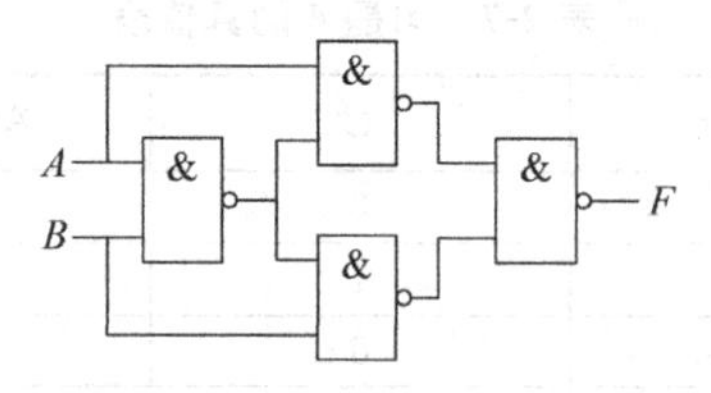

图 2-11　习题 11 的电路图

第3章 组合逻辑的分析与设计

【学习要求】

本章包括逻辑代数基础、组合逻辑电路的分析与设计和VHDL硬件描述语言三大方面的内容。逻辑代数是数字逻辑电路的理论基础,学习时应重点掌握逻辑代数的基本公式、定理和规则,逻辑函数的两种基本形式以及逻辑函数的化简方法。掌握组合逻辑电路分析和设计的基本步骤,能熟练分析所给组合逻辑电路并能按照要求设计所需组合逻辑电路。EDA是现代逻辑设计的发展方向,硬件描述语言是其重要基础,学习时应重点掌握VHDL描述的基本结构、VHDL语言的主要语法要素、VHDL主要语句的语法结构,能够读懂VHDL程序,会编写简单功能的VHDL程序。

3.1 要点指导

1. 逻辑代数基础

1) 逻辑变量及基本逻辑运算

数字电路进行信息处理的理论基础是逻辑代数。英国数学家乔治·布尔在其著作《逻辑的数学分析》及《思维规律的研究》中首先提出了这种代数的基本概念和性质,因此逻辑代数也称为布尔代数。

逻辑代数是一个二值代数系统,任何逻辑变量的取值都只有0和1两种可能性。逻辑代数中定义了"与"、"或"、"非"三种基本运算,这三种基本运算满足表3-1所列的运算规律。

表3-1 逻辑代数的基本运算规律与常用公式

运算规律	"与或"式形式	"或与"式形式
交换律	$A+B=B+A$	$A\cdot B=B\cdot A$
结合律	$(A+B)+C=A+(B+C)$	$(A\cdot B)\cdot C=A\cdot(B\cdot C)$
分配律	$A+B\cdot C=(A+B)\cdot(A+C)$	$A\cdot(B+C)=A\cdot B+A\cdot C$
0-1律	$A+0=A, A+1=1$	$A\cdot 0=0, A\cdot 1=A$
互补律	$A+\overline{A}=1$	$A\cdot\overline{A}=1$
吸收律	$A+AB=A, A+\overline{A}B=A+B$	$A(A+B)=A, A(\overline{A}+B)=AB$
重叠律	$A+A=A$	$A\cdot A=A$
对合律	$\overline{\overline{A}}=A$	
反演律	$\overline{A+B}=\overline{A}\,\overline{B}$	$\overline{AB}=\overline{A}+\overline{B}$

续表

运算规律	“与或”式形式	“或与”式形式
包含律	$AB+\bar{A}C+BC=AB+\bar{A}C$	$(A+B)(\bar{A}+C)(B+C)=(A+B)(\bar{A}+C)$
常用公式	$AB+A\bar{B}=A$	$(A+B)(A+\bar{B})=A$
异或运算	$A\oplus B=A\bar{B}+\bar{A}B, A\oplus 1=\bar{A}, A\oplus 0=A$, $\overline{A\oplus B}=A\odot B$	
同或运算	$A\odot B=AB+\bar{A}\bar{B}, A\odot 1=A, A\odot 0=\bar{A}$, $\overline{A\odot B}=A\oplus B$	

2) 逻辑代数的主要定理

(1) 德・摩根定理

德・摩根定理是反演律的一般形式,有以下两种形式:

- $\overline{x_1+x_2+\cdots+x_n}=\overline{x_1}\cdot\overline{x_2}\cdot\cdots\cdot\overline{x_n}$
- $\overline{x_1\cdot x_2\cdot\cdots\cdot x_n}=\overline{x_1}+\overline{x_2}+\cdots+\overline{x_n}$

(2) 香农定理

香农定理是德・摩根定理的推广,可以用于直接求任何复杂函数的反函数。公式的形式如下:

- $\overline{f(x_1,x_2,\cdots x_n,0,1,+,\cdot)}=f(\overline{x_1},\overline{x_2},\cdots\overline{x_n},1,0,\cdot,+)$

(3) 展开定理

展开定理提供了一种将一个逻辑函数展开成“与或”式和“或与”式的方法,有以下两种形式:

- $f(x_1,x_2,\cdots,x_i,\cdots,x_n)=x_i f(x_1,x_2,\cdots,1,\cdots,x_n)+\overline{x_i}f(x_1,x_2,\cdots,0,\cdots,x_n)$
- $f(x_1,x_2,\cdots,x_i,\cdots,x_n)=[x_i+f(x_1,x_2,\cdots,0,\cdots,x_n)]\cdot[\overline{x_i}+f(x_1,x_2,\cdots,1,\cdots,x_n)]$

展开定理有两组 4 个推理:

- $x_i f(x_1,x_2,\cdots,x_i,\cdots,x_n)=x_i f(x_1,x_2,\cdots,1,\cdots,x_n)$
- $x_i+f(x_1,x_2,\cdots,x_i,\cdots,x_n)=x_i+f(x_1,x_2,\cdots,0,\cdots,x_n)$
- $\overline{x_i}f(x_1,x_2,\cdots,x_i,\cdots,x_n)=\overline{x_i}f(x_1,x_2,\cdots,0,\cdots,x_n)$
- $\overline{x_i}+f(x_1,x_2,\cdots,x_i,\cdots,x_n)=\overline{x_i}+f(x_1,x_2,\cdots,1,\cdots,x_n)$

3) 逻辑代数的重要规则

(1) 代入规则

对于逻辑等式中的任何一个变量 x,若以函数 F 代替等式两边的变量 x,则逻辑等式仍然成立。

(2) 对偶规则

对偶式:把逻辑函数 F 中的所有+变为・,・变为+,1 变为 0,0 变为 1,得到的式子称为 F 的对偶式,记为 F_d。

对偶规则:对于两个逻辑函数 F 和 G,若有 $F=G$,则有 $F_d=G_d$。

(3) 反演规则

把逻辑函数 F 中的所有+变为・,・变为+,1 变为 0,0 变为 1,原变量变为反变量,反变量变为原变量，则可得函数 F 的反函数 $\overline{F}$。可见，反演规则实际上就是香农定理。

4）逻辑函数及其表达式

（1）逻辑函数的表示方法

逻辑函数的常用表示方法有逻辑表达式、真值表和卡诺图三种。

逻辑表达式是由逻辑变量和“与”、“或”、“非”三种基本运算构成的式子，书写时在不影响运算顺序的情况下，可以省略某些括号和“与”运算符号。

真值表和卡诺图是数字电路的分析与设计中常用的重要工具，要熟练掌握。真值表是反应输出和输入取值逻辑关系的表格，由输入和输出两栏组成，左边是输入，右边是输出。对于有 n 个输入变量的逻辑函数，其真值表应有 2^n 行，对应输入变量的 2^n 种取值组合。为防止遗漏，输入变量的取值组合一般按二进制顺序来列。

卡诺图是由表示输入变量的所有可能取值组合的小方格构成的平面图形，在逻辑函数的化简中非常有用。具体规则将结合卡诺图化简方法进行介绍。

（2）逻辑函数两种基本形式

标准积：包含逻辑函数中的所有变量（每个变量以原变量和反变量的形式出现且仅出现一次）的积项（与项），也常称为最小项。

标准积之和式：每个与项都是最小项的“与或”式称为标准积之和式，或最小项之和式。

标准和：包含逻辑函数中的所有变量（每个变量以原变量和反变量的形式出现且仅出现一次）的和项（或项），也常称为最大项。

标准和之积式：每个或项都是最大项的“或与”式称为标准和之积式，或最大项之积式。

最小项的表示方法：通常用 m_i 表示最小项，将最小项中的原变量记为1，反变量记为0，变量按照一定的顺序排列，得到的二进制数对应的十进制数值即为下标 i。

最大项的表示方法：通常用 M_i 表示最大项，将最大项中的原变量记为0，反变量记为1，变量按照一定的顺序排列，得到的二进制数对应的十进制数值即为下标 i。

最小项的性质：

- 对于任意一个最小项，有且仅有一组变量取值组合可使其值为1，该取值即为序号 i 的值；
- 任意两个不同的最小项之积必为0，即：$m_i \cdot m_j = 0 (i \neq j)$；
- n 个变量的全部最小项之和必为1，即：$\sum_{i=0}^{2^n-1} m_i = 1$；
- n 个变量的任何一个最小项都有 n 个相邻最小项（简称相邻项）。所谓相邻最小项是指仅有一个变量不同的最小项（一个为原变量，另一个为反变量）。

最大项的性质：

- 对于任意一个最大项，有且仅有一组变量取值组合可使其值为0，该取值即为序号 i 的值；
- 任意两个不同的最大项之和必为1，即：$M_i + M_j = 1 (i \neq j)$；
- n 个变量的全部最大项之积必为0，即：$\prod_{i=0}^{2^n-1} M_i = 0$；
- n 个变量的任何一个最大项都有 n 个相邻最大项。

最小项和最大项的关系：

- $m_i=\overline{M_i}, M_i=\overline{m_i}, m_i+M_i=1, m_i\cdot M_i=0$；
- 同一函数的最大项与最小项是互斥的，即如果函数的标准积之和式中有最小项 m_i，则最大项 M_i 就不可能出现在同一函数的标准和之积式中。也就是说，一个布尔函数的最小项的集合与它的最大项的集合之间互为补集。

将逻辑函数化成标准积之和式的方法：

- 代数演算法：通过反复使用公式 $x+\bar{x}=1$ 和 $x(y+z)=xy+xz$ 进行演算求得“标准和之积”的方法；
- 列表法：即列出函数的真值表，使函数取值为 1 的那些最小项，就构成了函数的“标准积之和”式。

将逻辑函数化成标准和之积式的方法：

- 代数演算法：通过反复使用公式 $x\cdot\bar{x}=0$ 和 $x+yz=(x+y)(x+z)$ 进行演算求得“标准和之积”的方法；
- 列表法：即列出函数的真值表，使函数取值为 0 的那些最大项，就构成了函数的“标准和之积”式。

2. 逻辑函数的化简

1）逻辑函数的最简标准

最简“与或”式：

- 表达式中的与项数最少；
- 每个与项中的变量最少。

最简“或与”式：

- 表达式中的或项数最少；
- 每个或项中的变量最少。

2）代数化简法

代数化简法运用逻辑代数的基本公式、定理和规则对逻辑函数进行化简，这种方法建立在对公式的熟练记忆和灵活运用上，常用的方法有并项法、吸收法、消去法和配项法等。该方法的最大优点是灵活方便，不受变量数量的约束；缺点是没有一定的规律和步骤，技巧性较强，对于复杂的逻辑函数究竟化到什么程度是最简的，还能不能进一步化简，有时不太容易判断。

3）卡诺图化简法

卡诺图化简法使用平面图形，根据最小项的相邻关系进行化简，具有直观、不用记忆公式、容易判断是否是最简结果等优点，缺点是变量个数不能太多，一般不超过 6 个。

因卡诺图中的变量是按照格雷码顺序排列的，所以最小项在卡诺图中的相邻关系分为几何相邻、相对相邻和相重相邻三种情况，如图 3-1 所示。

图 3-1(a)为几何相邻，是指一个最小项与其上、下、左、右的最小项在几何位置上是相邻的。图 3-1(b)为上下相对相邻，是指每列最下面的一个最小项与其相对的最上面的最小项是相对相邻的。图 3-1(c)为左右相对相邻，是指每行最左边的一个最小项与其相对的最右边的最小项是相对相邻的。图 3-1(d)为相重相邻，是指将卡诺图沿纵向中间线剪开叠放在一起后，相互重叠的最小项是相重相邻的。

用卡诺图进行化简的原则是，在卡诺图上形成最小项的最小覆盖。所谓最小覆盖，包含

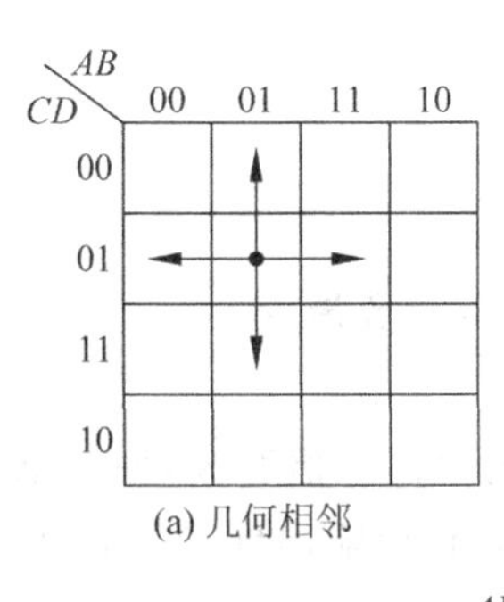

(a) 几何相邻

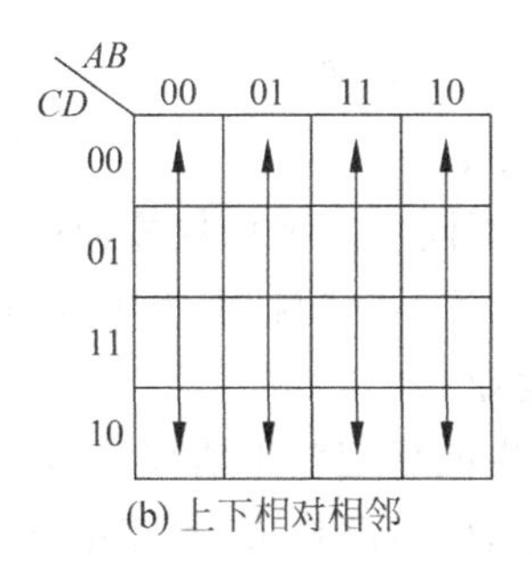

(b) 上下相对相邻

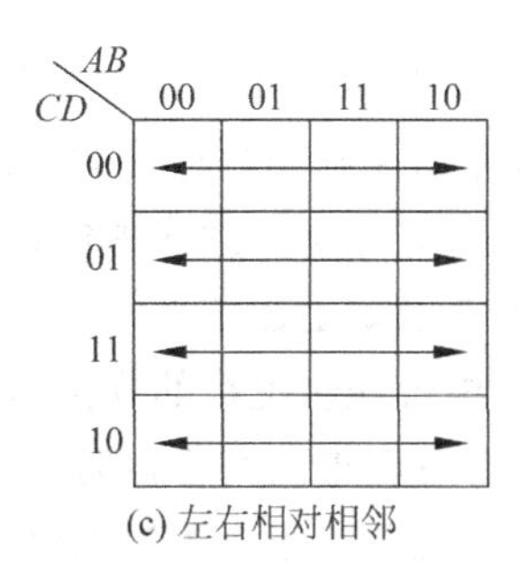

(c) 左右相对相邻

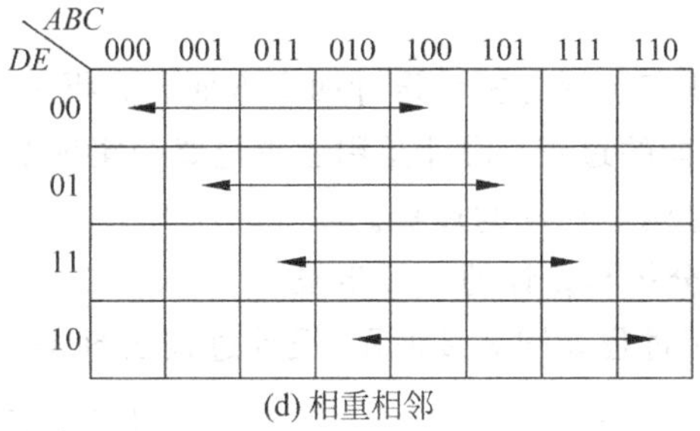

(d) 相重相邻

图 3-1　最小项相邻的三种情况

最小和覆盖两层含义，最小是指选择最少数量的尽可能大的卡诺圈，覆盖是指所选卡诺圈要能把所有的函数中出现的最小项都包含进去，不能有遗漏。要形成最小覆盖，首先要选择所有必要质蕴含项，如果必要质蕴含项不能覆盖所有的最小项，再选择非必要质蕴含项。

这里应注意，逻辑函数的最简形式不一定是唯一的，所以非必要质蕴含项的选择有可能有多种方案。

卡诺图化简法虽然简单、直观，但不适宜机器实现，也不适宜变量个数较多的情况。

这里补充两种用卡诺图将逻辑函数化成最简"或与"式的方法：一种是将逻辑函数 F 的反函数 $\overline{F}$ 化成最简"与或"式(对应卡诺图中标 1 之外的最小项)，再应用反演规则对 $\overline{F}$ 一次求反即可。另一种方法是，当所给逻辑函数 F 是"或与"式时，可以先求 F 的对偶式 F_{d}，然后用卡诺图将 F_{d} 化成最简"与或"式，再对 F_{d} 取对偶$(F_{\mathrm{d}})_{\mathrm{d}}$ 即可。具体例子见例题精讲部分。

4) 列表化简法

列表化简法的基本思想与卡诺图化简法相同，都是从最小项出发，找出相邻项进行合并。所不同的是化简过程是借助约定的表格形式，按照一定规则进行的。该方法的优点是化简步骤规范，不受变量个数的约束，适合多变量函数化简和计算机辅助逻辑化简，现代 EDA 软件中的逻辑功能化简模块就是用该方法实现的。

5) 逻辑函数化简中的两个实际问题

(1) 包含无关最小项的逻辑函数的化简

无关最小项是指对函数取值没有影响的最小项，用"d"或"×"表示。包含无关最小项的逻辑函数用卡诺图法化简的原则是：把对化简有利的最小项当 1，用卡诺圈包含进去，把对化简不利(需要更多的卡诺圈才能把其覆盖)的最小项当 0，不需要覆盖。

(2) 多输出逻辑函数的化简

多输出逻辑函数是指由一组相同的输入变量产生的多个输出函数，对应的逻辑电路为多输出逻辑电路。为使逻辑电路整体上达到最简，应考虑多个输出函数之间尽可能使用公

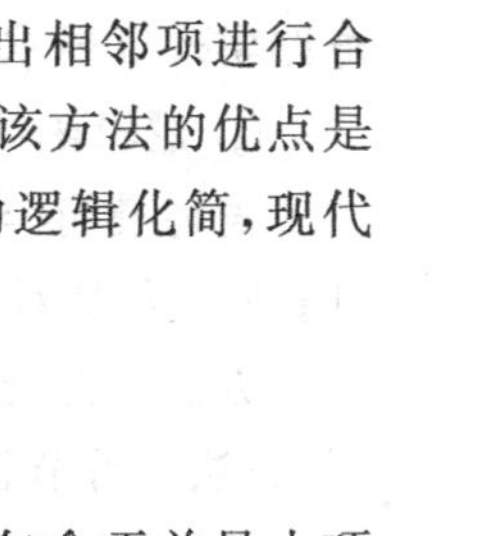

共项，而不是以使每个函数单独最简为标准。

多输出逻辑函数最简的标准是：

- 所有逻辑表达式中包含的不同“与”项总数最少；
- 在满足上述条件的前提下，各不同“与”项中所含的变量总数最少。

3. 组合逻辑电路的分析与设计

组合逻辑电路在任何时刻产生的稳定输出值仅与该时刻的输入值有关，而与电路过去的输入值无关。组合逻辑电路仅由门电路构成，电路中不存在任何输出到输入的反馈回路，没有记忆能力。

对组合逻辑电路的研究包括分析和设计两个方面。分析是对给定的逻辑电路图进行研究，找出其实现的逻辑功能的过程；设计是用逻辑电路图实现给定逻辑功能的过程，也称为逻辑综合。分析和设计是两个相反的过程。

1) 组合逻辑电路的分析与设计的一般步骤

组合逻辑电路的分析过程如图 3-2 所示，设计过程如图 3-3 所示。

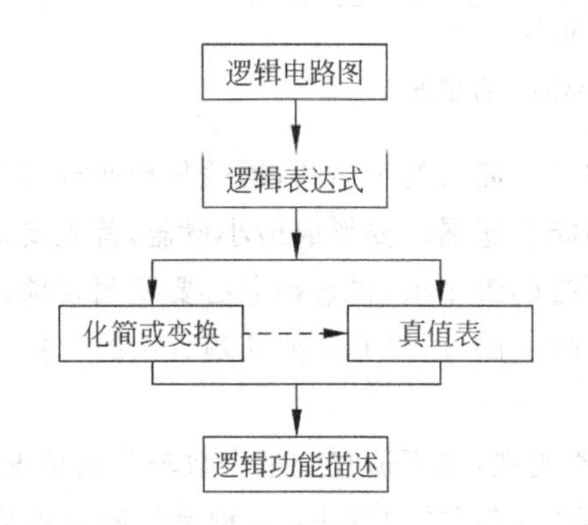

图 3-2　组合逻辑电路的分析过程

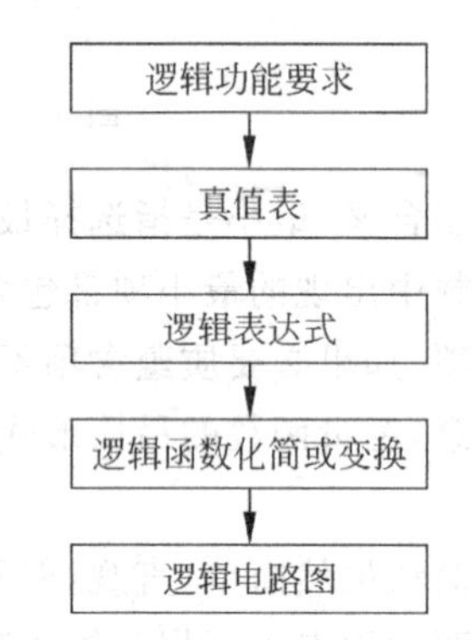

图 3-3　组合逻辑电路的设计过程

2) 组合逻辑电路设计中应考虑的问题

(1) 逻辑函数形式的变换

根据逻辑电路图得到的输出函数表达式一般是最简“与或”式，为了满足应用特定的门电路实现等要求，需要将逻辑函数的最简“与或”式进行相应的变换。

① 逻辑函数的“与非”门实现

需将最简“与或”式变为“与非-与非”式。有两种方法：一种是对 F 两次求反，一次展开；另一种是对 $\overline{F}$ 三次求反，一次展开。

方法一得到的是两级电路，方法二得到的是三级电路，速度稍慢。当原函数比较简单时，方法一可节省门电路；当反函数比较简单时，方法二可节省门电路。

② 逻辑函数的“或非”门实现

需将最简“与或”式变为“或非-或非”式。有两种方法：一种是对 F 两次求对偶，即先求 F 的对偶式 F_d，并将其化为最简“与非-与非”式，然后再求 F_d 的对偶式 $(F_d)_d$。另一种是对 F 的最简“或与”式两次取反，一次展开。

③ 逻辑函数的“与或非”门实现

需将最简“与或”式变换为“与或非”式。有两种方法：一种是对 F 两次求反，另一种是

对 $\overline{F}$ 一次求反。

(2) 多输出组合逻辑电路的设计

多输出组合逻辑电路设计的基本步骤与单输出组合逻辑电路的设计基本相同,只是在进行逻辑化简时,应按照多输出函数化简的标准进行。

(3) 包含无关项的组合逻辑电路的设计

包含无关项的组合逻辑电路的设计,应根据功能要求和输入变量的类型,确定哪些最小项是函数的无关项,输出函数化简时应按照包含无关项的逻辑函数的化简原则进行。

(4) 考虑级数的组合逻辑电路的设计

电路的级数直接影响电路的速度,要提高电路的工作速度,就要压缩电路的级数。电路的级数反映在输出函数表达式中,就是与、或、非运算符号的层数。因此,压缩级数可以通过对输出函数求反或展开来获得。先对 F 求反,并求出 $\overline{F}$ 的最简"与-或"式,再对 $\overline{F}$ 求反来压缩电路级数的方法,称为求反压缩法。

4. VHDL 描述基础

本节讲述了硬件描述语言 VHDL 的最基本语法,其他相关的语法都放到具体的实例或相关章节中进行介绍。主教材还以附录的形式集中介绍了 VHDL 的基本语句的语法及设计实例,以便读者查阅。

完整的 VHDL 描述通常包括库(Library)、程序包(Package)、实体(Entity)、结构体(Architecture)和配置(Configuration)5 个部分。其中实体和结构体是必需的,而库、程序包和配置不是必需的,一般可以根据设计的需要来添加。

实体类似于原理图中的一个部件符号,它并不描述设计的具体功能,只是定义该设计所需的全部输入输出信号。

结构体则用来描述电路的内部操作,即描述实体实现的功能。VHDL 的结构体可采用数据流描述(Dataflow Description)、行为描述(Behavioral Description)和结构描述(Structural Description)3 种方式。这 3 种描述方式从不同的角度对设计实体的行为和功能进行描述,各有特点。VHDL 还允许把两种以上的描述方式混合使用,即混合描述方式。数据流描述也称为寄存器传输(Register Transfer Level,RTL)描述,是以类似于寄存器传输级的方式描述数据的传输和变换,是对信号传输的数据流路径形式进行的描述。简单地说,数据流描述就是利用 VHDL 中的赋值符和逻辑运算符对电路进行的描述。行为描述依据设计实体的功能或算法对结构体进行描述,不需要给出实现这些行为的硬件结构,只强调电路的行为和功能。行为描述主要用函数、过程和进程语句,以功能或算法的形式描述数据的转换和传送。结构描述是以元件(COMPONENT)为基础,通过描述元件和元件之间的连接关系,来反映整个系统的构成和性能。例如,二输入与非门可以看成由一个二输入与门和一个非门构成的两级系统。

根据 VHDL 语法规则,在 VHDL 程序中使用的文字、数据对象、数据类型都需要预先定义。为了方便 VHDL 编程和提高编程效率,可以将预先定义好的数据类型、元件调用声明及一些常用子程序汇集在一起,形成程序包,供 VHDL 设计实体共享和调用,若干程序包则形成库。常用 VHDL 库有 IEEE 标准库、STD 库、WORK 库和用户自定义库。

为了使已声明的数据类型、子程序、元件等能被其他设计实体调用或共享,可以把它们汇集在程序包中。

一个实体可以用多个结构体描述,在具体综合时选择哪一个结构体,则由配置来确定。设计者可以用配置语句为实体选择不同的结构体。

VHDL 的信号既有类别又有类型。信号的类别主要有 IN、OUT、INOUT、BUFFER 四种,分别对应输入、输出、双向、缓冲类别。信号的类型可以是预定义的,也可以是用户自定义的。其中预定义类型是最常使用的类型,主要有 BIT、BIT_VECTOR、STD_LOGIC、STD_LOGIC_VECTOR 等。其中 STD_LOGIC 和 STD_LOGIC_VECTOR 是在 IEEE 库的 STD_LOGIC_1164 程序包中定义的,程序开头要先打开该库和程序包。

VHDL 的语句包含顺序语句和并行语句两类。顺序语句是指执行顺序与书写顺序一致的语句,并行语句的执行是同时的,书写顺序可以任意。顺序语句必须放在进程语句 PROCESS 中,PROCESS 语句本身是并行语句。触发 PROCESS 语句执行的信号叫敏感信号。

尽管 VHDL 的语句很多,但一般情况下,30%的基本语句就可以完成 95%以上的硬件电路的设计。所以,读者在学习 VHDL 时,应该多用心钻研常用语句,深入理解这些语句的硬件含义。

另外,学习时大家还要注意领会硬件描述语言与一般软件程序设计语言的不同。普通计算机语言是 CPU 按照时钟节拍,一条指令执行完后才能执行下一条指令(当然也有流水执行方式和并发执行方式),因此指令执行是有先后顺序的,即顺序执行,且每条指令的执行占用特定的时间。而与 VHDL 描述结果对应的是硬件电路,要遵循硬件电路的特点。

5. 组合逻辑电路的设计举例

本节讲述的半加器和全加器、BCD 码编码器和七段显示译码器以及代码转换电路都是常用的组合逻辑电路,应掌握每种电路的设计方法以及 VHDL 描述。

6. 组合逻辑电路中的竞争与险象

1) 基本概念

竞争与险象是由信号传输中的时间延迟造成的。输入信号经过不同的路径到达输出端的时间有先有后,这种现象称为竞争。由于竞争的存在,当输入信号变化时就有可能引起输出信号出现非预期的错误输出,这种现象称为险象。并不是所有的竞争都会产生错误输出,把不会产生错误输出的竞争称为非临界竞争,会导致错误输出的竞争称为临界竞争。因为一旦延迟时间结束,即可恢复正常的逻辑关系,而延迟时间也是非常短暂的,所以临界竞争产生的错误输出(险象)的表现形式为短暂的尖峰脉冲。

2) 险象的分类

按输入变化前后,输出是否应该相等可将险象分为静态险象和动态险象两类。按照错误输出的尖峰脉冲的极性可将险象分为 0 型险象和 1 型险象两类。根据两种分类方法的组合,可以把险象分为静态 0 型险象、静态 1 型险象、动态 0 型险象、动态 1 型险象 4 类。

3) 险象的判断

(1) 险象存在的必要条件

- 某变量 X 同时以原变量 X 和反变量 $\overline{X}$ 两种形式出现在函数中,并且在一定的条件下可以将函数表达式化简成 $X+\overline{X}$ 或 $X\cdot\overline{X}$ 形式。
- 因为 $X+\overline{X}=1$, $X\cdot\overline{X}=0$,所以若函数表达式可以化简成 $X+\overline{X}$ 的形式,则可能存在的险象为 0 型险象;若函数表达式可以化简成 $X\cdot\overline{X}$ 的形式,则可能存在的险象为 1 型险象。

(2) 判断方法

- 代数法：首先检查函数表达式中是否存在具备竞争条件的变量 X。若有，则将其他变量的各种取值组合依次代入到函数表达式中，使表达式中仅含变量 X。最后，再看函数表达式是否能化成 $X+\overline{X}$ 或 $X\cdot\overline{X}$ 的形式，若能，则对应的逻辑电路存在产生险象的可能性。
- 卡诺图法：首先画出“与或”式函数的卡诺图，并画出和函数表达式中各“与”项对应的卡诺圈。然后观察卡诺圈，若发现某两个卡诺圈存在“相切”(两个卡诺圈之间存在不被同一个卡诺圈包含的相邻最小项)关系，则该电路可能产生险象。否则，没有险象。

4) 险象的消除

(1) 增加冗余项法

通过在函数表达式中“加”上多余的“与”项或“乘”上多余的“或”项，使原函数不再可能在某种条件下化成 $X+\overline{X}$ 或 $X\cdot\overline{X}$ 的形式，从而将可能产生的险象消除。此处，多余的“与”项和多余的“或”项就是冗余项。冗余项的选择可采用代数法或卡诺图法。

(2) 滤波法(增加惯性延时环节法)

在输出端加低通滤波器(RC 电路，也称惯性延时环节)，消除错误输出的尖峰脉冲。

(3) 选通法

在电路输出端增加选通控制脉冲，避免尖峰脉冲的输出。

3.2 例题精讲

例 3-1 把逻辑函数 $F(A,B,C)=A\overline{B}+B\overline{C}+\overline{B}C+\overline{A}B$ 化成最简“与或”式和最简“或与”式。

解：最简“与或”式：

方法一：

$$
\begin{aligned}
F(A,B,C) &= A\overline{B}+B\overline{C}+\overline{B}C+\overline{A}B \\
&= A\overline{B}+B\overline{C}+(A+\overline{A})\overline{B}C+\overline{A}B(C+\overline{C}) && \text{配项法} \\
&= A\overline{B}+B\overline{C}+A\overline{B}C+\overline{A}\overline{B}C+\overline{A}BC+\overline{A}B\overline{C} && \text{分配律} \\
&= (A\overline{B}+A\overline{B}C)+(B\overline{C}+\overline{A}B\overline{C})+(\overline{A}\overline{B}C+\overline{A}BC) && \text{结合律} \\
&= A\overline{B}+B\overline{C}+\overline{A}C && \text{吸收律}
\end{aligned}
$$

方法二：

$$
\begin{aligned}
F(A,B,C) &= A\overline{B}+\overline{B}C+B\overline{C}+\overline{A}B \\
&= A\overline{B}+B\overline{C}+(\overline{B}C+\overline{A}B) && \text{结合律} \\
&= A\overline{B}+B\overline{C}+\overline{B}C+\overline{A}B+\overline{A}C && \text{反向包含律} \\
&= A\overline{B}+\overline{B}C+(B\overline{C}+\overline{A}C+\overline{A}B) && \text{结合律} \\
&= A\overline{B}+\overline{B}C+B\overline{C}+\overline{A}C && \text{包含律} \\
&= (A\overline{B}+\overline{A}C+\overline{B}C)+B\overline{C} && \text{结合律} \\
&= A\overline{B}+\overline{A}C+B\overline{C} && \text{包含律}
\end{aligned}
$$

方法三：函数 F 的卡诺图如图 3-4 所示。由卡诺图得函数 F 的最简“与或”式为：

$$F(A,B,C)=A\overline{B}+B\overline{C}+\overline{A}C$$

最简“或与”式：

方法一：求上面得到的最简“与或”式的对偶式，并化成最简“与或”式：

$$\begin{aligned}F_{\mathrm{d}}&=(A+\overline{B})(B+\overline{C})(\overline{A}+C)\\&=(AB+A\overline{C}+\overline{B}\overline{C})(\overline{A}+C)\\&=\overline{A}\overline{B}\overline{C}+ABC\end{aligned}$$

对 F_{d} 再求对偶，即得 F 的最简“或与”式：

$$F=(F_{\mathrm{d}})_{\mathrm{d}}=(\overline{A}+\overline{B}+\overline{C})(A+B+C)$$

方法二：函数 $\overline{F}$ 的卡诺图如图 3-5 所示。由卡诺图得函数 $\overline{F}$ 的最简“与或”式为：

$$\overline{F}=\overline{A}\overline{B}\overline{C}+ABC$$

使用反演律，可得 F 的最简“或与”式为：

$$F=\overline{\overline{F}}=(\overline{A}+\overline{B}+\overline{C})(A+B+C)$$

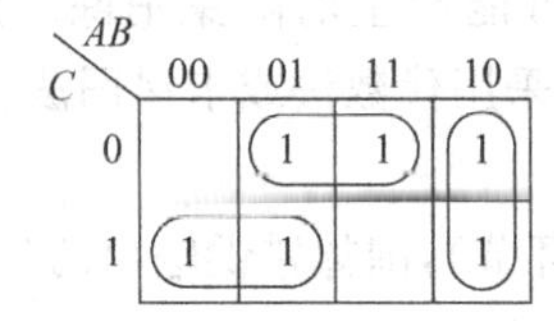

图 3-4　例 3-1 函数 F 的卡诺图

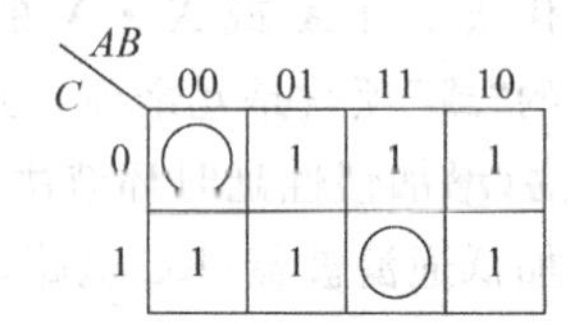

图 3-5　例 3-1 函数 $\overline{F}$ 的卡诺图

由本例可见，同一个逻辑函数的化简方法有多种，应灵活选用。对于公式法，除了牢记基本公式之外，还应能够熟练应用。对公式的记忆，主要是记住其形式特征，具体化简中换成别的逻辑变量之后也应能看出来符合哪个公式。卡诺图法具有不用记忆公式、直观等特点，但要熟练掌握在卡诺图上画卡诺圈形成最小覆盖的方法。建议能用卡诺图化简的尽量使用卡诺图化简法。

例 3-2　用卡诺图法把逻辑函数 $F(A,B,C,D)=\prod_{\mathrm{M}}(6,7,8,9)$ 化成最简“与或”式和最简“或与”式。

解：这里应注意，题目里给出的是逻辑函数的标准“或与”式(最大项之积式)，要转换成标准“与或”式(最小项之和式)才能用卡诺图化简。因为同一个逻辑函数的最小项与最大项互为补集，所以可直接由最大项之积式写出最小项之和式，即：

$$F(A,B,C,D)=\prod_{\mathrm{M}}(6,7,8,9)=\sum_{\mathrm{m}}(0,1,2,3,4,5,10,11,12,13,14,15)$$

CD \ AB	00	01	11	10
00	1	1	1	
01	1	1	1	
11	1		1	1
10	1		1	1

图 3-6　例 3-2 函数 F 的卡诺图

最简“与或”式：

函数 F 的卡诺图如图 3-6 所示。由卡诺图得函数 F 的最简“与或”式为：

$$F(A,B,C,D)=\overline{A}\overline{B}+B\overline{C}+AC$$

本题也可以按照图 3-7 所示的卡诺图进行化简，得函数 F 的最简“与或”式为：

$$F(A,B,C,D)=AB+\overline{A}\overline{C}+\overline{B}C$$

最简“或与”式：

方法一：利用函数 F 的最简"与或"式 $F=\bar{A}\bar{B}+B\bar{C}+AC$ 求函数 F 的对偶式 F_d，并将其化成最简"与或"式得：

$$\begin{aligned}F_d &= (\bar{A}+\bar{B})(B+\bar{C})(A+C)\\ &= (\bar{A}B+\bar{A}\bar{C}+\bar{B}\bar{C})(A+C)\\ &= A\bar{B}\bar{C}+\bar{A}BC\end{aligned}$$

对 F_d 再次求对偶，即可得 F 的最简"或与"式：

$$F=(F_d)_d=(A+\bar{B}+\bar{C})(\bar{A}+B+C)$$

方法二：利用函数 F 的最简"与或"式 $F(A,B,C,D)=AB+\bar{A}\bar{C}+\bar{B}C$ 求函数 F 的对偶式 F_d，并将其化成最简"与或"式得：

$$\begin{aligned}F_d &= (A+B)(\bar{A}+\bar{C})(\bar{B}+C)\\ &= (A\bar{C}+\bar{A}B+B\bar{C})(\bar{B}+C)\\ &= A\bar{B}\bar{C}+\bar{A}BC\end{aligned}$$

对 F_d 再次求对偶，即可得 F 的最简"或与"式：

$$F=(F_d)_d=(A+\bar{B}+\bar{C})(\bar{A}+B+C)$$

方法三：函数 $\bar{F}$ 的卡诺图如图 3-8 所示。由卡诺图得函数 $\bar{F}$ 的最简"与或"式为：

$$\bar{F}=A\bar{B}\bar{C}+\bar{A}BC$$

使用反演律，可得 F 的最简"或与"式为：

$$F=\bar{\bar{F}}=(\bar{A}+B+C)(A+\bar{B}+\bar{C})$$

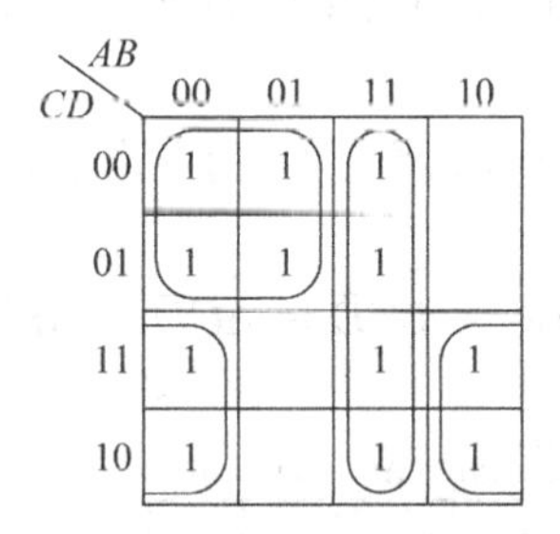

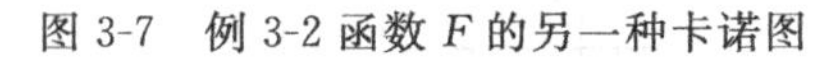
图 3-7　例 3-2 函数 F 的另一种卡诺图

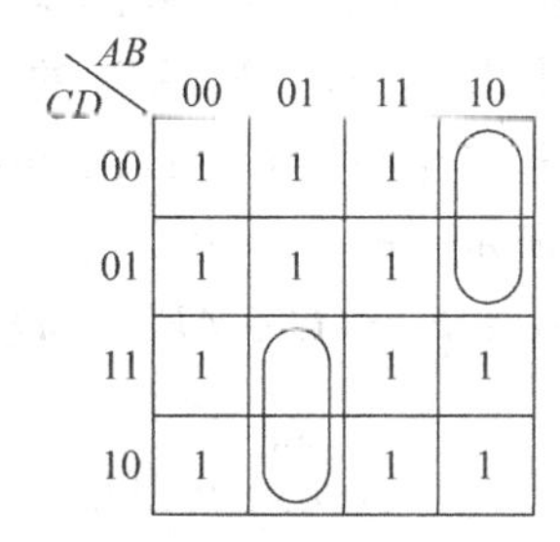

图 3-8　例 3-2 函数 $\bar{F}$ 的卡诺图

由本例可见，逻辑函数的最简"与或"式有时候不是唯一的，在卡诺图化简法中具体体现在选择卡诺圈形成最小覆盖的圈法不同，尽管形成最小覆盖的卡诺圈可能有多种圈法，但每种圈法的卡诺圈的数量和大小应该是相同的，也就是说多种最简"与或"式的复杂程度应该是相同的。同理，逻辑函数的最简"或与"式也有可能不是唯一的。

例 3-3　用卡诺图法把逻辑函数 $F(A,B,C,D)=\sum_m(4,5,13,14,15)+\sum_d(0,1,2,3,6,7,10,11)$ 化成最简"与或" 式和最简"或与" 式。

解：最简"与或"式：函数 F 的卡诺图如图 3-9 所示。由卡诺图得函数 F 的最简"与或"式为：

$$F(A,B,C,D)=\bar{A}+C+BD$$

最简"或与"式：函数 $\bar{F}$ 的卡诺图如图 3-10 所示。由卡诺图得函数 $\bar{F}$ 的最简"与或"式为：

$$\bar{F}=\bar{B}+A\bar{C}\bar{D}$$

使用反演律,可得 F 的最简“或与”式为:

$$F = \overline{\overline{F}} = B(\overline{A} + C + D)$$

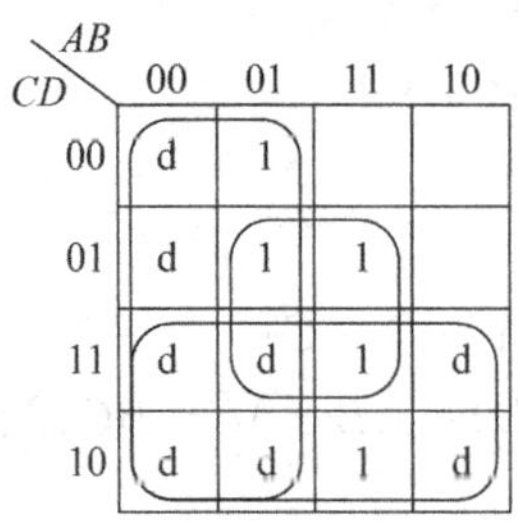

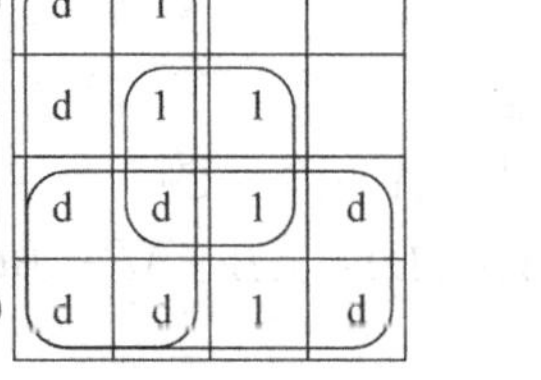

图 3-9 例 3-3 函数 F 的卡诺图

CD \ AB	00	01	11	10
00	d	1		
01	d	1	1	
11	d	d	1	d
10	d	d	1	d

图 3-10 例 3-3 函数 $\overline{F}$ 的卡诺图

本例是包含无关项 d 的函数化简,无关项对函数的取值没有影响。画卡诺圈的时候,可以任意将无关项 d 圈入卡诺圈或不圈,取决于是否对函数的化简有利,对有利于化简的无关项就圈入卡诺圈,对化简不利的就不圈。这里应强调,对于反函数 $\overline{F}$ 的卡诺图,处理无关项的原则相同,因为无关项对原函数的取值没有影响,对反函数的取值同样也没有影响。

例 3-4 已知 $F_1 = AB + \overline{A}C + \overline{B}D$, $F_2 = A\overline{B}\overline{C}D + A\overline{C}D + BCD + \overline{B}C$,试用卡诺图化简法求出 $F_1 + F_2$、$F_1 \oplus F_2$ 的最简“与或”式。

解:本例是求两个逻辑函数 F_1、F_2 相或和异或运算之后的最简“与或”式,可以先分别把 F_1、F_2 表示在卡诺图上,然后再根据或运算和异或运算的规则得到 $F_1 + F_2$、$F_1 \oplus F_2$ 的卡诺图,进而求出 $F_1 + F_2$、$F_1 \oplus F_2$ 的最简“与或”式。

F_1 和 F_2 卡诺图如图 3-11(a)和图 3-11(b)所示,$F_1 + F_2$、$F_1 \oplus F_2$ 的卡诺图如图 3-12(a)和图 3-12(b)所示。$F_1 + F_2$ 和 $F_1 \oplus F_2$ 的最简“与或”式为:

$$F_1 + F_2 = C + AB + \overline{B}D, \quad F_1 \oplus F_2 = AB\overline{C} + BC\overline{D} + AC\overline{D} + \overline{A}\overline{B}\overline{C}D$$

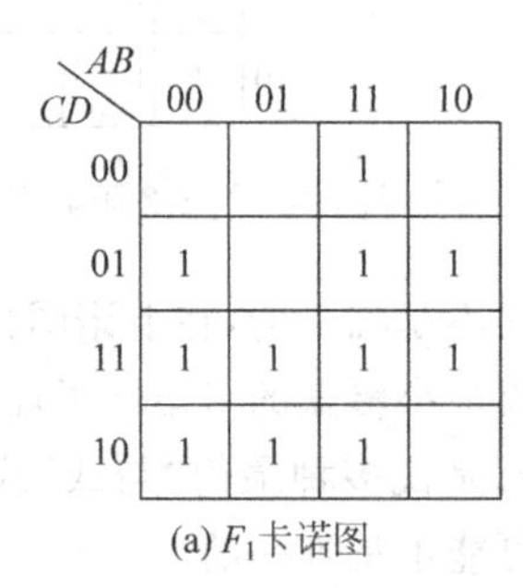

(a) F_1卡诺图

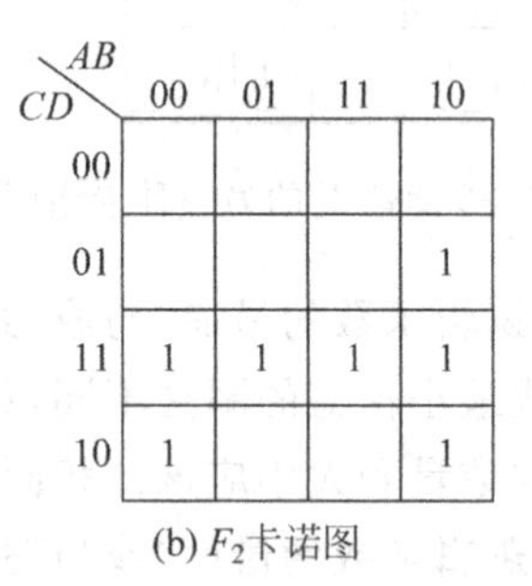

(b) F_2卡诺图

图 3-11 例 3-4 F_1 和 F_2 卡诺图

例 3-5 试用卡诺图将逻辑函数 $\begin{cases} F(A,B,C,D) = \sum_m (0,2,8,9) \\ AC + CD = 0 \end{cases}$ 化成最简“与或”式。

解:本例所给逻辑函数包含一个约束条件 $AC + CD = 0$,表示一定要在满足 $AC + CD = 0$ 的前提下,$F(A,B,C,D) = \sum_m (0,2,8,9)$ 才成立。换句话说,本例中一定要使 $AC + CD \neq 1$,也就是 $AC \neq 1$ 且 $CD \neq 1$。因此 $AC = 1$、$CD = 1$ 应该对函数的取值没有影响,即是函数 F 的无关项。

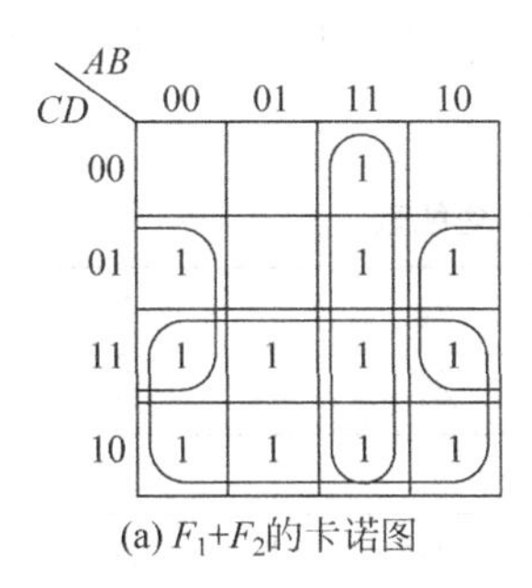

(a) F_1+F_2的卡诺图

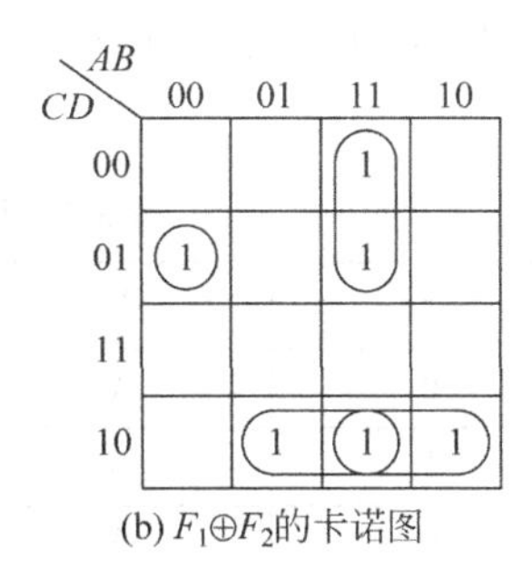

(b) $F_1 \oplus F_2$的卡诺图

图 3-12　例 3-4 F_1+F_2 和 $F_1 \oplus F_2$ 的卡诺图

基于上述分析，可画出本题的卡诺图如图 3-13 所示，根据卡诺图可求出函数 F 的最简"与或"式为：$F(A,B,C,D)=A\overline{B}+\overline{B}\overline{D}$。

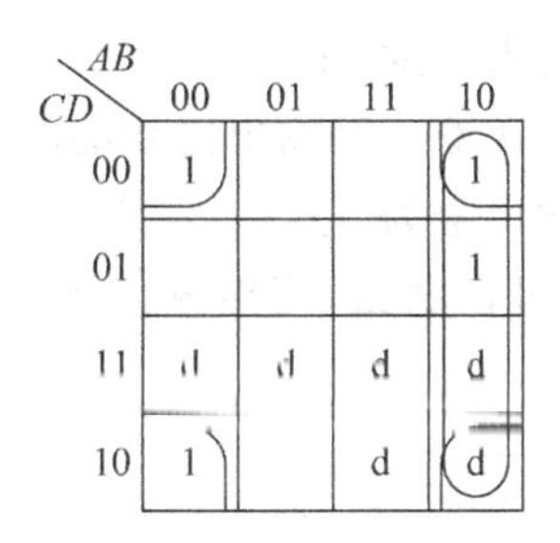

图 3-13　例 3-5 的卡诺图

例 3-6　在图 3-14 所示的组合逻辑电路中，M_1、M_0 是功能选择信号，$A_3 \sim A_0$ 是电路的输入，$F_3 \sim F_0$ 是电路的输出，试分析该电路在 M_1 和 M_0 的不同取值组合下的功能。

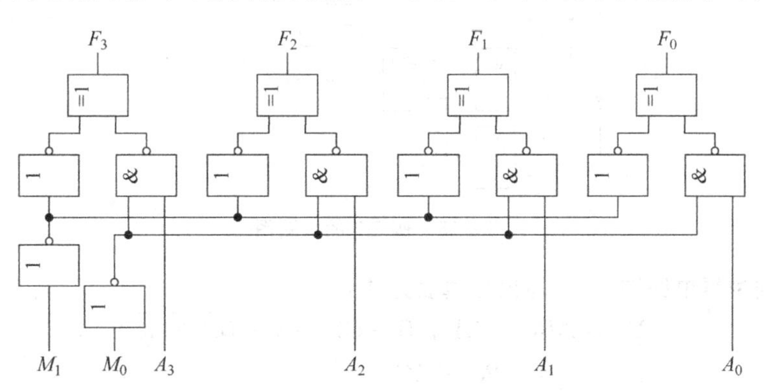

图 3-14　例 3-6 的电路图

解：由电路图可以写出输出函数的表达式为：

$$F_3 = M_1 \oplus \overline{\overline{M_0} A_3}$$

$$F_2 = M_1 \oplus \overline{\overline{M_0} A_2}$$

$$F_1 = M_1 \oplus \overline{\overline{M_0} A_1}$$

$$F_0 = M_1 \oplus \overline{\overline{M_0} A_0}$$

根据输出表达式,可以列出该电路在 M_1 和 M_0 的不同取值组合下的功能表如表 3-2 所示。

表 3-2　例 3-6 的功能表

M_1	M_0	F_3	F_2	F_1	F_0
0	0	$\overline{A_3}$	$\overline{A_2}$	$\overline{A_1}$	$\overline{A_0}$
0	1	1	1	1	1
1	0	A_3	A_2	A_1	A_0
1	1	0	0	0	0

由功能表 3-2 可见:

当 $M_1M_0=00$ 时,该电路实现四输入四输出反相器的功能;

当 $M_1M_0=01$ 时,该电路的输出全为 1;

当 $M_1M_0=10$ 时,该电路实现四输入四输出同相器的功能;

当 $M_1M_0=11$ 时,该电路的输出全为 0。

例 3-7　分析图 3-15 所示的组合电路,写出输出 Y_1、Y_2 的表达式,列出真值表并说明电路实现的功能。

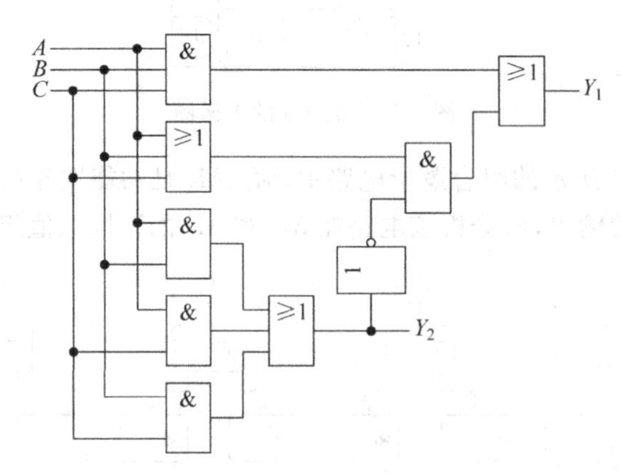

图 3-15　例 3-7 的电路图

解:根据逻辑电路图,可以写出逻辑表达式:

$$Y_1=ABC+(A+B+C)\overline{(AB+BC+AC)}$$

$$Y_2=AB+BC+AC$$

将 Y_1 进行如下变换:

$$\begin{aligned}Y_1&=ABC+(A+B+C)\overline{(AB+AC+BC)}\\&=ABC+(A+B+C)(\overline{A}+\overline{B})(\overline{A}+\overline{C})(\overline{B}+\overline{C})\\&=ABC+(\overline{A}B+\overline{A}C+A\overline{B}+\overline{B}C)(\overline{A}+\overline{C})(\overline{B}+\overline{C})\\&=ABC+(\overline{A}B+\overline{A}C+\overline{A}\overline{B}C+\overline{A}B\overline{C}+A\overline{B}\overline{C})(\overline{B}+\overline{C})\\&=ABC+\overline{A}\overline{B}C+A\overline{B}\overline{C}+\overline{A}B\overline{C}\\&=\sum_{m}(1,2,4,7)\end{aligned}$$

由表达式列出真值表，如表 3-3 所示。

表 3-3　例 3-7 的真值表

A	B	C	Y_1	Y_2
0	0	0	0	0
0	0	1	1	0
0	1	0	1	0
0	1	1	0	1
1	0	0	1	0
1	0	1	0	1
1	1	0	0	1
1	1	1	1	1

由真值表可知，该电路实现的是 1 位全加器的功能，A、B 是加数和被加数输入端，Y_1 是"和"输出端，Y_2 是"进位"输出端。

教材中详细讲述了全加器的几种实现方法，读者可以将该例与教材中的方法进行比较，该例进一步说明同一种功能可以用多种不同的电路实现。

例 3-8　在图 3-16 所示的组合电路中，A 和 B 为输入变量，S_3、S_2、S_1、S_0 为功能选择控制变量，F 为输出函数。试写出该电路在功能选择控制变量的控制下的输出函数表达式，并说明电路的功能。

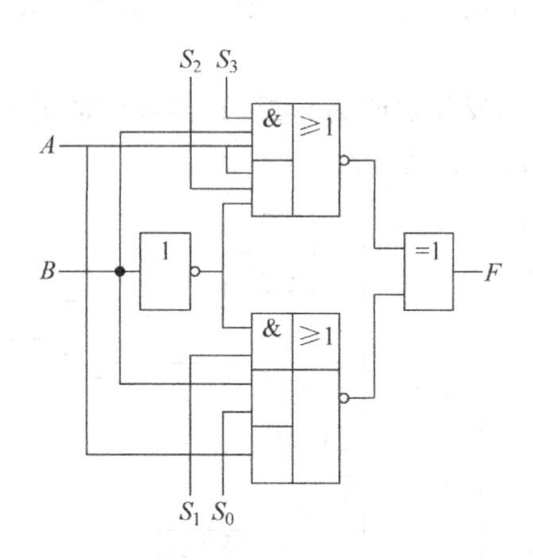

图 3-16　例 3-8 的电路图

解：由电路图直接写出输出表达式为：

$$F=\overline{S_3AB+S_2A\overline{B}}\oplus\overline{A+S_1\overline{B}+S_0B}$$

由题意可知，输出表达式 F 中的 S_3、S_2、S_1、S_0 为功能选择控制变量。依次将 4 个功能选择控制变量的 16 种取值组合代入到输出表达式 F 中，可得到电路的 16 种输出函数如表 3-4 所示。

表 3-4　例 3-8 的真值表

S_3	S_2	S_1	S_0	F	S_3	S_2	S_1	S_0	F
0	0	0	0	A	1	0	0	0	$A\overline{B}$
0	0	0	1	$A+B$	1	0	0	1	$A\oplus B$
0	0	1	0	$A+\overline{B}$	1	0	1	0	$\overline{B}$
0	0	1	1	1	1	0	1	1	$\overline{AB}$
0	1	0	0	AB	1	1	0	0	0
0	1	0	1	B	1	1	0	1	$\overline{A}B$
0	1	1	0	$A\odot B$	1	1	1	0	$\overline{A+B}$
0	1	1	1	$\overline{A}+B$	1	1	1	1	$\overline{A}$

由表 3-4 可知,电路在功能选择控制变量的作用下,产生了 A、B 两个变量组成的 16 种逻辑函数,因此,该电路实现的是多功能函数发生器的功能。

分析本题的关键在于正确理解题意,区分电路中的功能选择控制变量和输入变量。功能选择控制变量是进行功能选择的信号,不同取值组合对应电路的不同功能,而输入变量是在功能选择控制变量控制下与输出发生关系的输入信号。如果将两者混为一体,把输出当作 6 变量的函数处理,则真值表的规模比较大,而且很难归纳出电路实现的逻辑功能。

例 3-9　分析图 3-17 所示的组合逻辑电路,回答以下问题:

(1) 假定电路的输入变量 A、B、C 和输出函数 F、G 均代表 1 位二进制数,请问该电路实现的是什么功能?

(2) 若将图中虚线框内的反相器去掉,即令 X 点和 Y 点直接相连,请问该电路实现的是什么功能?

(3) 若将图中虚线框内的反相器改为异或门,异或门的另一个输入端与输入控制变量 M 相连,请问该电路实现的是什么功能?

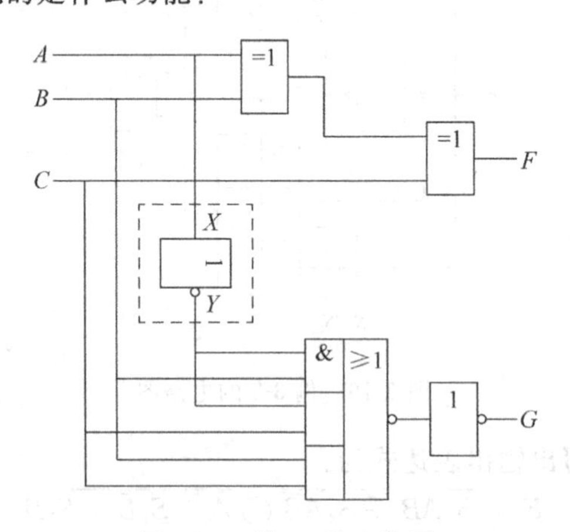

图 3-17　例 3-9 的电路图

解:

(1) 由电路图直接写出输出表达式:

$$F = A \oplus B \oplus C$$

$$G = \overline{A}B + \overline{A}C + BC$$

由输出表达式列出真值表如表 3-5 所示。

表 3-5　例 3-9(1)的真值表

A	B	C	F	G
0	0	0	0	0
0	0	1	1	1
0	1	0	1	1
0	1	1	0	1
1	0	0	1	0
1	0	1	0	0
1	1	0	0	0
1	1	1	1	1

由真值表可见，该电路实现的是全减器的功能，其中输入 A 为被减数、B 为减数、C 为低位向该位的借位，输出 F 为差、G 为向高位的借位。

(2) 若将图 3-17 中虚线框内的反相器去掉，即令 X 点和 Y 点直接相连，则函数表达式变为：

$$F = A \oplus B \oplus C$$

$$G = AB + AC + BC$$

由输出表达式列出真值表如表 3-6 所示。

表 3-6　例 3-9(2)的真值表

A	B	C	F	G
0	0	0	0	0
0	0	1	1	0
0	1	0	1	0
0	1	1	0	1
1	0	0	1	0
1	0	1	0	1
1	1	0	0	1
1	1	1	1	1

由真值表可见，该电路实现的是全加器的功能，其中输入 A 为被加数、B 为加数、C 为低位向该位的进位，输出 F 为和、G 为向高位的进位。

(3) 若将图 3-17 中虚线框内的反相器改为异或门，异或门的另一个输入端与输入控制变量 M 相连，则函数表达式变为：

$$F = A \oplus B \oplus C$$

$$G = (A \oplus M)B + (A \oplus M)C + BC$$

当 $M=0$ 时，表达式为

$$F = A \oplus B \oplus C$$

$$G = AB + AC + BC$$

可见,此时与(2)相同,实现全加器的功能。

当 $M=1$ 时,表达式为

$$F = A \oplus B \oplus C$$
$$G = \overline{A}B + \overline{A}C + BC$$

可见,此时与(1)相同,实现全减器的功能。

因此(3)的功能是实现可控的全加/减器功能,控制变量 $M=0$ 时为全加器,$M=1$ 时为全减器。

例 3-10 设计一个 2 位二进制数乘法器。该电路的输入接收两个 2 位二进制数 $A=A_2A_1$,$B=B_2B_1$,输出为 A 和 B 的积。

解:本题设计要求明确,逻辑器件可由设计者选择,根据组合逻辑电路设计的一般步骤和本题的具体功能要求,可用如下两种不同的方法完成该电路的设计。

方法一:

两个 2 位二进制数相乘,乘积最多为 4 位,设乘积为 $P= P_4P_3P_2P_1$。列真值表如表 3-7 所示。

表 3-7 例 3-10 的真值表

A_2	A_1	B_2	B_1	P_4	P_3	P_2	P_1
0	0	0	0	0	0	0	0
0	0	0	1	0	0	0	0
0	0	1	0	0	0	0	0
0	0	1	1	0	0	0	0
0	1	0	0	0	0	0	0
0	1	0	1	0	0	0	1
0	1	1	0	0	0	1	0
0	1	1	1	0	0	1	1
1	0	0	0	0	0	0	0
1	0	0	1	0	0	1	0
1	0	1	0	0	1	0	0
1	0	1	1	0	1	1	0
1	1	0	0	0	0	0	0
1	1	0	1	0	0	1	1
1	1	1	0	0	1	1	0
1	1	1	1	1	0	0	1

由真值表画出卡诺图如图 3-18 所示(P_4 较简单不需要卡诺图),由卡诺图可得输出表达式为:

$$P_4 = A_2A_1B_2B_1$$
$$P_3 = A_2\,\overline{A_1}B_2 + A_2B_2\,\overline{B_1}$$
$$P_2 = A_2\,\overline{A_1}B_1 + A_2\,\overline{B_2}B_1 + \overline{A_2}A_1B_2 + A_2B_2\,\overline{B_1}$$
$$P_1 = A_1B_1$$

由以上表达式,可以画出由“与非”门组成的逻辑电路图如图 3-19 所示。

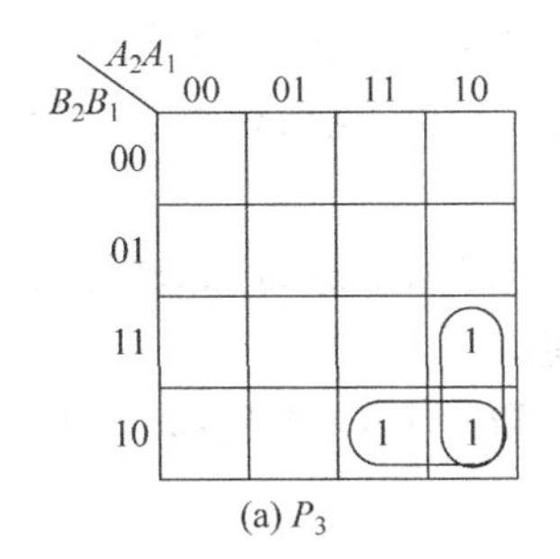

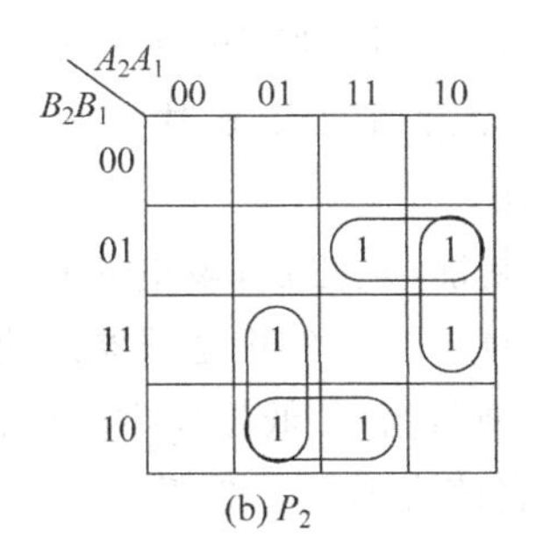

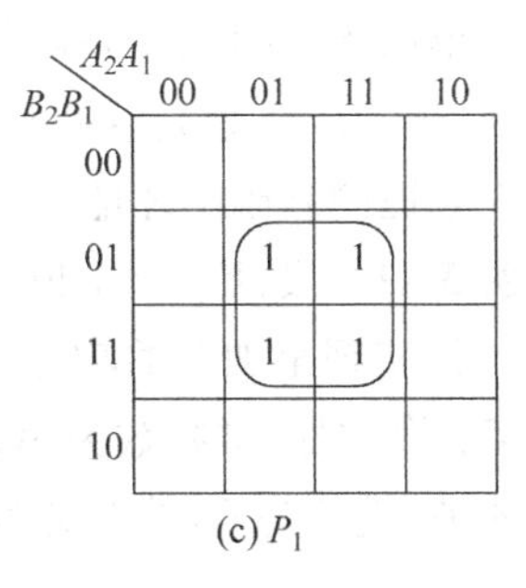

图 3-18　例 3-10 的卡诺图

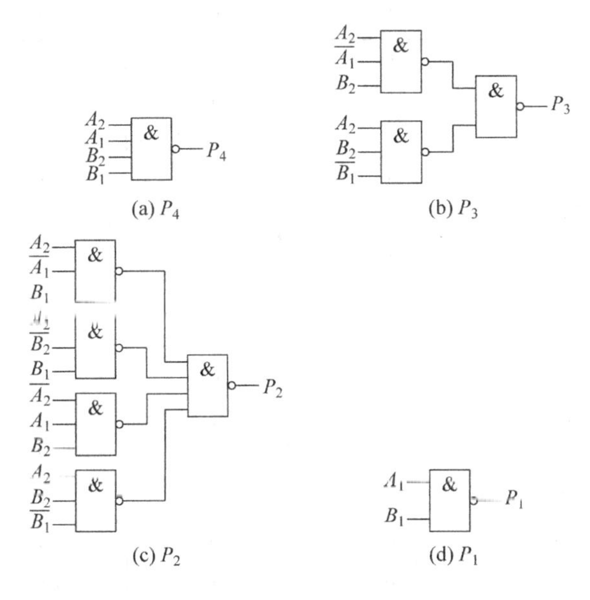

图 3-19　例 3-10 的电路图

方法二：

直接按照 2 位二进制数相乘的运算方法求出电路的输出与输入逻辑关系。首先列出 2 位二进制数相乘的乘法竖式：

$$
\begin{array}{rcccc}
 & & & A_2 & A_1 \\
\times) & & & B_2 & B_1 \\
\hline
 & & & A_2B_1 & A_1B_1 \\
+) & & A_2B_2 & A_1B_2 & \\
\hline
 & P_4 & P_3 & P_2 & P_1
\end{array}
$$

然后借助半加器的“和”与“进位”输出表达式(参考教材中的半加器部分)得乘积输出表达式为：

$$P_1 = A_1B_1$$

$$P_2 = A_2B_1 \oplus A_1B_2 = A_2\overline{B_2}B_1 + A_2\overline{A_1}B_1 + \overline{A_2}A_1B_2 + A_1B_2\overline{B_1}$$

$$P_3 = A_2B_2 \oplus A_2A_1B_2B_1 = A_2\overline{A_1}B_2 + A_2B_2\overline{B_1}$$

$$P_4 = A_2A_1B_2B_1$$

所得结果与列真值表再化简完全一样，但步骤较简单。可见，一个题目的解题方法可以有多种，读者应注意灵活借鉴已经学过的知识，解决实际问题。当然，这要建立在对所学知识牢固掌握的基础上才能灵活应用。

例 3-11 设计一个 1 位二进制加/减法器，该电路在 M 的控制下进行加、减运算。当 $M=0$ 时，实现全加器的功能；当 $M=1$ 时，实现全减器的功能。

解：设被加/被减数为 A、加/减数为 B、低位向本位的进/借位为 C，本位和/差为 F、向高位的进/借位为 G，据题意列出真值表如表 3-8 所示。

表 3-8 例 3-11 的真值表

M	A	B	C	F	G
0	0	0	0	0	0
0	0	0	1	1	0
0	0	1	0	1	0
0	0	1	1	0	1
0	1	0	0	1	0
0	1	0	1	0	1
0	1	1	0	0	1
0	1	1	1	1	1
1	0	0	0	0	0
1	0	0	1	1	1
1	0	1	0	1	1
1	0	1	1	0	1
1	1	0	0	1	0
1	1	0	1	0	0
1	1	1	0	0	0
1	1	1	1	1	1

由真值表画出卡诺图如图 3-20 所示，由卡诺图可得输出表达式为：

$$F = A\bar{B}\bar{C} + ABC + \bar{A}\bar{B}C + \bar{A}B\bar{C} = A\,\overline{(B \oplus C)} + \bar{A}(B \oplus C) = A \oplus B \oplus C$$

$$G = BC + \overline{M}AC + \overline{M}AB + M\bar{A}C + M\bar{A}B = BC + C(M \oplus A) + B(M \oplus A)$$
$$= BC + (B + C)(M \oplus A)$$

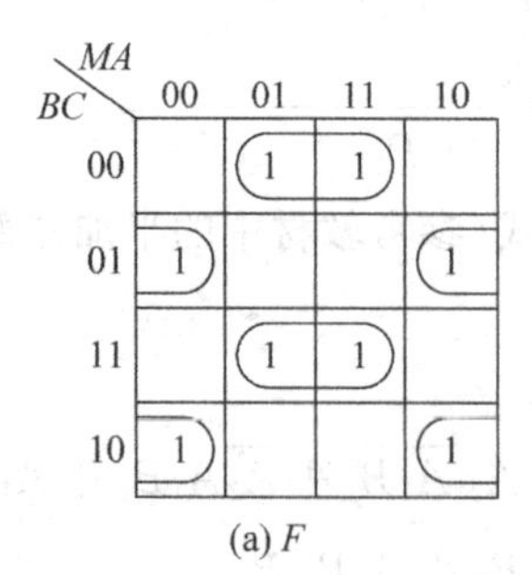

(a) F

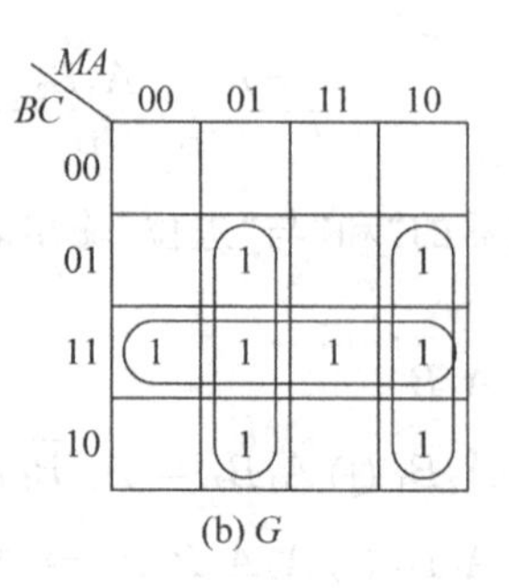

(b) G

图 3-20 例 3-11 的卡诺图

由上述表达式画出的逻辑电路图如图 3-21 所示。

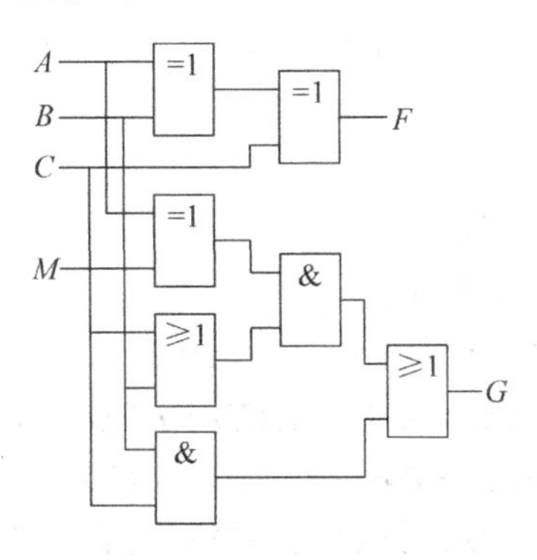

图 3-21 例 3-11 的电路图

解答本题应注意，本题的要求是用一个电路既能实现全加器又能实现全减器的功能，具体由控制变量 M 进行控制，而不是单独设计全加器和全减器。

3.3 主教材习题参考答案

1.

(1) 不正确。因为如果 $X=1$，则不论 Y 和 Z 是 0 还是 1，都有 $X+Y=X+Z=1$。

(2) 不正确。因为如果 $X=0$，则不论 Y 和 Z 是 0 还是 1，都有 $XY=XZ=0$。

(3) 不正确。因为如果 $X=1,Y=1,Z=0$，则有 $X+Y=X+Z=1$，但 $XY\neq XZ$，且 $Y\neq Z$。

(4) 正确。因为只有当 X 和 Y 同时为 0 或同时为 1 时，才有 $X+Y=X\cdot Y$；当 X 和 Y 中一个为 1，另一个为 0 时，$X+Y=1$，而 $X\cdot Y=0$，所以 $X+Y\neq X\cdot Y$。

2.

(1) $F=AB+\overline{A}C$

(2) $F=A+B$

(3) $F=B$

(4) $F=B+D+AC$

3.

(1) $F(A,B,C)=\sum_{m}(2,3,5,6,7)=\prod_{M}(0,1,4)$

(2) $F(A,B,C)=\sum_{m}(0,1,2,3,4,5,6,7)=1$，没有“标准和之积”式

(3) $F(A,B,C)=0=\prod_{M}(0,1,2,3,4,5,6,7)$，没有“标准积之和”式

(4) $F(A,B,C)=\sum_{m}(0,2,4,7)=\prod_{M}(1,3,5,6)$

(5) $F(A,B,C)=\sum_{m}(1,3,5,7)=\prod_{M}(0,2,4,6)$

4.

(1) $F(A,B,C,D)=\overline{A}\overline{B}+AC+B\overline{C}=(\overline{A}+B+C)(A+\overline{B}+\overline{C})$ 或

$F(A,B,C,D)=AB+\overline{A}\overline{C}+\overline{B}C=(\overline{A}+B+C)(A+\overline{B}+\overline{C})$

(2) $F=B+D=(B+D)$,(注意:此式为仅有一个或项的特殊“或与”式)

(3) $F(A,B,C,D)=\bar{A}D+\bar{B}\bar{C}=(\bar{A}+\bar{B})(\bar{C}+D)(\bar{A}+\bar{C})(\bar{B}+D)$

(4) $F(A,B,C,D)=\bar{A}+BD=(\bar{A}+B)(\bar{A}+D)$

5.

(1) $F(A,B,C)=\bar{B}+\bar{A}\bar{C}+AC$

(2) $F(A,B,C,D)=\bar{B}\bar{C}+\bar{A}\bar{D}+CD$

(3) $F(A,B,C,D)=\bar{A}B\bar{C}+A\bar{C}\bar{D}+\bar{A}CD+ABC$

(4) $F(A,B,C,D)=\bar{B}\bar{C}+\bar{C}D+\bar{A}BC+\bar{A}C\bar{D}+BC\bar{D}$ 或

$F(A,B,C,D)=\bar{B}\bar{C}+\bar{C}D+\bar{A}BD+\bar{A}C\bar{D}+BC\bar{D}$ 或

$F(A,B,C,D)=\bar{B}\bar{C}+\bar{C}D+\bar{A}BC+\bar{A}\bar{B}\bar{D}+BC\bar{D}$ 或

$F(A,B,C,D)=\bar{B}\bar{C}+\bar{C}D+\bar{A}BD+\bar{A}\bar{B}\bar{D}+BC\bar{D}$

(5) $F(A,B,C,D)=\bar{B}\bar{D}+CD+\bar{A}BD$ 或 $F(A,B,C,D)=\bar{B}\bar{D}+\bar{B}C+\bar{A}BD$

(6) $F(A,B,C,D,E)=\bar{B}\bar{C}\bar{D}\bar{E}+A\bar{B}\bar{C}\bar{D}+ABE+\bar{A}\bar{B}CD+\bar{A}\bar{B}DE+\bar{A}CDE+ACD\bar{E}$

6.

(1) $F(A,B,C,D)=\bar{B}\bar{D}+\bar{B}C+BD$ 或 $F(A,B,C,D)=\bar{B}\bar{D}+BD+CD$

(2) $F(A,B,C,D)=\bar{C}D+BD+\bar{A}\bar{B}+A\bar{C}$

7.

$F_1(A,B,C,D)=\bar{B}\bar{D}+ABD+\bar{A}BD+\bar{A}B\bar{C}\bar{D}$

$F_2(A,B,C,D)=\bar{B}\bar{D}+\bar{A}BD$

$F_3(A,B,C,D)=ABD+BCD+\bar{A}\bar{B}C\bar{D}+\bar{A}B\bar{C}\bar{D}$

8.

$F(A,B,C)=ABC+A\bar{B}\bar{C}+\bar{A}\bar{B}C$,简化电路图如图 3-22 所示。

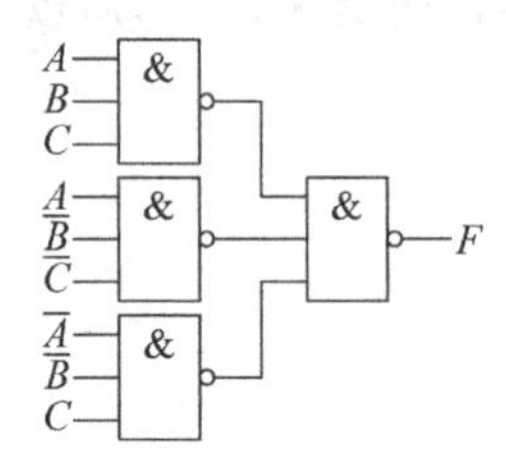

图 3-22 习题 8 的简化电路图

9.

$F(A,B,C)=\overline{A\oplus B\oplus C}$,当 A、B、C 中有偶数个 1 时,函数值 F 为 1。用“异或”门实现该功能的电路如图 3-23 所示。

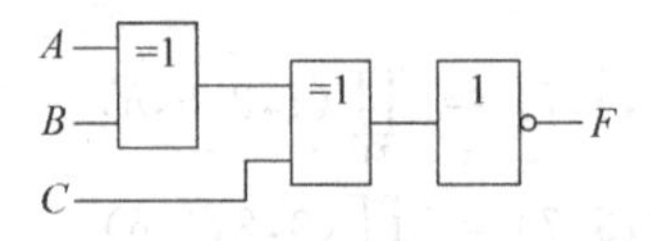

图 3-23 习题 9 的简化电路图

10.

$Z=D,Y=C\oplus D,X=B\oplus(C+Y)=B\oplus(C+C\oplus D)=B\oplus(C+D)$

$W=A\oplus(B+X)=A\oplus(B+B\oplus(C+D))=A\oplus(B+C+D)$

真值表如表 3-9 所示。

表 3-9　习题 10 的真值表

A	B	C	D	W	X	Y	Z
0	0	0	0	0	0	0	0
0	0	0	1	1	1	1	1
0	0	1	0	1	1	1	0
0	0	1	1	1	1	0	1
0	1	0	0	1	1	0	0
0	1	0	1	1	0	1	1
0	1	1	0	1	0	1	0
0	1	1	1	1	0	0	1
1	0	0	0	1	0	0	0
1	0	0	1	0	1	1	1
1	0	1	0	0	1	1	0
1	0	1	1	0	1	0	1
1	1	0	0	0	1	0	0
1	1	0	1	0	0	1	1
1	1	1	0	0	0	1	0
1	1	1	1	0	0	0	1

11.

输出为 8421BCD 码。

12.

判断输入的十进制数是否大于或等于 5,可以实现四舍五入功能。

13.

$M=1$ 时,输出表达式为:

$$Y_3=X_3,\quad Y_2=X_3\oplus X_2$$
$$Y_1=X_2\oplus X_1,\quad Y_0=X_1\oplus X_0$$

完成二进制自然码至 Gray 码的转换。

当 $M=0$ 时,输出表达式为:

$$Y_3=X_3,\quad Y_2=X_3\oplus X_2$$
$$Y_1=X_3\oplus X_2\oplus X_1,\quad Y_0=X_3\oplus X_2\oplus X_1\oplus X_0$$

完成 Gray 码至二进制自然码的转换。

14.

参见例 3-9。

15.

$$F=\overline{S_3AB+S_2A\bar{B}}\oplus\overline{A+S_1\bar{B}+S_0B}$$

电路实现函数发生器的功能,在控制变量 S_3、S_2、S_1 和 S_0 的控制下,产生不同的输出函数。

16.

$F=AC+AB$,$G=\bar{A}B+\bar{A}C$,用"与非"门实现的电路图如图 3-24 所示。

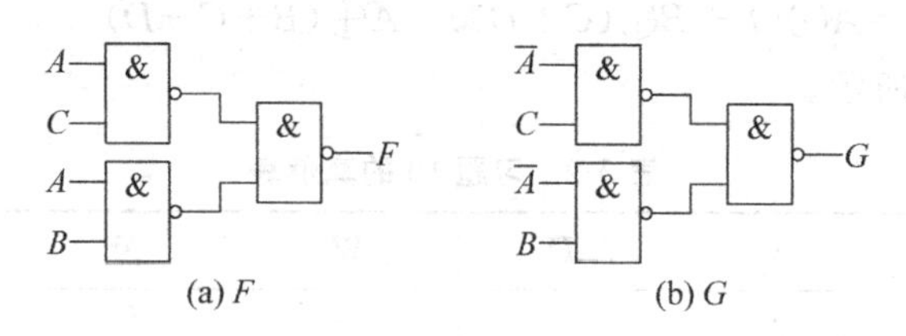

图 3-24　习题 16 的电路图

17.

$G=\bar{A}B, Y=A+\bar{B}C, R=\bar{C}$,用“与非”门实现的电路图如图 3-25 所示。

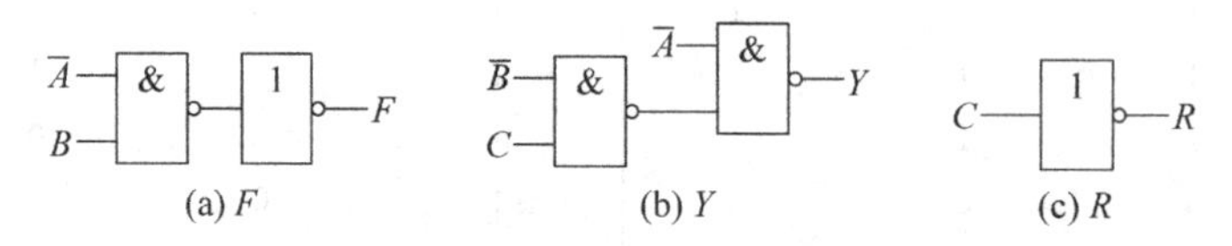

图 3-25　习题 17 的电路图

18.

$F_1=\bar{A}B+BC+B\bar{C}D+\bar{B}C\bar{D}$, $F_2=A+B\bar{C}D+\bar{B}C\bar{D}$,用“与非”门实现的电路图如图 3-26 所示。

19.

(1) $F=\overline{\overline{\bar{A}+C}+\overline{\bar{A}+B+\bar{D}}+\overline{A+\bar{B}+\bar{D}}+\overline{\bar{B}+C+\bar{D}}+\overline{A+\bar{C}+\bar{D}}+\overline{B+\bar{C}+\bar{D}}}$,用“或非”门实现的逻辑电路图如图 3-27 所示。

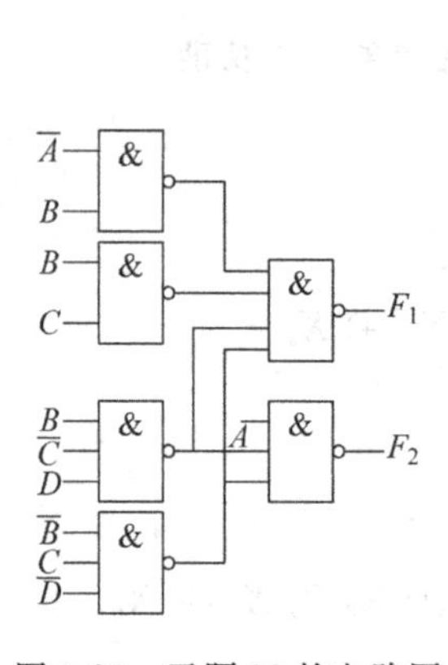

图 3-26　习题 18 的电路图

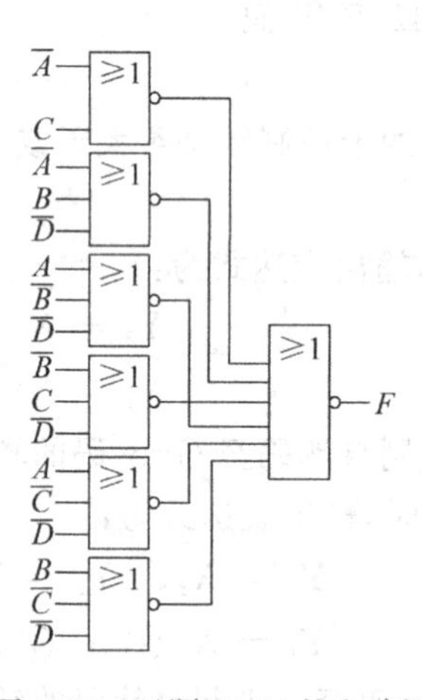

图 3-27　习题 19(1)的电路图

或 $F=\overline{\overline{\bar{A}+C}+\overline{A+\bar{B}+\bar{D}}+\overline{B+\bar{C}+\bar{D}}}$,用“或非”门实现的逻辑电路图如图 3-28 所示。

(2) $F=\overline{\overline{A+B}+\overline{\bar{A}+\bar{B}}+\overline{\bar{A}+C}+\overline{B+C}}$,用“或非”门实现的逻辑电路图如图 3-29 所示。

20.

参见例 3-10。

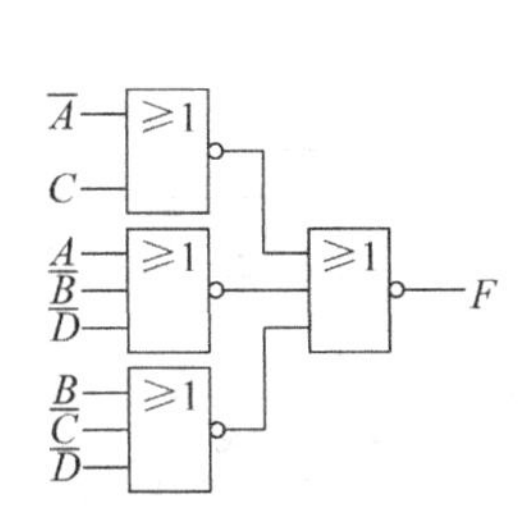

图 3-28　习题 19(1)的另一种电路图

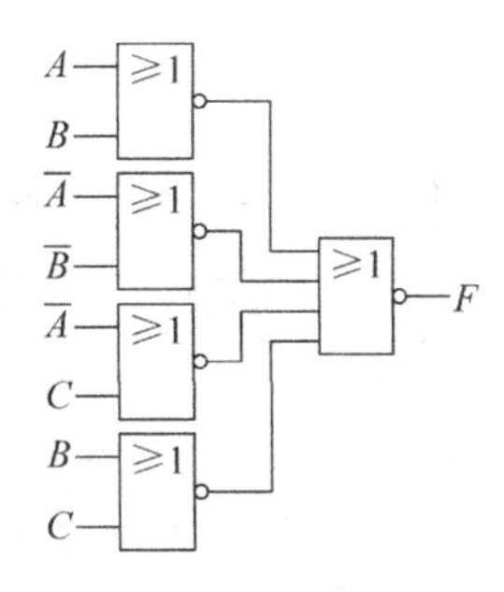

图 3-29　习题 19(2)的电路图

21.

参见例 3-11。

22.

(1) 余 3 码用 E_4、E_3、E_2、E_1 表示，输出的 8421 码用 B_8、B_4、B_2、B_1 表示。

$$B_8 = E_4E_3 + E_4E_2E_1, \quad B_4 = \overline{E_3}\,\overline{E_2} + \overline{E_3}\,\overline{E_1} + E_3E_2E_1$$

$$B_2 = \overline{E_2}E_1 + E_2\,\overline{E_1}, \qquad B_1 = \overline{E_1}$$

用"与非"门实现的电路图如图 3-30 所示。

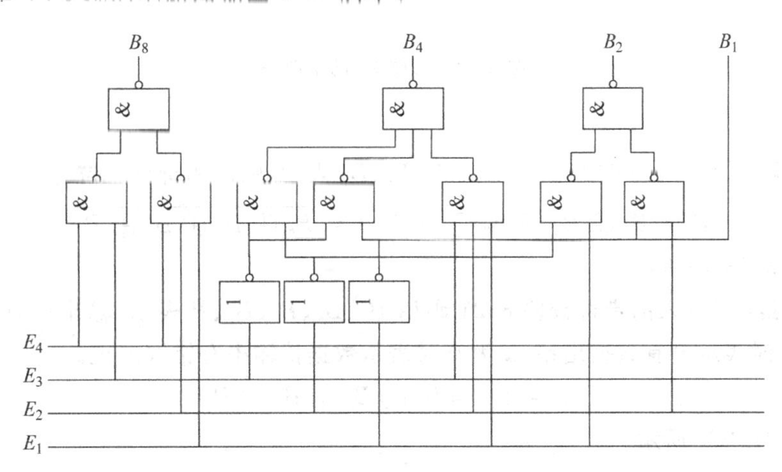

图 3-30　习题 22(1)的电路图

(2) 余 3 码用 E_4、E_3、E_2、E_1 表示，输出的七段显示代码用 a～g 表示。

$a=E_4\,\overline{E_1}+\overline{E_3}E_2+E_2\,\overline{E_1}+E_3\,\overline{E_2}E_1, b=E_2+E_3, c=E_4+E_2+\overline{E_1}$

$d=\overline{E_3}E_1+\overline{E_3}\,\overline{E_2}+\overline{E_2}E_1+\overline{E_4}E_2\,\overline{E_1}, e=\overline{E_3}E_1+\overline{E_2}E_1$

$f=E_4\,\overline{E_2}+E_2E_1, g=E_4\,\overline{E_2}+E_4E_1+E_3E_1+E_3E_2$

用"与非"门实现的电路图如图 3-31 所示。

23.

设输入 N 的 8421 码用 $N_8N_4N_2N_1$ 表示，输出 C 的 8421 码用 $C_8C_4C_2C_1$ 表示。

$C_8=\overline{N_4}N_2\,\overline{N_1}+\overline{N_8}\,\overline{N_4}\,\overline{N_2}N_1, C_4=N_4\,\overline{N_1}+N_4\,\overline{N_2}+\overline{N_8}\,\overline{N_4}N_2N_1$

$C_2=\overline{N_8}\,\overline{N_1}+N_2N_1+N_4\,\overline{N_2}\,\overline{N_1}, C_1=N_1$

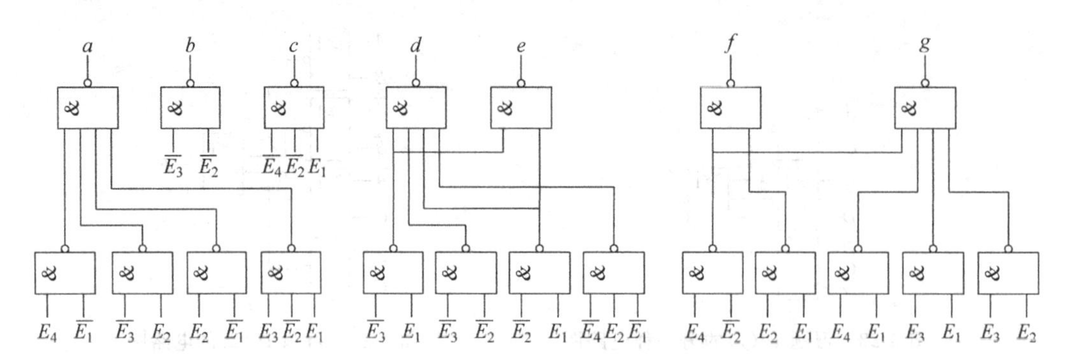

图 3-31　习题 22(2)的电路图

用“与非”门实现的电路图如图 3-32 所示。

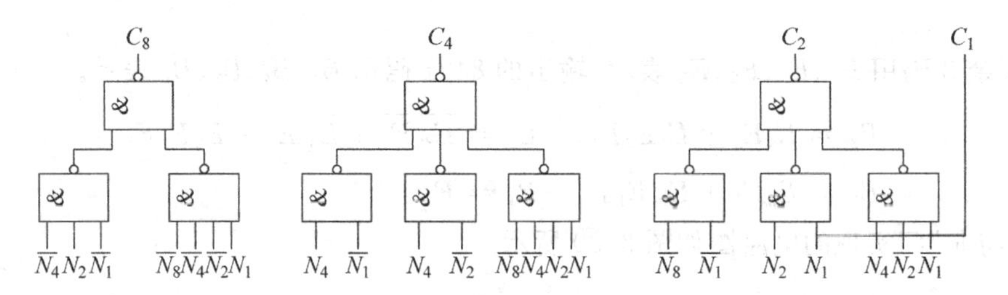

图 3-32　习题 23 的电路图

24.

奇发生器：设输入的 8421 码用 B_8、B_4、B_2、B_1 表示，输出的奇校验位为 P。

$$P = B_8 \oplus B_4 \oplus B_2 \oplus B_1 \oplus 1 = \overline{B_8 \oplus B_4 \oplus B_2 \oplus B_1}$$

电路图如图 3-33(a)所示。

奇校验器：设输入的带奇校验 8421 码用 B_8、B_4、B_2、B_1、P 表示，输出的判断标志用 S 表示，S 为 1 时表示没有数据出错，S 为 0 时表示数据传输中有错误出现。

$$S = B_8 \oplus B_4 \oplus B_2 \oplus B_1 \oplus P$$

电路图如图 3-33(b)所示。

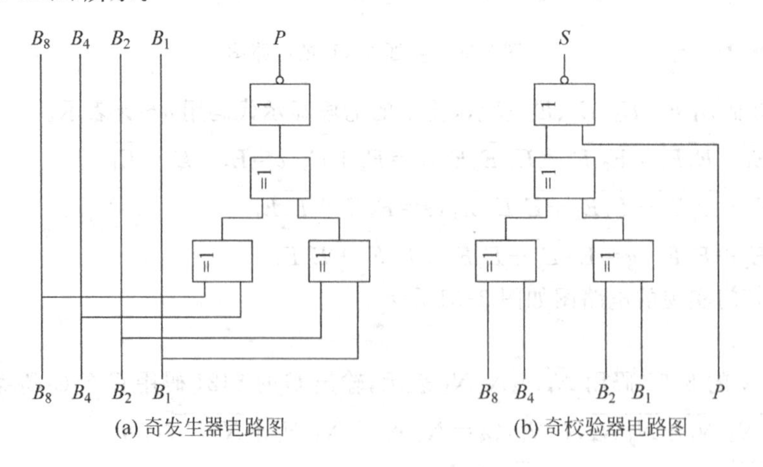

(a) 奇发生器电路图　　(b) 奇校验器电路图

图 3-33　习题 24 的电路图

25.

```
LIBRARY IEEE;
USE IEEE.STD_LOGIC_1164.ALL;
ENTITY comp IS
   PORT(A,B:IN STD_LOGIC;
        Q:OUT STD_LOGIC);
END comp;
ARCHITECTURE rtl_comp OF comp IS
BEGIN
   PROCESS(A,B)
   BEGIN
      IF(A>B) THEN
         Q<='1';
      ELSE
         Q<='0';
      END IF;
   END PROCESS;
END rtl comp;
```

26.

```
LIBRARY IEEE;
USE IEEE.STD_LOGIC_1164.ALL;
ENTITY prime_number IS
  PORT(bcd_in: IN STD_LOGIC_VECTOR(3 DOWNTO 0);
       f:OUT STD_LOGIC);
END prime_number;
ARCHITECTURE behave OF prime_number IS
BEGIN
  WITH bcd_in SELECT
     f<='1' WHEN "0010",
        '1' WHEN "0011",
        '1' WHEN "0101",
        '1' WHEN "0111",
        '0' WHEN OTHERS;
END behave;
```

27.

```
LIBRARY IEEE;
USE IEEE.STD_LOGIC_1164.ALL;
ENTITY above5 IS
  PORT(bcd_in: IN STD_LOGIC_VECTOR(3 DOWNTO 0);
       f:OUT STD_LOGIC);
END above5;
ARCHITECTURE behave OF above5 IS
BEGIN
```

```
    WITH bcd_in SELECT
        f <= '1' WHEN "0101",
            '1' WHEN "0110",
            '1' WHEN "0111",
            '1' WHEN "1000",
            '1' WHEN "1001",
            '0' WHEN OTHERS;
END behave;
```

或:

```
LIBRARY IEEE;
USE IEEE.STD_LOGIC_1164.ALL;
ENTITY above5 IS
  PORT(bcd_in: IN STD_LOGIC_VECTOR(3 DOWNTO 0);
       f:OUT STD_LOGIC);
END above5;
ARCHITECTURE behave OF above5 IS
BEGIN
  PROCESS(bcd_in)
  BEGIN
    IF (bcd_in>= "0101") THEN f <= '1';
    ELSE f <= '0';
    END IF;
  END PROCESS;
END behave;
```

28.

(1) 不具备竞争条件,不会产生险象。

(2) 变量 A 具备竞争条件,但不会产生险象。

(3) 变量 A 具备竞争条件,当 $BC=11$ 时,$F=A\cdot\overline{A}$,会产生 1 型险象。增加冗余项 $(\overline{B}+\overline{C})$ 可以消除险象,即 $F=(A+\overline{B})(\overline{A}+\overline{C})(\overline{B}+\overline{C})$。

29.

(a) $F=(\overline{A}+B+C)(AD+B\overline{D})$,变量 A、D 具备竞争条件:

当 $BCD=001$ 时,$F=A\overline{A}$,可能产生 1 型险象;

当 $ABC=110$ 时,$F=D+\overline{D}$,可能产生 0 型险象;

当 $ABC=111$ 时,$F=D+\overline{D}$,可能产生 0 型险象。

F 化简后为 $F=B\overline{D}+AB+ACD$,虽然变量 D 具备竞争条件,但已不会产生险象。

(b) $F=\overline{A}\overline{B}C+(A+D)(B+\overline{D})$,变量 A、B、D 具备竞争条件:

当 $BCD=010$ 时,$F=A+\overline{A}$,可能产生 0 型险象;

当 $ACD=011$ 时 $F=B+\overline{B}$,可能产生 0 型险象;

当 $ABC=000$ 时 $F=D\overline{D}$,可能产生 1 型险象。

F 化简后为 $F=\overline{A}\overline{B}C+AB+A\overline{D}+BD$,增加冗余项后可以消除险象,即 $F=\overline{A}\overline{B}C+\overline{A}CD+AB+A\overline{D}+BD$。

修改后的电路图略。

30.

(1) 实现的是三人表决器功能，a、b、c 为参与表决的输入变量，1 表示同意；0 表示反对。f 为表决结果的输出，1 表示通过，0 表示被否决。

(2) 实现的是三态门功能，当使能信号 en 为 1 时，输入数据 din 直接送到 dout 端口上；否则输出端口为高阻状态。

(3) 实现的是 8 位单向总线缓冲器的功能，当使能信号 en 为 1 时，8 位输入数据 a 直接送到输出端 b；否则输出端为高阻状态。

(4) 实现的是 8 位双向总线缓冲器的功能，当使能信号 en 和方向信号 dir 同时为 1 时，8 位数据从 ain 传送到 bout；当使能信号 en 为 1，而方向信号 dir 为 0 时，8 位数据从 bin 传送到 aout；否则输出端为高阻状态。

(5) 实现的是对 8 位输入数据 din 求补的功能，补数输出为 dout。

第4章 触发器

【学习要求】

本章学习的触发器是时序逻辑电路的主要存储元件，是学习第 5 章的重要基础。本章讲述了双稳态触发器、单稳态触发器、多谐振荡器和施密特触发器，应重点掌握各种双稳态触发器，包括其逻辑符号、逻辑功能和触发方式等，触发器的逻辑功能可以通过功能表（也称次态真值表）、状态表（也称次态卡诺图）、状态图、次态方程以及激励表来描述，学习时应重点掌握。

4.1 要点指导

1. 基本概念

稳态：电路中的电压和电流不随时间变化的状态。

现态：翻转之前的状态，用 Q^n 表示（上标 n 可省略）。

次态：翻转之后的状态，用 Q^{n+1} 表示。

激励信号：触发器的控制输入信号，如 JK 触发器的 J 和 K。

功能表：描述触发器在时钟和激励信号的作用下，状态翻转（现态向次态转换）规律的表格，也称为次态真值表。

激励表：描述触发器在时钟脉冲的作用下，在怎样的激励信号的作用下才能完成预定的状态翻转。激励表和功能表的输入和输出相反，功能表主要用于时序电路的分析，激励表主要用于时序电路的设计。

状态表：也称次态卡诺图，是功能表在卡诺图中的表现形式。

状态图：描述触发器在时钟和激励信号的作用下，状态翻转规律的图形，全称为状态转换图。状态图的画法是：用圆圈表示状态，用带箭头的直线或弧线表示状态转换的方向，起始于现态，终止于次态，在直线或弧线旁边标注上表示转换条件的字符。

次态方程：也称特性方程，是描述触发器在时钟脉冲的作用下，次态与现态和激励之间函数关系的方程。

约束条件：为使触发器能够正常工作，激励信号必须满足的条件。

触发方式：控制触发器完成状态翻转的方式。

2. 触发器的分类

1）按稳定的工作状态数分

- 双稳态触发器：有两个稳定的状态，0 态和 1 态，可以存储一位二进制代码。

• 单稳态触发器：仅有一个稳定的状态，0 态或 1 态，另一种状态为暂稳态。

• 无稳态触发器：又称多谐振荡器，没有稳定状态，能够自动在两个暂稳态之间来回切换，产生周期性的矩形脉冲。

2）按电路的结构形式和触发方式分

• 基本触发器：由激励信号直接触发，无时钟控制端。

• 同步触发器：带有时钟控制端，属于电平触发，存在空翻现象。

• 主从触发器：由两个同步触发器组成，它们轮流工作，属于脉冲(延迟)触发方式；无空翻现象，但存在一次变化现象。

• 边沿触发器：时钟边沿前接收激励输入信号，边沿处动作；无一次变化现象。主要产品有上升沿有效和下降沿有效的 JK 触发器。

• 维持阻塞触发器：与边沿触发器类似，通常为上升沿触发方式。主要产品有上升沿有效的 D 触发器。

3. 双稳态触发器

1）双稳态触发器的功能

双稳态触发器有两个稳定的状态，0 态和 1 态，可以存储一位二进制代码，是应用最广泛的触发器，是构成同步时序逻辑电路的基础。为便于查阅，这里把常见的双稳态触发器(同步 RS 触发器、JK 触发器、D 触发器、T 触发器)的功能进行归类。

常见双稳态触发器的功能表如表 4-1～表 4-4 所示。

表 4-1 同步 RS 触发器的功能表

R	S	Q^{n+1}
0	0	Q
0	1	1
1	0	0
1	1	d

表 4-2 JK 触发器的功能表

J	K	Q^{n+1}
0	0	Q
0	1	0
1	0	1
1	1	$\bar{Q}$

表 4-3 D 触发器的功能表

D	Q^{n+1}
0	0
1	1

表 4-4 T 触发器的功能表

T	Q^{n+1}
0	Q
1	$\bar{Q}$

常见双稳态触发器的次态方程为：

同步 RS 触发器：$\begin{cases} Q^{n+1}=S+\bar{R}Q \\ RS=0 \quad \text{(约束条件)} \end{cases}$

JK 触发器：$Q^{n+1}=J\bar{Q}+\bar{K}Q$

D 触发器：$Q^{n+1}=D$

T 触发器：$Q^{n+1}=T\bar{Q}+\bar{T}Q$

常见双稳态触发器的激励表如表 4-5～表 4-8 所示。

表 4-5 同步 RS 触发器的激励表

Q	Q^{n+1}	R	S
0	0	d	1
0	1	1	0
1	0	0	1
1	1	1	d

表 4-6 JK 触发器的激励表

Q	Q^{n+1}	J	K
0	0	0	d
0	1	1	d
1	0	d	1
1	1	d	0

表 4-7 D 触发器的激励表

Q	Q^{n+1}	D
0	0	0
0	1	1
1	0	0
1	1	1

表 4-8 T 触发器的激励表

Q	Q^{n+1}	T
0	0	0
0	1	1
1	0	1
1	1	0

2) 各类双稳态触发器之间的相互转换

常见的集成触发器有 JK 触发器和 D 触发器,因此,经常需要将 JK 触发器或 D 触发器转换为其他类型的触发器。转换的依据是:触发器的逻辑功能在转换之前和转换之后应该是等效的。

实现触发器逻辑功能转换的方法有两种:

(1) 次态方程联立法:将现有触发器和待构触发器的次态方程进行对照比较,从而找出现有触发器的输入信号与待构触发器的输入信号及待构触发器的现态之间的函数关系。

(2) 激励表联立法:将现有触发器和待构触发器的激励表进行对照比较,从而找出现有触发器的输入信号与待构触发器的输入信号及待构触发器的现态之间的函数关系。

4. 其他触发器

1) 单稳态触发器

该类触发器在没有外界触发信号作用时,处于某种稳定状态(0 态或 1 态),在触发信号的作用下,翻转到另一种状态(1 态或 0 态),但经过一定时间后,又自动返回到原来的稳定状态。因此,单稳态触发器只有一个稳定状态,另一种状态称为暂稳态。

根据暂稳态期间触发信号是否有效,单稳态触发器又分为不可重复触发的单稳态触发器和可重复触发的单稳态触发器。不可重复的单稳态触发器在暂稳态期间,外界的触发信号不再起作用,只有在暂稳态结束后,才能接收触发信号。可重复触发的单稳态,在电路的暂稳态期间,加入新的触发脉冲,会使暂稳态延续,直到触发脉冲相距时间间隔超过暂稳态持续时间,电路才返回稳态。

2) 无稳态触发器

没有稳定状态,不需要外加触发信号就能产生周期性的矩形脉冲。由于矩形脉冲波含有多次谐波,因此又称为多谐振荡器。组成多谐振荡器的电路多种多样,由石英晶体构成的多谐振荡器电路简单,频率比较稳定,应用广泛。

3) 施密特触发器

施密特触发器是一种特殊的双稳态触发器,是数字系统中一种常用的脉冲波形转换电路，它具有两个重要特性：

- 它是一种电平触发器，能将变化缓慢的模拟信号（如正弦波、三角波以及各种周期性的不规则波形）转换成矩形波。
- 对正向和负向增长的输入信号，电路的触发转换电平（称阈值电平）是不同的，也就是触发电平有两个界限，即上限触发电平 VT(＋)和下限触发电平 VT(－)。

4.2 例题精讲

例 4-1 或非门组成的基本 RS 触发器如图 4-1 所示，试分析该触发器的功能，列出次态真值表，写出次态方程。

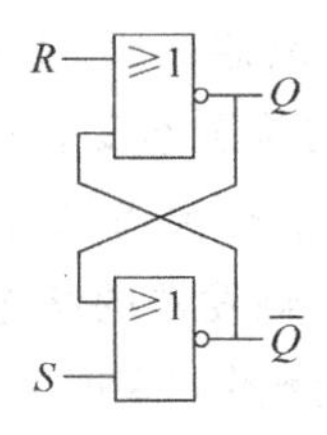

图 4-1 或非门组成的基本 RS 触发器

解：用类似教材中分析与非门组成的基本 RS 触发器的方法分析本题，可得次态真值表如表 4-9 所示。

表 4-9 例 4-1 的次态真值表

现态 Q^n	触发信号		次态 Q^{n+1}	说明
	R	S		
0	0	0	0	状态保持
1	0	0	1	
0	0	1	1	置 1
1	0	1	1	
0	1	0	0	置 0
1	1	0	0	
0	1	1	d	状态不定
1	1	1	d	

由次态真值表可画出次态卡诺图如图 4-2 所示。由次态卡诺图得次态方程为：

$$\begin{cases} Q^{n+1} = S + \overline{R}Q^n \\ RS = 0 \quad \text{约束条件} \end{cases}$$

Q^n \ RS	00	01	11	10
0	0	1	d	0
1	1	1	d	0

图 4-2 例 4-1 的次态卡诺图

例 4-2 已知 JK 触发器的时钟 CP 和输入信号 J、K 的波形如图 4-3 所示,初始状态为 0,试分别画出主从式 JK 触发器、正边沿 JK 触发器和负边沿 JK 触发器输出端 Q 的波形。

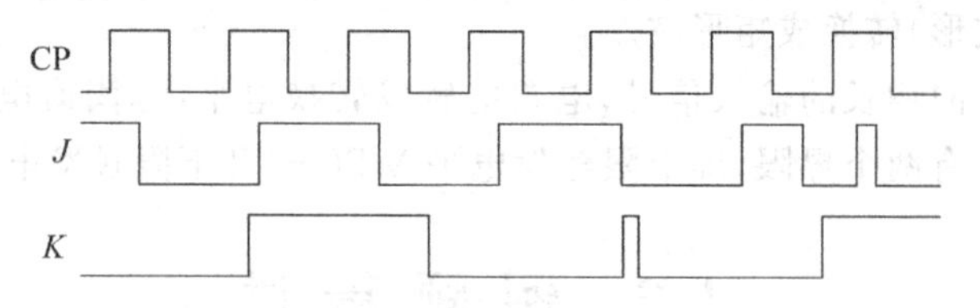

图 4-3 例 4-2 时钟 CP 和输入信号 J、K 的波形

解:无论是哪种 JK 触发器,其次态方程和功能表都是一样的,只不过不同类型的 JK 触发器,其翻转的动作方式不同,也就是与时钟 CP 的同步方式不同。

主从式 JK 触发器由主和从两个触发器组成,主触发器在 CP=1 期间接收激励 J 和 K 的输入,并改变其状态,此时从触发器的状态不变。在 CP=0 时从触发器立即打开,接收主触发器的状态并使它的状态与主触发器的状态保持一致。CP=0 期间,主触发器被封锁,状态不会受 J、K 的影响而改变,所以从触发器的状态也不会改变。可见,主从式 JK 触发器是在 CP=1 期间接收数据,在 CP 的下降沿到来时才产生数据输出,即输入到输出有一定的延时。

因为主从式 JK 触发器是在 CP=1 期间接收激励 J 和 K 的,所以存在"一次变化"现象。也就是主触发器在 CP=1 期间,如果 J、K 的状态因干扰而发生了翻转后,则主触发器的状态也跟随变化,在 CP 下降沿到来时,干扰结束,J、K 恢复到干扰前的状态,但主触发器的状态回不到干扰前的状态,因此从触发器也是按照干扰后的状态进行翻转的。因此主从式 JK 触发器要求在 CP=1 期间,激励 J 和 K 保持稳定。

边沿触发的 JK 触发器的输出仅取决于 CP 边沿时的激励信号 J 和 K,抗干扰能力强。画边沿触发的 JK 触发器的输出波形时主要看 CP 边沿时 J 和 K 的逻辑电平。

基于上述分析,可得本题输出端 Q 的波形如图 4-4 所示。

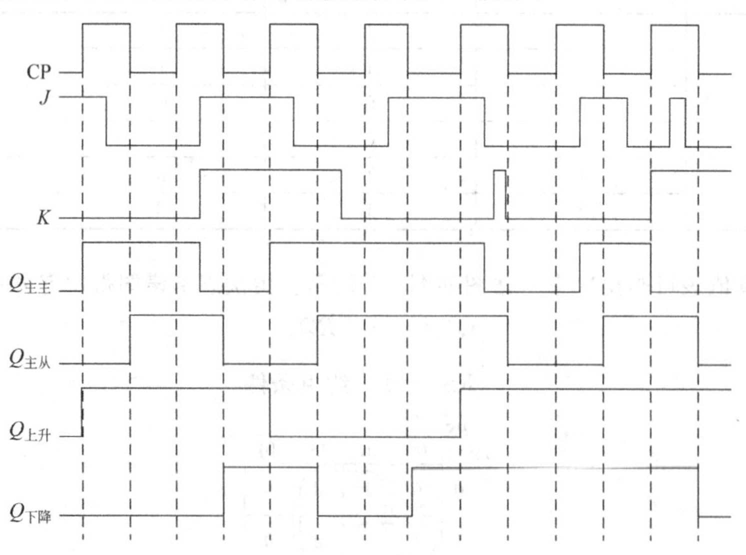

图 4-4 例 4-2 输出 Q 的波形

例 4-3　由 D 触发器组成的电路如图 4-5(a)所示，CP、A、B 的波形如图 4-5(b)所示，试画出输出端 Q 的波形。

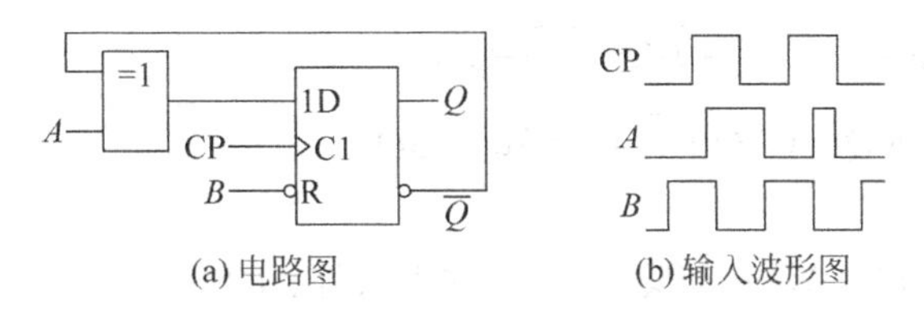

(a) 电路图　　(b) 输入波形图

图 4-5　例 4-3 的电路图和输入波形图

解：由图 4-5(a)可知，D 触发器的次态方程为：$Q^{n+1}=D=A\oplus\overline{Q}$，该触发器为 CP 上升沿触发。$B$ 接触发器的直接复位端 R，当 $B=0$ 时，触发器复位为 0。由图 4-5(b)所示的输入波形，可以得到触发器输出 Q 的波形如图 4-6 所示。

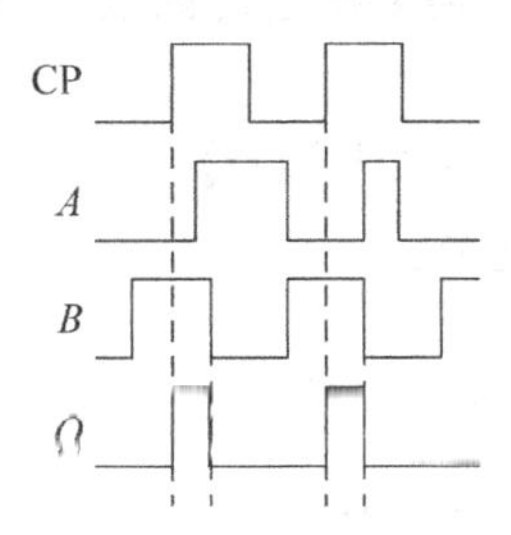

图 4-6　例 4-3 触发器输出 Q 的波形

例 4-4　分析图 4-7 所示各触发器的功能，写出其次态方程。

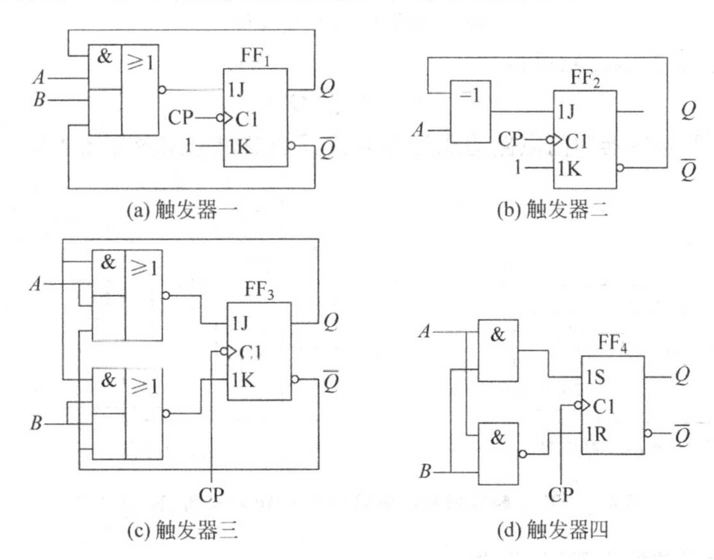

(a) 触发器一　　(b) 触发器二

(c) 触发器三　　(d) 触发器四

图 4-7　例 4-4 的电路图

解：先写出各触发器的激励方程，然后代入到相应触发器的标准次态方程，即可求得每个电路的次态方程。

(a) $K=1, J=\overline{AQ+B\overline{Q}}$，

$$Q^{n+1}=J\overline{Q}+\overline{K}Q=\overline{AQ+B\overline{Q}}\cdot\overline{Q}=\overline{AQ+B\overline{Q}+Q}=\overline{B\overline{Q}+Q}=\overline{B+Q}$$

(b) $K=1, J=A\bar{Q}+\bar{A}Q$,

$Q^{n+1}=J\bar{Q}+\bar{K}Q=(A\bar{Q}+\bar{A}Q)\bar{Q}=A\bar{Q}$

(c) $J=\overline{AQ+A\bar{Q}}=\bar{A}$, $K=\overline{BQ+B\bar{Q}}=\bar{B}$,

$Q^{n+1}=J\bar{Q}+\bar{K}Q=(\bar{A}\bar{Q}+\bar{\bar{B}}Q)=\bar{A}\bar{Q}+BQ$

(d) $S=AB, R=\overline{AB}$,

$Q^{n+1}=S+\bar{R}Q=AB+\overline{\overline{AB}}Q=AB$ 约束条件：$RS=1$

例 4-5 试用 T 触发器和门电路分别构成 D 触发器和 JK 触发器。

解：

方法一：次态方程联立方法。

(1) T 触发器转换为 D 触发器

现有 T 触发器，待构 D 触发器，需要确定的函数关系是 $T=f(D,Q)$。

已知 T 触发器的次态方程为

$$Q^{n+1}=T\bar{Q}+\bar{T}Q$$

将 D 触发器的次态方程进行如下变换：

$$\begin{aligned}Q^{n+1}&=D\\&=D(\bar{Q}+Q)\\&=D\bar{Q}+DQ\\&=D\bar{Q}\bar{Q}+\bar{D}Q\bar{Q}+DQQ+\bar{D}Q\bar{Q}\\&=(D\bar{Q}+\bar{D}Q)\bar{Q}+(DQ+\bar{D}\bar{Q})Q\\&=(D\oplus Q)\bar{Q}+\overline{D\oplus Q}Q\end{aligned}$$

与 T 触发器的次态方程比较可得：

$$T=D\oplus Q$$

由此，可画出用 T 触发器和门电路构成的 D 触发器的逻辑电路图如图 4-8(a)所示。

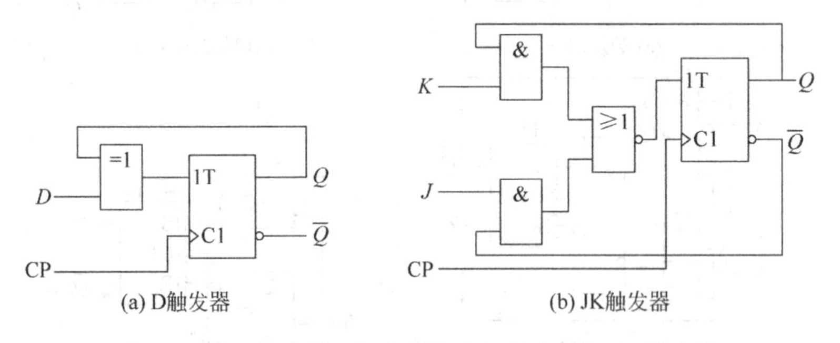

图 4-8 用 T 触发器和门电路构成 D 触发器和 JK 触发器

(2) T 触发器转换为 JK 触发器

现有 T 触发器，待构 JK 触发器，需要确定的函数关系是 $T=f(J,K,Q)$。将 JK 触发器的次态方程进行如下变换：

$$\begin{aligned}Q^{n+1}&=J\bar{Q}+\bar{K}Q\\&=J\bar{Q}+\bar{K}(1+\bar{J})Q\\&=J\bar{Q}+\bar{K}Q+\bar{K}\bar{J}Q\end{aligned}$$

$$= J\bar{Q} + \bar{K}QQ + \bar{K}\bar{J}Q + \bar{J}\bar{Q}Q + Q\bar{Q}Q$$

$$= J\bar{Q} + (\bar{J} + Q)(\bar{K} + \bar{Q})Q$$

$$= J\bar{Q}\bar{Q} + KQ\bar{Q} + \overline{J\bar{Q} + KQ}Q$$

$$= (J\bar{Q} + KQ)\bar{Q} + \overline{J\bar{Q} + KQ}Q$$

与 T 触发器的次态方程比较可得：

$$T = J\bar{Q} + KQ$$

由此，可画出用 T 触发器和门电路构成 JK 触发器的逻辑电路图如图 4-8(b)所示。

方法二：激励表联立方法。

(1) T 触发器转换为 D 触发器

现有 T 触发器和待构 D 触发器的激励表分别如表 4-10 和表 4-11 所示，两者的联立激励表如表 4-12 所示。从表 4-12 中抽取出 T、D、Q 信号的三列形成的新表如表 4-13 所示。表 4-13 反映了信号 T、D 及 Q 的函数关系，也可用如下函数表达式来描述此关系：

$$T = D \oplus Q$$

与方法一的结论相同。

表 4-10　T 触发器的激励表

Q	Q^{n+1}	T
0	0	0
0	1	1
1	0	1
1	1	0

表 4-11　D 触发器的激励表

Q	Q^{n+1}	D
0	0	0
0	1	1
1	0	0
1	1	1

表 4-12　T、D 触发器的联立激励表

Q	Q^{n+1}	T	D
0	0	0	0
0	1	1	1
1	0	1	0
1	1	0	1

表 4-13　D 与 Q、T 关系的真值表

Q	T	D
0	0	0
0	1	1
1	1	0
1	0	1

(2) T 触发器转换为 JK 触发器

现有 T 触发器和待构 JK 触发器的激励表分别如表 4-10 和表 4-14 所示，两者的联立激励表如表 4-15 所示。从表 4-15 中抽取出 T、J、K、Q 信号的 4 列形成的新表如表 4-16 所示。表 4-16 反映了信号 T、J、K 及 Q 的函数关系，也可用函数表达式来描述此关系(可借助卡诺图求解)：

$$T = J\bar{Q} + KQ$$

与方法一的结论相同。

表 4-14　JK 触发器的激励表

Q	Q^{n+1}	J	K
0	0	0	0
		0	1
0	1	1	0
		1	1
1	0	0	1
		1	1
1	1	0	0
		1	0

表 4-15　T、JK 触发器的激励表

Q	Q^{n+1}	T	J	K
0	0	0	0	0
			0	1
0	1	1	1	0
			1	1
1	0	1	0	1
			1	1
1	1	0	0	0
			1	0

表 4-16　D 与 Q、J、K 关系的真值表

J	K	Q	T
0	0	0	0
0	0	1	0
0	1	0	0
0	1	1	1
1	0	0	1
1	0	1	0
1	1	0	1
1	1	1	1

4.3　主教材习题参考答案

1.

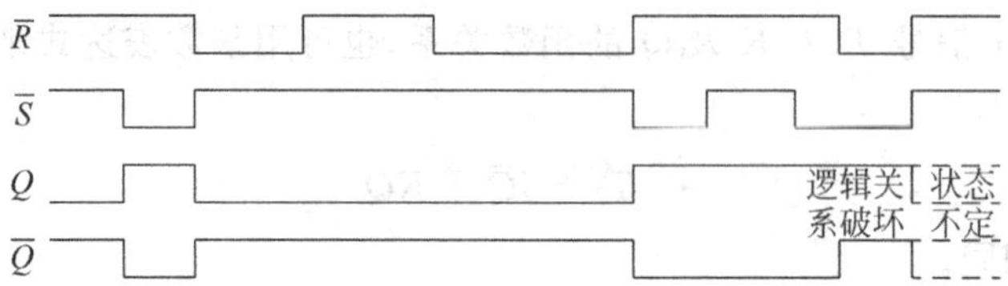

图 4-9　习题 1 的波形图

2.

参考例 4-1。

3.

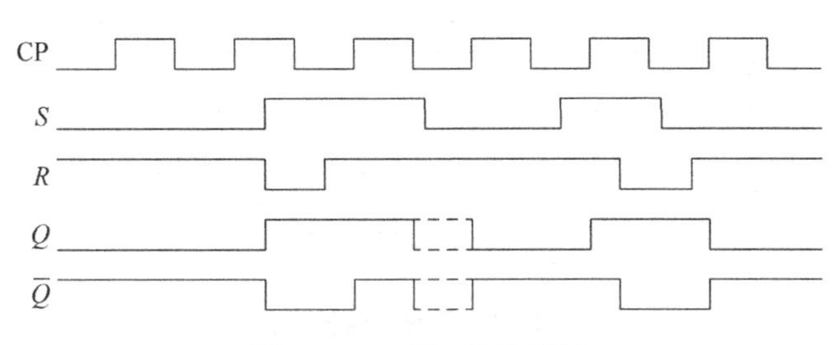

图 4-10　习题 3 的波形图

4.

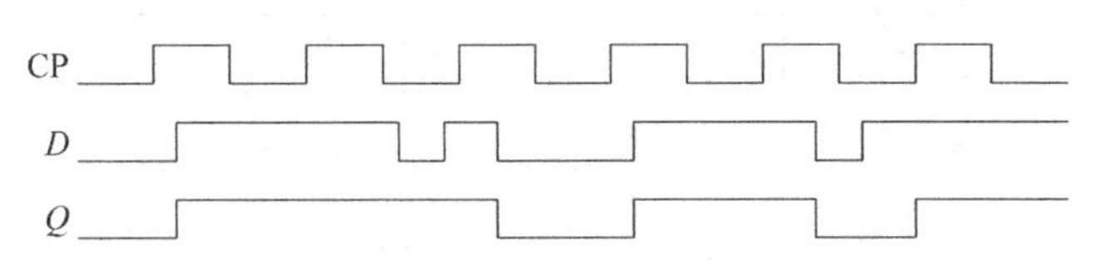

图 4-11　习题 4 的波形图

5.

(a) 同步 JK 触发器：

当 CP=0 期间，G_3 和 G_4 输出均为 1，G_1 和 G_2 输出保持不变，$Q^{n+1}=Q$。

当 CP=1 期间：

(1) $J=K=0$ 时，G_3 和 G_4 输出均为 1，G_1 和 G_2 输出保持不变，$Q^{n+1}=Q$；

(2) $J=0,K=1$ 时，G_3 输出为 1，G_4 输出为 $\overline{Q}$，$Q^{n+1}=0$；

(3) $J=1,K=0$ 时，G_4 输出为 1，G_3 输出为 Q，$Q^{n+1}=1$；

(4) $J=K=1$ 时，G_3 输出为 Q，G_4 输出为 $\overline{Q}$，$Q^{n+1}=\overline{Q}$。

(b) 同步 T 触发器：

当 CP=0 期间，G_3 和 G_4 输出均为 1，G_1 和 G_2 输出保持不变，$Q^{n+1}=Q$。

当 CP=1 期间：

(1) $T=0$ 时，G_3 和 G_4 输出均为 1，$Q^{n+1}=Q$；

(2) $T=1$ 时，G_3 输出为 Q，G_4 输出为 $\overline{Q}$，$Q^{n+1}=\overline{Q}$。

6.

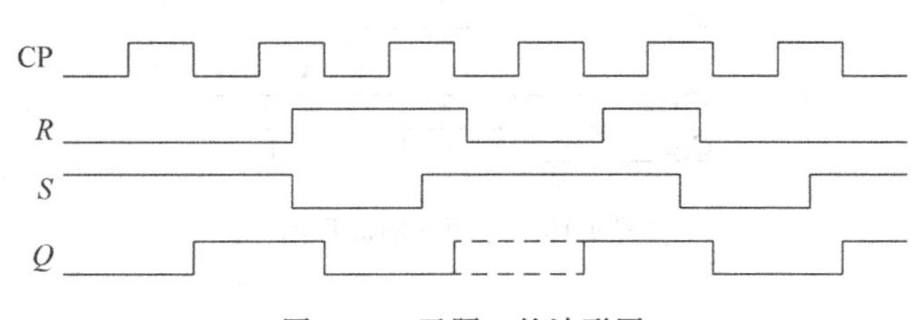

图 4-12　习题 6 的波形图

7.

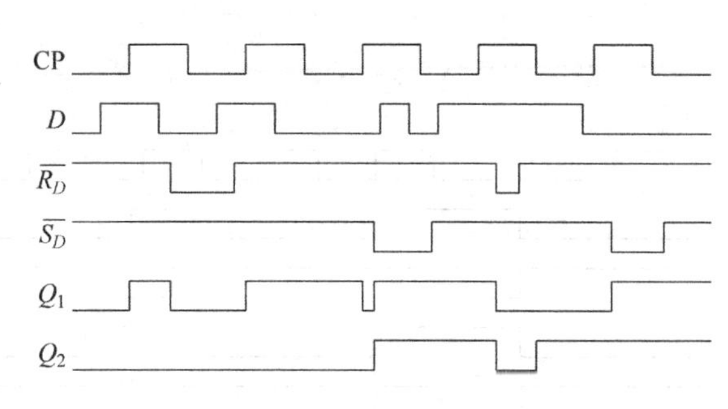

图 4-13　习题 7 的波形图

8.

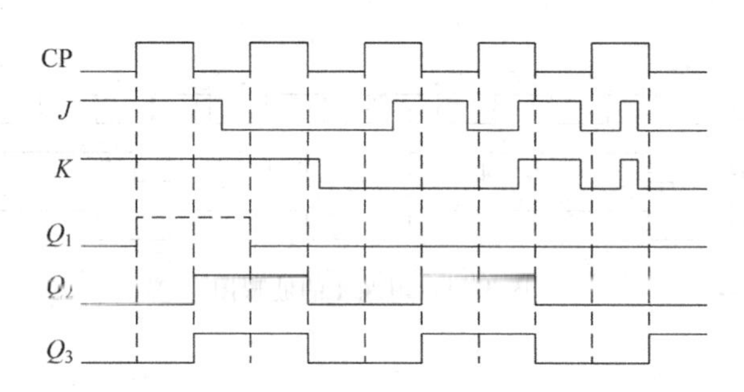

图 4-14　习题 8 的波形图

9.

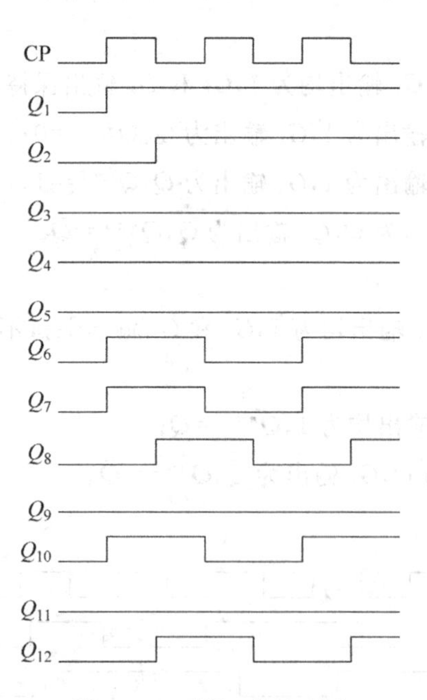

图 4-15　习题 9 的波形图

10.

(a) $Q^{n+1}=A$

(b) $Q^{n+1}=A\overline{Q}+\overline{A}Q$

(c) $Q^{n+1}=D=A\bar{Q}+\bar{B}Q$

11.

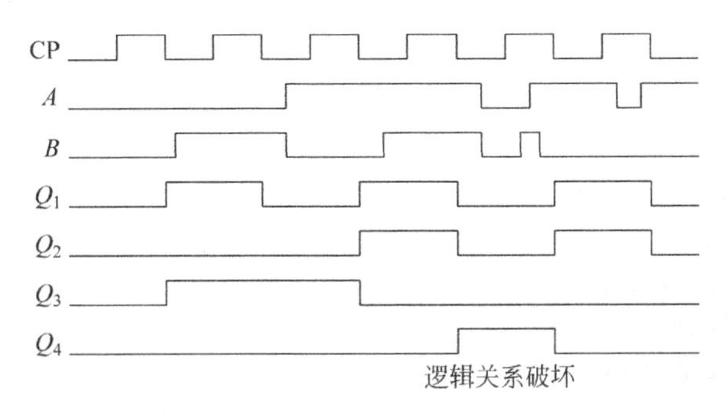

图 4-16 习题 11 的波形图

12.

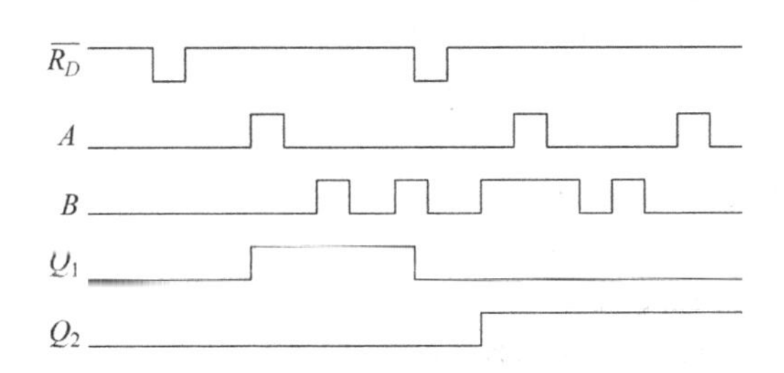

图 4-17 习题 12 的波形图

13.

这是一个边沿 JK 触发器,其符号如图 4-18 所示。工作原理略。

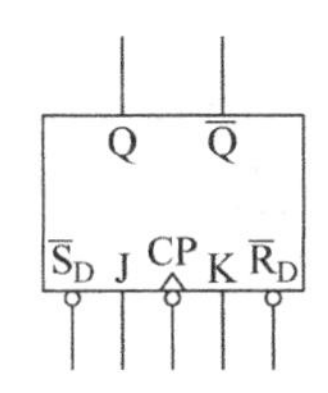

图 4-18 习题 13 的符号图

14.

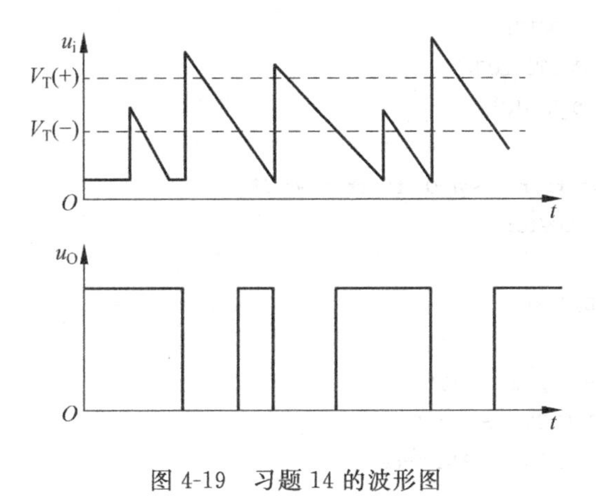

图 4-19 习题 14 的波形图

15.

工作原理略,振荡频率 $f=1/T$。

16.

同步:

```
LIBRARY IEEE;
USE IEEE.STD_LOGIC_1164.ALL;
ENTITY ff_rs_syn IS
   PORT(R,S:IN STD_LOGIC;
        CP,RD,SD:IN STD_LOGIC;
        QRS:OUT STD_LOGIC);
END ff_rs_syn;
ARCHITECTURE behave_ff_rs_syn OF ff_rs_syn IS
   SIGNAL Q_RS:STD_LOGIC;
BEGIN
  PROCESS(CP)
   BEGIN
      IF CP = '0' AND CP'EVENT THEN
        IF RD = '0' THEN Q_RS <= '0';
        ElSIF SD = '0' THEN Q_RS <= '1';
        ELSIF (R = '0' AND S = '0') THEN Q_RS <= Q_RS;
        ELSIF (R = '0' AND S = '1') THEN Q_RS <= '1';
        ELSIF (R = '1' AND S = '0') THEN Q_RS <= '0';
        END IF;
      END IF;
      QRS <= Q_RS;
   END PROCESS;
END behave_ff_rs_syn;
```

异步:

```
LIBRARY IEEE;
USE IEEE.STD_LOGIC_1164.ALL;
ENTITY ff_rs_asyn IS
   PORT(R,S:IN STD_LOGIC;
        CP,RD,SD:IN STD_LOGIC;
        QRS:OUT STD_LOGIC);
END ff_rs_asyn;
ARCHITECTURE behave_ff_rs_asyn OF ff_rs_asyn IS
   SIGNAL Q_RS:STD_LOGIC;
BEGIN
  PROCESS(CP,RD,SD,R,S)
   BEGIN
      IF RD = '0' THEN Q_RS <= '0';
      ELSIF SD = '0' THEN Q_RS <= '1';
      ELSIF CP = '0' AND CP'EVENT THEN
```

```
            IF (R = '0' AND S = '0') THEN Q_RS <= Q_RS;
            ELSIF (R = '0' AND S = '1') THEN Q_RS <= '1';
            ELSIF (R = '1' AND S = '0') THEN Q_RS <= '0';
            END IF;
        END IF;
        QRS <= Q_RS;
    END PROCESS;
END behave_ff_rs_asyn;
```

第5章 时序逻辑的分析与设计

【学习要求】

本章讲述另一类重要的数字逻辑电路——时序逻辑电路，主要内容包括时序电路的结构与类型、同步时序电路的分析与设计、常见同步时序逻辑电路(寄存器、计数器)、时序电路的VHDL描述。本章应重点掌握时序电路的结构特点与类型(Mealy型、Moore型)、时序电路分析与设计的一般步骤(能熟练分析所给时序电路、能设计简单功能的时序逻辑电路)、时序电路的VHDL描述方法、同步十进制计数器74LS160和同步十六进制计数器74LS161的功能特点及用它们构造任意进制计数器的方法。了解脉冲型异步时序电路的分析与设计方法。对于本章出现的中规模集成电路器件(如CC4076、74LS194A、74LS160、74LS161)的内部结构只需了解即可。

5.1 要点指导

1. 时序电路的结构与类型

1) 时序电路的特点

(1) 功能特点：任一时刻的输出不仅取决于该时刻的输入，而且与电路的原状态有关。

(2) 结构特点：由组合电路和存储元件(通常为触发器)两部分构成，存储元件的输出与和电路的输入之间存在着反馈连接。

2) 时序电路的表示方法

时序电路的表示方法有逻辑表达式法、状态表法、状态图法和时间图(时序波形图)法等。

逻辑表达式是用电路的输出与输入和现态的逻辑函数关系式表示电路功能的方法，即

$$Z_i = g_i(x_1, x_2, \cdots, x_n;\ y_1, y_2, \cdots, y_r) \quad i = 1, 2, \cdots, m$$

其中，x_i 为电路的输入；y_i 为触发器的现态；Z_i 为电路的输出。

状态表是反映时序电路中的输出、次态与输入、现态之间对应关系的表格。不同类型的时序电路，其状态表的画法略有不同。

状态图是反映时序电路的状态转换规律及相应输入、输出取值情况的有向图。不同类型的时序电路，其状态图的画法略有不同。

时间图是在时钟脉冲序列的作用下，电路状态、输出状态随时间变化的波形图，它直观地反映了输入信号、输出信号、电路状态的取值在时间上的对应关系。

3) 时序电路的类型

时序电路可以分为同步时序电路和异步时序电路两大类。

(1) 同步时序电路：所有存储元件的状态变化都在统一的时钟脉冲到达时同时发生。

(2) 异步时序电路：没有统一的时钟脉冲，其存储元件的状态变化是在各自的时钟脉冲信号有效时发生的。

教材中主要讲述了同步时序电路的分析与设计，对异步时序电路仅对脉冲异步时序电路作简单讨论。

同步时序电路又分为 Mealy 型电路和 Moore 型电路两种类型。

• Mealy 型电路：电路的输出是输入和现态的函数，即

$$Z_i = g_i(x_1, x_2, \cdots, x_n;\ y_1, y_2, \cdots, y_r) \quad i = 1, 2, \cdots, m$$

Mealy 型电路状态表的格式如表 5-1 所示，状态图的格式如图 5-1 所示。

表 5-1　Mealy 型电路状态表的格式

现态	次态/输出		
	…	输入 x	…
⋮		⋮	
y		y^{n+1}/Z	
⋮		⋮	

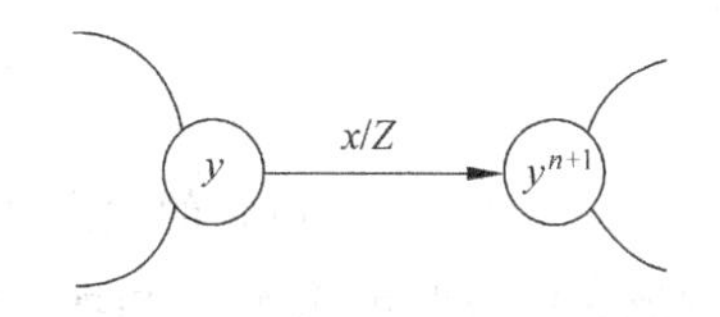

图 5-1　Mealy 型电路的状态图格式

• Moore 型电路：电路的输出仅是现态的函数，即

$$Z_i = g_i(y_1, y_2, \cdots, y_r) \quad i = 1, 2, \cdots, m$$

Moore 型电路可能本身就没有外部输入，或者是虽然有外部输入，但输出和外部输入没有直接逻辑关系。Moore 型电路状态表的格式如表 5-2 所示，状态图的格式如图 5-2 所示。

表 5-2　Moore 型电路状态表的格式

现态	次态			输出
	…	输入 x	…	
⋮		⋮		
y		y^{n+1}		Z
⋮		⋮		

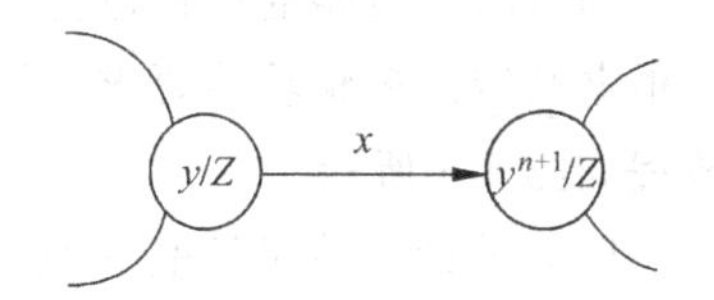

图 5-2　Moore 型电路的状态图格式

状态表和状态图是时序电路分析和设计的重要工具，一定要学会灵活使用。

2. 同步时序电路的分析与设计

1) 同步时序电路的分析

同步时序电路的分析，就是对一个给定的时序逻辑电路，研究在一系列输入信号的作用下，电路将会产生怎样的输出，进而说明该电路的逻辑功能。

同步时序电路的分析有两种方法：表格法和代数法，分析过程如图 5-3 所示。

这里把图 5-3 中出现的部分名词解释如下：

输出矩阵：将电路的所有输出表示在同一张卡诺图上形成的图形，输出矩阵也经常画成表格的形式，但输入和现态的排列顺序应按卡诺图的要求采用格雷码顺序。

激励矩阵：将电路中所有触发器的激励都表示在同一张卡诺图上形成的图形，激励矩阵也经常画成表格的形式，但输入和现态的排列顺序应按卡诺图的要求采用格雷码顺序。

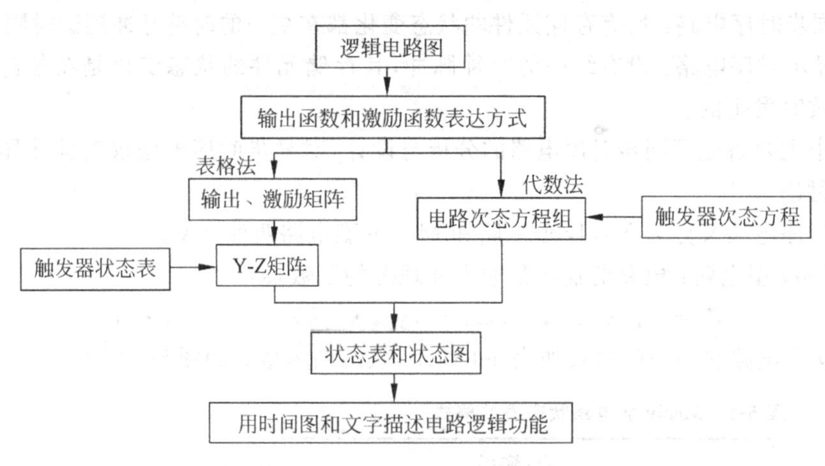

图 5-3　同步时序电路的分析过程

Y-Z 矩阵：将电路的次态和输出表示在同一张卡诺图上形成的图形，Y-Z 矩阵也经常画成表格的形式，但输入和现态的排列顺序应按卡诺图的要求采用格雷码顺序。这里的 Y 代表的是电路的次态，Z 代表的是电路的输出，如果把次态和输出分离，就是 Y 矩阵和输出矩阵。

表格分析法，需要借助触发器的状态表(功能表)，分析过程中需要做多张图表，略显烦琐，需要细心，但不需要进行公式变换。代数分析法省去了大量的图表，步骤简明，但需要用到触发器的次态方程，并将触发器的激励方程代入其中进行化简变换，需要灵活运用前面学过的逻辑公式。两种分析方法各有优缺点，可以根据自己的情况灵活选用。

2) 同步时序电路的设计

同步时序电路的设计也称同步时序逻辑电路的综合，是同步时序电路分析的逆过程，就是根据给定的逻辑功能要求，设计出能实现其逻辑功能的时序电路。同步时序电路的设计流程如图 5-4 所示。

以上设计步骤仅是就一般情况而言的，对于有的设计问题(如状态数目固定的计数器等)可以省略某些步骤(如原始状态图)。表格法和代数法仅在确定激励和输出函数时有区别，两种方法的优缺点与时序电路的分析类似。因此，设计方法和步骤应视具体情况灵活运用。

3) 同步时序电路分析与设计中的相关问题

(1) 有效状态和无效状态

状态图中构成闭合回路的状态称为有效状态，其他状态称为无效状态。

(2) 自启动与偏离状态

时序电路上电启动时处于某种初始状态(可能是无效状态)，或是由于外因(干扰等)而进入某个无效状态，若在时钟 CP 的作用下能自行转入某有效状态，进入到闭合有效状态序列正常工作，则称该时序电路是能够自启动的。不能进入有效状态序列的其他组合称为偏离状态，存在偏离状态的同步时序电路是不能自启动的。电路处在偏离状态的情况称为挂起。

对不能自启动的同步时序电路的改进方法是增加复位信号$\overline{R_D}$或置位信号$\overline{S_D}$，对电路中的每一个触发器作开机复位或预置位操作。在无预置负脉冲输入时，可加入 RC 微分负脉

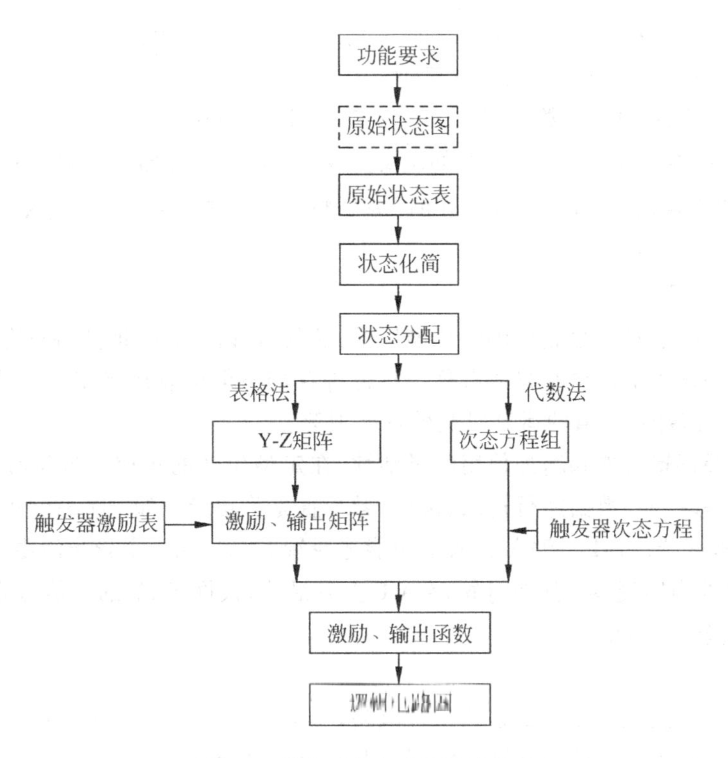

图 5-4　同步时序电路的设计流程

冲形成电路，作用到各触发器的$\overline{R_D}$或$\overline{S_D}$端，开机时强迫预置到某个有效状态。

（3）实际状态图

设计同步时序电路时，状态化简之后得到的最简状态表中状态的数量很可能是在 2^{n-1} 到 2^n 之间。此时应选用 n 个触发器实现，多余的状态在设计过程中是当成无关状态 d 处理的。但是电路已经设计完成，就不再存在无关状态了。所以，在时序电路设计完成以后应该画出该电路对应的实际状态图，根据实际状态图检查所设计的电路能否自启动。

实际状态图的画法有两种，一种是借助由 Y-Z 矩阵求激励函数和输出函数时的卡诺图，将卡诺图化简过程中圈进去的无关项作为 1，没有圈进去的无关项作为 0，进而求出在某种无效状态下输入某个输入取值组合时的激励和输出，根据激励再求出对应的次态。另一种是将现态和输入代入到求得的激励方程中，得到激励的取值，根据激励再求出对应的次态。

3. 常用同步时序电路

1）寄存器

寄存器是一种用来存放二进制信息的时序逻辑电路，在计算机和其他数字系统中广泛应用。

寄存器最基本的功能是寄存数据，应具备起码的置 1 和置 0 功能，因此寄存器可由任何类型的双稳态触发器组成。由于一个双稳态触发器可以存放一位二进制信息，所以，一个 n 位的寄存器可由 n 个双稳态触发器及相应的控制电路组成。

不同类型的双稳态触发器的动作特点是不一样的，因此组成的寄存器的功能也稍有不同。如 74LS75 是同步 RS 触发器组成的 4 位寄存器，在 CP 为高电平期间，寄存器的输出随输入变化，在 CP 为低电平期间，输出端的状态不变(保持 CP 变为低电平前的输入状态)，即数据保存。而 74LS175 是用维持阻塞的触发器组成的 4 位寄存器,其输出端的状态仅取决于 CP 上升沿时的输入状态,其他时间不变。

为增加使用的灵活性,多数寄存器还增加了一些附加控制电路,如异步清零、同步置数、输出三态控制、保持等功能。如 CC4076 的$\overline{R_D}$端有效时,可对寄存器异步清零;$LD_A+LD_B=1$ 时,可以实现同步置数;$LD_A+LD_B=0$ 时,处于数据保持状态;$\overline{EN_A}+\overline{EN_B}=1$ 时,输出为高阻状态。

2) 移位寄存器

移位寄存器除了具有存储代码的功能以外,还具有移位功能,即能将寄存器里存储的代码在移位脉冲的作用下依次左移或右移。移位寄存器不但可以用来寄存代码,还可以实现数据的串行-并行转换、数值的运算以及数据处理等。

为便于扩展逻辑功能和增加使用的灵活性,在定型生产的集成移位寄存器电路上有的又附加了左、右移控制、数据并行输入、保持、异步置零等功能。如 74LS194A 就是这样一款 4 位双向移位寄存器。74LS194A 有两个功能选择端 S_1、S_0 和一个异步清零端$\overline{R_D}$。当$\overline{R_D}=0$ 时,将寄存器的内容置零;其他时候,在 CP 上升沿时,根据 S_1S_0 的取值分别完成保持、右移、左移和并行输入功能。

3) 计数器

计数器是数字系统中使用最多的一种电路,它不仅能用于对时钟脉冲进行计数,还可以实现分频、定时、产生节拍脉冲和脉冲序列以及数字运算等功能。

计数器的种类繁多,教材主要讨论 4 位二进制(相当于 1 位十六进制)和 1 位十进制两种同步计数器以及用这两种进制计数器构成任意进制计数器的方法。

(1) 集成计数器

74161 是十六进制集成计数器,74160 是十进制集成计数器,两者的引脚和功能基本相同,只是进制不同。它们都有异步清零端$\overline{R_D}$和同步置数端$\overline{LD}$以及计数使能端 EP 和 ET。这里应注意异步清零和同步置数的区别:异步清零是指不需要等到时钟的有效边沿到来,只要$\overline{R_D}$信号有效,就可以实现对计数器的清零;而同步置数是指同步信号$\overline{LD}$有效后,还必须等到时钟的有效边沿到来,才能完成对计数器的置数。所以,清零信号$\overline{R_D}$有效时的状态持续时间很短(远小于一个时钟周期的时间),不应计在有效状态循环之内;置位信号$\overline{LD}$有效到置数完成,需要一个时钟周期的时间,所以$\overline{LD}$有效时的状态应计入有效状态循环之内。

(2) 任意进制计数器

可以使用十六进制集成计数器 74161 或十进制集成计数器 74160 的异步清零端$\overline{R_D}$或同步置数端$\overline{LD}$构造任意进制计数器。设现有计数器的进制为 N,需要构造的计数器的进制为 M,下面分 $M<N$ 和 $M>N$ 两种情况讨论。

- $M<N$ 的情况

只要设法使 N 进制计数器在计数过程中,越过 $N-M$ 个多余的状态,即可得到 M 进制计数器。实现跳越的方法有异步清零法和同步置数法两种。

异步清零法:让 N 进制计数器计到状态 M 时,使异步清零信号$\overline{R_D}$有效,回零重新计数。因为是异步清零,所以状态 M 不计在有效状态个数之内,实现的是 $0\sim M-1$ 的计数循环,即 M 进制计数器。

这里还应注意，异步清零法中$\overline{R_D}$持续的时间比较短，如果有的触发器完不成复位，将导致结果错误，因此这种异步清零法可靠性不高。可以对这种方案进行改进，提高可靠性，方法是在原来产生$\overline{R_D}$信号的门后面增加两个与非门构成的RS触发器，使得$\overline{R_D}$信号的宽度与时钟高电平持续的时间相等。

同步置数法：让N进制计数器计到某个状态时，使同步置数信号$\overline{\mathrm{LD}}$有效，在下一个时钟有效边沿到来时置入某个数据，从而实现要求进制的计数。注意：①因为是同步置数，所以使$\overline{\mathrm{LD}}$信号有效的那个状态应计在有效状态个数之内；②因为可以在不同的计数状态使同步置数信号$\overline{\mathrm{LD}}$有效并置入相应的数据对象，所以同步置数法可以有多种连接方法。

- $M>N$的情况

有两种方法实现这种情况。

方法一是当M可以分解为两个小于N的因数相乘，即$M=N_1\times N_2$，则可采用串行进位方式或并行进位方式将一个N_1进制计数器和一个N_2进制计数器连接起来，构成M进制计数器。

方法二的核心思想是，先将多片N进制的计数器级连成一个大于N进制的计数器N'（如$N\times N$进制），从而转换成$M<N'$的情况，再使用上面的方法，使每片计数器同时置零（称整体清零法）或置数（称整体置数法）即可。

将两片N进制的计数器级联的方法有串行进位法和并行进位法两种。

串行进位法：低位片的进位输出信号作为高位片的时钟输入信号。

并行进位法：低位片的进位输出信号作为高位片的工作状态控制信号（计数使能信号）。

4）序列检测器

序列检测器是一种从随机输入的信号中识别出指定序列的同步时序逻辑电路。一般用要识别的序列命名，如“1011”序列检测器，即检测随机输入的信号中是否有连续的4位代码“1011”。设计序列检测器时，需要的状态数目与序列的长度有关。序列越长，需要记忆的信息就越多，也就是状态数越多。其次，当序列的首尾相同时，应考虑是否允许序列重叠的问题。

4. 时序电路的VHDL描述

本节讲述了用VHDL语言描述时序电路的方法，包括时钟信号的描述方法、同步/异步置位/复位的描述方法、Moore型/Mealy型状态表的描述方法等。

5. 异步时序逻辑电路

异步时序逻辑电路不受统一时钟信号控制，输入信号的变化直接引起电路状态的变化，电路的记忆功能可以由各种类型的触发器实现，也可以由延时加反馈回路实现。

根据电路结构和输入信号形式的不同，异步时序逻辑电路可分为脉冲异步时序逻辑电路和电平异步时序逻辑电路两种类型，且两类电路均有Mealy型和Moore型两种结构类型。

5.2 例题精讲

例5-1 设计一个“001/010”序列检测器。该电路有一个输入端x和一个输出端Z，当在x端随机输入的信号中出现“001”或“010”序列时，输出Z为1，否则输出Z为0。典型输入、输出序列如下：

$$x\ 1\ \underline{0\ 0\ 1}\ \underline{0\ 1\ 0}\ 0\ 1\ 1$$

$$Z\ 0\ 0\ 0\ 1\ 0\ 0\ 1\ 0\ 0\ 0$$

试做出该电路的原始状态图和原始状态表。

解：该问题要求从随机输入的信号中检测出两个不同的序列“001”和“010”，且由典型输入、输出序列可知，序列不允许重叠。

(1) 假定采用 Mealy 型同步时序电路实现该序列检测器的逻辑功能，则原始状态图和原始状态表的建立过程如下：

设电路的初始状态为 A。当电路处在状态 A，输入信号为 0 时，由于输入 0 是序列“001”和“010”中的第 1 位信号，所以电路应该用一个新的状态记住，假设用状态 B 记住，则电路处在状态 A 输入信号为 0 时应输出 0，转向状态 B；当电路处在状态 A 输入信号为 1 时，由于输入 1 不是序列“001”和“010”的第 1 位信号，不需要记住，故可令电路输出 0，停留在状态 A。

当电路处在状态 B 输入信号为 0 时，意味着收到了序列“001”的前两位信号“00”，可令电路用一个新的状态 C 记住，即电路处在状态 B 输入为 0 时，应输出 0，转向状态 C；当电路处在状态 B 输入信号为 1 时，意味着收到了序列“010”的前两位信号“01”，可令电路用一个新的状态 D 记住，即电路处在状态 B 输入为 1 时，应输出 0，转向状态 D。

当电路处在状态 C 输入信号为 0 时，虽然没有收到序列“001”的第 3 位信号“1”，但输入的后两位“00”依然可作为序列“001”的前面两位，故可令电路输出 0，停留在状态 C；当电路处在状态 C 输入信号为 1 时，表示接收到了序列“001”，根据题意，电路应输出 1，转向状态 A。

当电路处在状态 D 输入信号为 0 时，表示接收到了序列“010”，根据题意，电路应输出 1，转向状态 A；当电路处在状态 D 输入信号为 1 时，所得到的连续 3 位代码为“011”，不属于指定序列，电路应输出 0，转向状态 A。

综合上述过程，可得到该序列检测器的 Mealy 型原始状态图如图 5-5 所示，相应的原始状态表如表 5-3 所示。

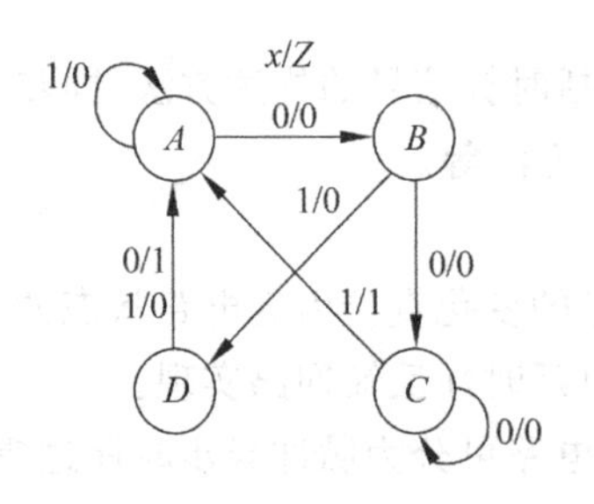

图 5-5 例 5-1 的 Mealy 型原始状态图

表 5-3 例 5-1 的 Mealy 型原始状态表

Q	Q^{n+1}/Z	
	$x=0$	$x=1$
A	B/0	A/0
B	C/0	D/0
C	C/0	A/1
D	A/1	A/0

(2) 当采用 Moore 型同步时序逻辑电路实现该序列检测器的逻辑功能时，由于 Moore 型电路的输出完全由电路的状态确定，因此，电路应在上述 4 个状态的基础上增加一个新的状态，用来表示电路收到了“001”或者“010”，假设新的状态用 E 表示，可做出该电路的 Moore 型原始状态图如图 5-6 所示，相应的原始状态表如表 5-4 所示。

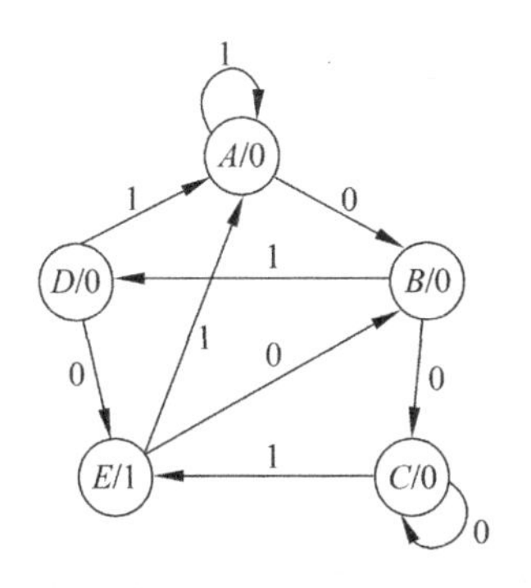

图 5-6　例 5-1 的 Moore 型原始状态图

表 5-4　例 5-1 的 Moore 型原始状态表

Q	Q^{n+1}		Z
	$x=0$	$x=1$	
A	B	A	0
B	C	D	0
C	C	E	0
D	E	A	0
E	B	A	1

例 5-2　设计一个 4 位二进制代码的奇偶校验电路。该电路的输入端 x 串行输入 4 位二进制代码，当每 4 位代码中所含 1 的个数为奇数时，输出 Z 为 1，否则输出 Z 为 0。试建立该电路的 Mealy 型原始状态图和原始状态表。

解：由于该电路的输入为 4 位二进制代码，所以，对输入信号的检测是以 4 位为一组按组进行的，每组的检测过程相同。设电路的初始状态为 A，根据题意，可按照每输入一位代码后，电路所收到的 1 的个数是奇数还是偶数，设立不同的状态，即：

状态 B：表示收到的第 1 位代码为 0；

状态 C：表示收到的第 1 位代码为 1；

状态 D：表示收到的头 2 位代码中含 1 的个数为偶数(即 00 或 11)；

状态 E：表示收到的头 2 位代码中含 1 的个数为奇数(即 01 或 10)；

状态 F：表示收到的头 3 位代码中含 1 的个数为偶数(即 000,011,101 或 110)；

状态 G：表示收到的头 3 位代码中含 1 的个数为奇数(即 001,010,100 或 111)。

电路记住前 3 位代码中 1 的个数的奇、偶后，待第 4 位代码到达后，便可产生检测结果。若 4 位代码中含 1 的个数为奇数，则电路输出为 1，否则输出为 0。电路收到第 4 位代码后，返回到初始状态，继续检查下组。据此，可做出该代码检测器的原始状态图如图 5-7 所示，相应的原始状态表如表 5-5 所示。

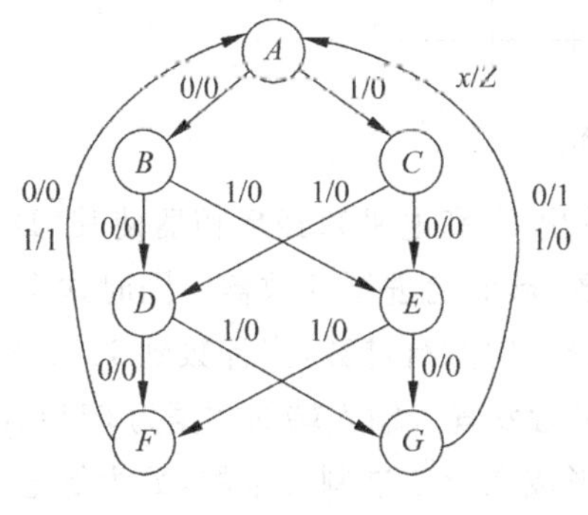

图 5-7　例 5-2 的原始状态图

表 5-5　例 5-2 的原始状态表

Q	Q^{n+1}/Z	
	$x=0$	$x=1$
A	B/0	C/0
B	D/0	E/0
C	E/0	D/0
D	F/0	G/0
E	G/0	F/0
F	A/0	A/1
G	A/1	A/0

例 5-3　图 5-8 所示是用十六进制计数器 74161 接成的一个新的计数器，分析该计数器是几进制计数器？画出该计数器的状态转换图。

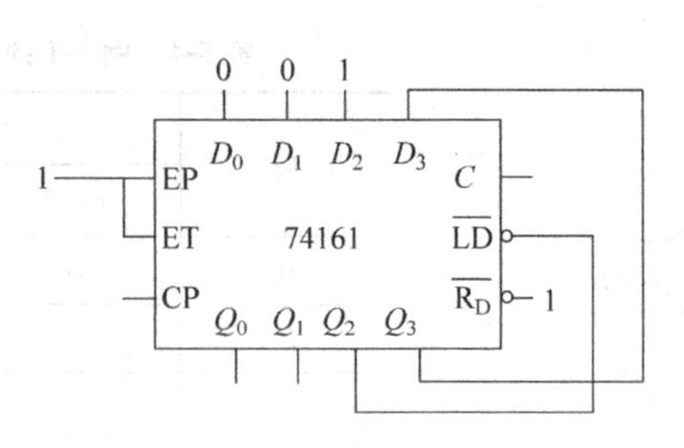

图 5-8 例 5-3 的电路图

解：由图 5-8 可知，74161 的 Q_2 端接其同步置数端$\overline{LD}$，Q_3 接其 D_3，当$\overline{LD}$有效，下一个时钟有效边沿到来时，置入的数据为 $D_3$100。所以，从上电启动时的初始状态 0000，转到下一状态 0100(置数)，继续往前计数，到 1000 状态时置数信号$\overline{LD}$再次有效，下一个时钟有效边沿到来时进入 1100 状态，然后继续计数，到 1111 状态后返回 0000 状态，构成循环，一个循环周期共 10 个有效状态。所以该电路实现的是十进制计数器。状态转换图如图 5-9 所示。

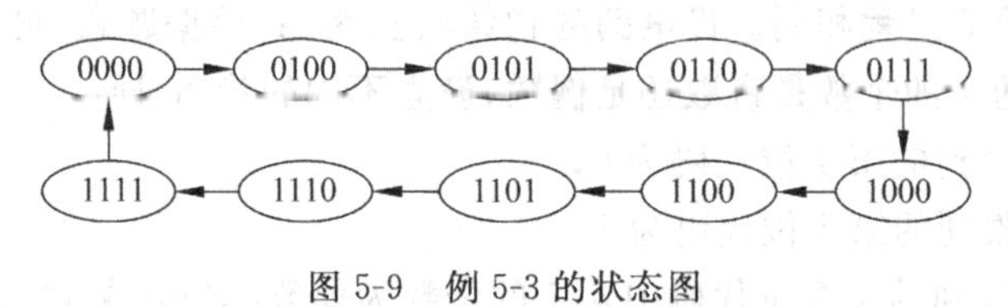

图 5-9 例 5-3 的状态图

例 5-4 图 5-10 所示为两片十六进制计数器 74LS161 接成的一个新的计数器，分析该计数器是几进制计数器？

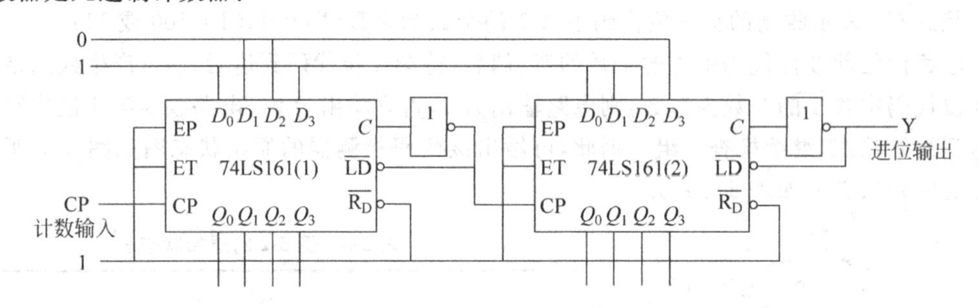

图 5-10 例 5-4 的电路图

解：74LS161(1)芯片在计数到 1111 时，产生进位输出 C(高电平)，经反相器使其$\overline{LD}$端有效，下一个时钟触发置入输入端的数据 1001，继续计数，形成七进制计数器。同时这个反相器的输出信号作为 74LS161(2)的时钟输入，使 74LS161(2)进行计数，当计数到 1111 时，也产生进位输出 C，经反相器使其$\overline{LD}$端有效，下一个时钟触发置入输入端的数据为 0111，继续计数，形成九进制计数器。两片 74LS161 级联计数，形成六十三进制计数器，Y 为低电平有效的进位输出信号。

例 5-5 用十六进制计数器 74LS161 设计一个可控进制计数器，当输入控制变量 $M=0$ 时工作在五进制，$M=1$ 时工作在十五进制。请标出计数输入端和进位输出端。

解：74LS161 有同步置数和异步复位功能，可以通过 M 控制在不同的计数状态产生置位信号或复位信号，实现可变计数器。用置位方法时，还可以通过 M 控制，置入不同的数据实现可变计数器。

方法一：控制变量 M 通过与或非门控制置位信号 $\overline{LD}$，如图 5-11 所示。当 $M=0$ 时，计数器计到 0100 时，与或非门输出低电平，使 $\overline{LD}$ 端有效，允许从输入端置数，在下一个时钟脉冲来到时，将输入端的 0000 送到输出状态 $Q_3Q_2Q_1Q_0$，$\overline{LD}$ 端又变为高电平，计数器继续计数。所以计数状态从 0000→0001→0010→0011→0100 再到 0000 进行循环计数，实现五进制计数器。

当 $M=1$ 时，计数器计到 1110 时，与或非门输出低电平，使 $\overline{LD}$ 端有效，允许从输入端置数，在下一个时钟脉冲到来时，将输入端的 0000 送到输出状态 $Q_3Q_2Q_1Q_0$，$\overline{LD}$ 端又变为高电平，计数器继续计数。所以计数状态从 0000→0001→0010→0011→0100→0101→0110→0111→1000→1001→1010→1011→1100→1101→1110 再到 0000 进行循环计数，实现十五进制计数器。

方法二：将控制变量 M 接到数据输入端，如图 5-12 所示。当 $M=0$ 时，计数器计到 1110 时，与或非门输出低电平，使 $\overline{LD}$ 端有效，允许从输入端置数，在下一个时钟脉冲到来时，将输入端的 1010 送到输出状态 $Q_3Q_2Q_1Q_0$，$\overline{LD}$ 端又变为高电平，计数器继续计数。所以计数状态从 0000→0001→…→1010→1011→1100→1101→1110 再到 1010 进行循环计数，实现五进制计数器。

当 $M=1$ 时，计数器计到 1110 时，与或非门输出低电平，使 $\overline{LD}$ 端有效，允许从输入端置数，在下一个时钟脉冲来到时，将输入端的 0000 送到输出状态 $Q_3Q_2Q_1Q_0$，$\overline{LD}$ 端又变为高电平，计数器继续计数。所以计数状态从 0000→0001→0010→0011→0100→0101→0110→0111→1000→1001→1010→1011→1100→1101→1110 再到 0000 进行循环计数，实现十五进制计数器。

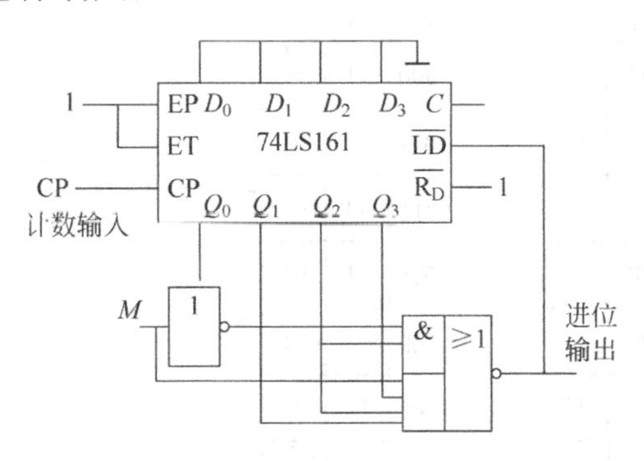

图 5-11　例 5-5 的电路图(1)

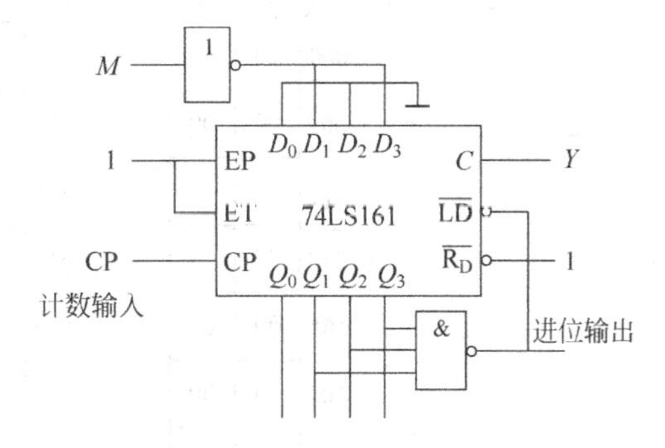

图 5-12　例 5-5 的电路图(2)

方法三：与非门的输出端接 74LS161 的异步复位端 $\overline{RD}$，如图 5-13 所示。当 $M=0$ 时，计数器计到 0101 时，与或非门输出低电平，使 $\overline{RD}$ 端有效，计数器复位为 0000，因 74LS161 是异步复位，所以状态 0110 不计在有效计数状态之内，实现五进制计数器。

当 $M=1$ 时，计数器计到 1111 时，与或非门输出低电平，使 $\overline{RD}$ 端有效，计数器复位为 0000，状态 1111 不计在有效计数状态之内，实现十五进制计数器。

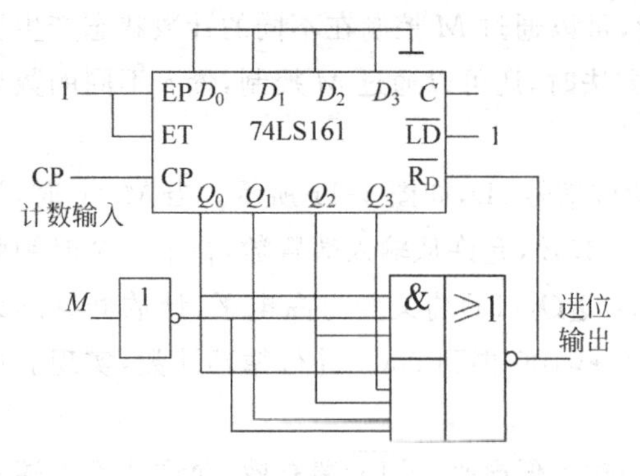

图 5-13　例 5-5 的电路图(3)

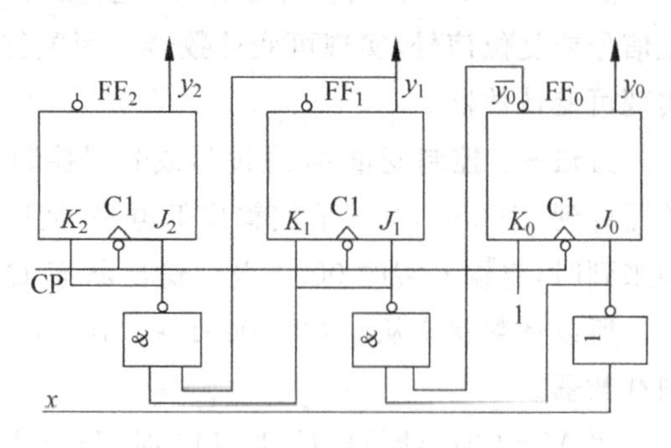

图 5-14　例 5-6 的电路图

例 5-6　分析图 5-14 所示的同步时序逻辑电路,说明该电路的功能。

解:该电路由三个 JK 触发器和三个逻辑门组成,各触发器受同一时钟信号控制。电路有一个外部输入 x,其外部输出即为触发器的状态 y_2、y_1、y_0,与输入 x 没有直接关系,属于 Moore 型同步时序逻辑电路。

由电路图写出激励表达式如下:

$$J_2 = K_2 = \overline{\bar{x}\,\overline{y_0}} \cdot y_1 = xy_1 + y_1y_0$$

$$J_1 = K_1 = \overline{\bar{x}\,\overline{y_0}} = x + y_0$$

$$J_0 = \bar{x}, \quad K_0 = 1$$

接下来可以用表格法和代数法两种方法进行分析。

方法一:表格法。

将激励函数表示在卡诺图上如图 5-15 所示,这里为了将触发器的状态 y_2、y_1、y_0 放在一起,将卡诺图的格式进行了变动,由将 4×4 的方格改为 8×2 的方格。

$y_2y_1y_0$ \ x	0	1
000	00	00
001	00	00
011	11	11
010	00	11
100	00	00
101	00	00
111	11	11
110	00	11

J_2、K_2

$y_2y_1y_0$ \ x	0	1
000	00	11
001	11	11
011	11	11
010	00	11
100	00	11
101	11	11
111	11	11
110	00	11

J_1、K_1

$y_2y_1y_0$ \ x	0	1
000	11	01
001	11	01
011	11	01
010	11	01
100	11	01
101	11	01
111	11	01
110	11	01

J_0、K_0

图 5-15　例 5-6 激励函数的卡诺图

将激励函数的卡诺图合并画到一张卡诺图(这里以表格的形式表示,保留卡诺图的样式)上便得电路的激励矩阵,如表 5-6 所示。再根据 JK 触发器的状态表,可将激励矩阵转

换成 Y 矩阵，如表 5-7 所示。

表 5-6 例 5-6 的激励矩阵 J_2K_2，J_1K_1 和 J_0K_0

$y_2y_1y_0$	x	
	0	1
000	00,00,11	00,11,01
001	00,11,11	00,11,01
011	11,11,11	11,11,01
010	00,00,11	11,11,01
100	00,00,11	00,11,01
101	00,11,11	00,11,01
111	11,11,11	11,11,01
110	00,00,11	11,11,01

表 5-7 例 5-6 的 Y 矩阵

$y_2y_1y_0$	x	
	0	1
000	001	010
001	010	010
011	100	100
010	011	100
100	101	110
101	110	110
111	000	000
110	111	000

Y 矩阵即是二进制状态表，转换成状态图如图 5-16 所示。

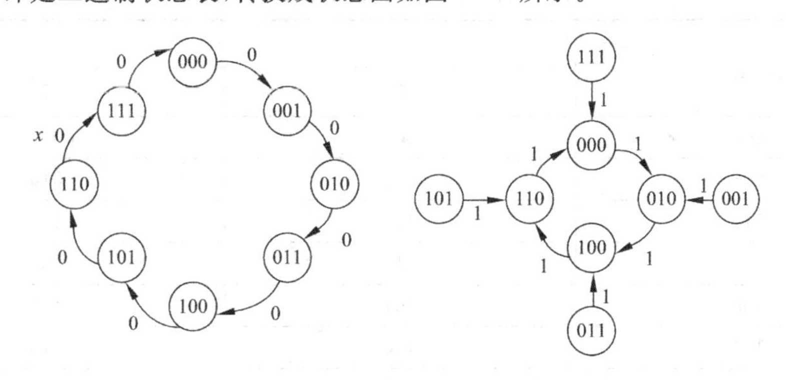

图 5-16 例 5-6 的状态图

由图 5-16 可知，当 $x=0$ 时，电路在时钟作用下进行模 8 计数；当 $x=1$ 时，电路在时钟作用下进行模 4 计数，并且具有自启动功能。因此，该电路是一个可控计数器，在输入 x 的控制下,可分别实现模 8 或模 4 计数功能。

方法二: 代数法。

将前面已求得的激励函数代入到 JK 触发器的次态方程,可得电路的次态方程组:

$$
\begin{aligned}
y_2^{n+1} &= J_2\overline{y_2} + \overline{K_2}y_2 = (xy_1 + y_1y_0)\overline{y_2} + \overline{(xy_1 + y_1y_0)}y_2 \\
&= xy_1\overline{y_2} + y_1y_0\overline{y_2} + \overline{y_1}y_2 + \overline{x}\,\overline{y_0}y_2 \\
y_1^{n+1} &= J_1\overline{y_1} + \overline{K_1}y_1 = (x + y_0)\overline{y_1} + \overline{(x + y_0)}y_1 \\
&= x\overline{y_1} + y_0\overline{y_1} + \overline{x}\,\overline{y_0}y_1 \\
y_0^{n+1} &= J_0\overline{y_0} + \overline{K_0}y_0 = \overline{x}\,\overline{y_0} + \overline{1}y_0 = \overline{x}\,\overline{y_0}
\end{aligned}
$$

将电路的次态方程组表示到卡诺图上,如图 5-17 所示。将三张卡诺图合并就形成了二进制的状态表,如表 5-8 所示。可以看出该二进制形式的状态表与上面表格法求得的 Y 矩阵是一样的。

y_2^{n+1}:

$y_2y_1y_0$ \ x	0	1
000	0	0
001	0	0
011	1	1
010	0	1
100	1	1
101	1	1
111	0	0
110	1	0

y_1^{n+1}:

$y_2y_1y_0$ \ x	0	1
000	0	1
001	1	1
011	0	0
010	1	0
100	0	1
101	1	1
111	0	0
110	1	0

y_0^{n+1}:

$y_2y_1y_0$ \ x	0	1
000	1	0
001	0	0
011	0	0
010	1	0
100	1	0
101	0	0
111	0	0
110	1	0

图 5-17　例 5-6 的次态卡诺图

表 5-8　例 5-6 的状态表

$y_2y_1y_0$	x	
	0	1
000	001	010
001	010	010
011	100	100
010	011	100
100	101	110
101	110	110
111	000	000
110	111	000

余下步骤与表格法相同。

例 5-7 分析图 5-18 所示同步时序逻辑电路，设电路的初始状态为“00”，输入序列为 01001101011100，做出电路的状态和输出响应序列，说明电路的功能。

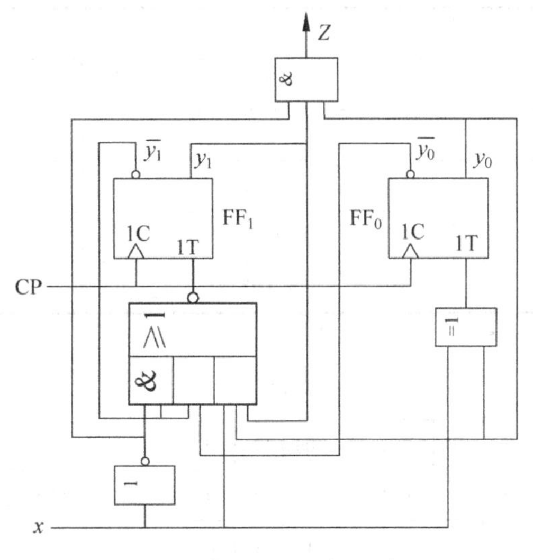

图 5-18 例 5-7 的逻辑电路图

解：该电路由两个 T 触发器和 4 个逻辑门组成。电路有一个外部输入 x 和一个外部输出 Z，输出与输入、状态变量均直接相关，属于 Mealy 型同步时序逻辑电路。采用代数法分析该电路的过程如下。

(1) 写出输出函数和激励函数表达式。

$$Z = \bar{x} y_1 y_0$$

$$\begin{aligned} T_1 &= \overline{\bar{x}\,\overline{y_1} + \overline{y_1}\,\overline{y_0} + x y_1 y_0} \\ &= \bar{x} y_1 + x\,\overline{y_1}\, y_0 + y_1\,\overline{y_0} \end{aligned}$$

$$T_0 = x \oplus y_0$$

(2) 导出电路的次态方程组。

将电路的激励函数表达式代入到 T 触发器的次态方程中，可导出电路的次态方程组为：

$$\begin{aligned} y_1^{n+1} &= \overline{T_1}\, y_1 + T_1\,\overline{y_1} \\ &= (\bar{x}\,\overline{y_1} + \overline{y_1}\,\overline{y_0} + x y_1 y_0) y_1 + (\bar{x} y_1 + x\,\overline{y_1}\, y_0 + y_1\,\overline{y_0})\,\overline{y_1} \\ &= x y_1 y_0 + x\,\overline{y_1}\, y_0 \\ &= x y_0 \end{aligned}$$

$$\begin{aligned} y_0^{n+1} &= \overline{T_0}\, y_0 + T_0\,\overline{y_0} \\ &= \overline{(x \oplus y_0)}\, y_0 + (x \oplus y_0)\,\overline{y_0} \\ &= x \oplus y_0 \oplus y_0 \\ &= x \end{aligned}$$

(3) 做出状态表和状态图。

将次态方程和输出函数表达式表示在卡诺图上如图 5-19 所示，将卡诺图进行合并即得二进制形式的状态表如表 5-9 所示，转换为状态图如图 5-20 所示。

表 5-9　例 5-7 的状态表

y_1y_0	x	
	0	1
00	00/0	01/0
01	00/0	11/0
11	00/1	11/0
10	00/0	01/0

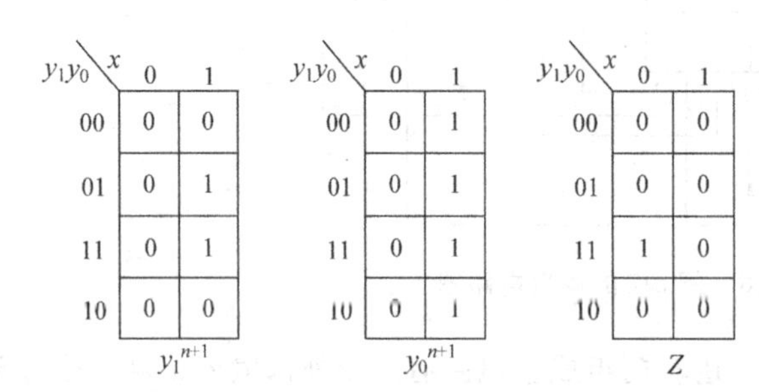

图 5-19　例 5-7 的卡诺图

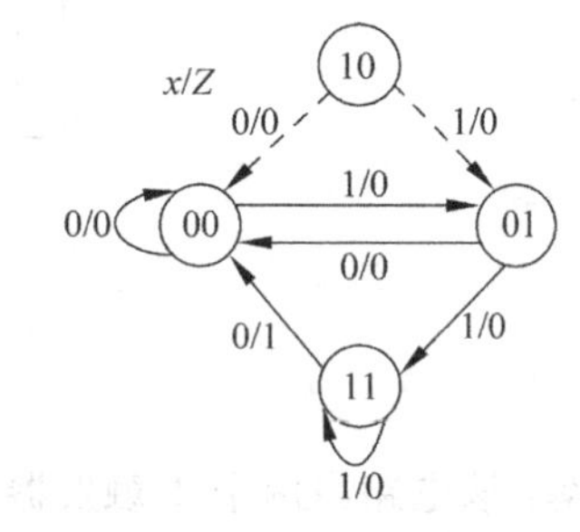

图 5-20　例 5-7 的状态图

(4) 求出电路在输入序列作用下的输出响应序列，说明电路的功能。

设电路的初始状态为 $y_1y_0=00$，输入序列 $x=01001101011100$，根据状态图可做出电路的状态和输出响应序列如下：

CP:	1	2	3	4	5	6	7	8	9	10	11	12	13	14
x:	0	1	0	0	1	1	0	1	0	1	1	1	0	0
y_1y_0:	00	00	01	00	00	01	11	00	01	00	01	11	11	00
$y_1^{n+1}y_0^{n+1}$:	00	01	00	00	01	11	00	01	00	01	11	11	00	00
Z:	0	0	0	0	0	0	1	0	0	0	0	0	1	0

由输出响应序列可知，当输入序列中出现“110”序列时，电路产生一个 1 输出信号，平时输出为 0。因此，该电路是一个“110”序列检测器。此外，从图 5-20 所示的状态图可知，该电路存在无效状态 10，但不存在挂起现象和错误输出现象，即具有自启动能力。

例 5-8　用 T 触发器作为存储元件，设计一个 8421 码的十进制加 1 计数器，当计数值为素数时输出 Z 为 1，否则 Z 为 0。

解：8421 码是用 4 位二进制码表示 1 位十进制数字的代码，故该计数器共需 4 个触发器。4 个触发器共有 16 种状态组合，其中 1010～1111 是 8421 码中不允许出现的，即正常计数时不会出现，可作为无关条件处理。由于该电路中的状态数目和状态转移关系是清楚的，所以，可以直接做出二进制状态图和状态表。

(1) 做出状态图和状态表

根据题意，设触发器的状态用 y_3、y_2、y_1、y_0 表示，可做出状态图如图 5-21 所示，状态表如表 5-10 所示。

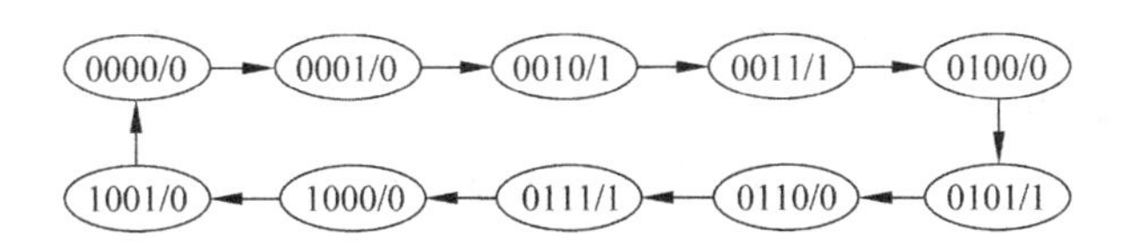

图 5-21　例 5-8 的状态图

表 5-10　例 5-8 的状态表

y_3	y_2	y_1	y_0	y_3^{n+1}	y_2^{n+1}	y_1^{n+1}	y_0^{n+1}	Z
0	0	0	0	0	0	0	1	0
0	0	0	1	0	0	1	0	0
0	0	1	0	0	0	1	1	1
0	0	1	1	0	1	0	0	1
0	1	0	0	0	1	0	1	0
0	1	0	1	0	1	1	0	1
0	1	1	0	0	1	1	1	0
0	1	1	1	1	0	0	0	1
1	0	0	0	1	0	0	1	0
1	0	0	1	0	0	0	0	0
1	0	1	0	d	d	d	d	d
1	0	1	1	d	d	d	d	d
1	1	0	0	d	d	d	d	d
1	1	0	1	d	d	d	d	d
1	1	1	0	d	d	d	d	d
1	1	1	1	d	d	d	d	d

(2) 确定激励函数和输出函数

确定激励函数有表格法和代数法两种方法，该例用 T 触发器作存储元件，使用表格法比较简单。根据本例的状态表和 T 触发器的激励表，可得激励表如表 5-11 所示。

表 5-11　例 5-8 的激励表

y_3	y_2	y_1	y_0	T_3	T_2	T_1	T_0
0	0	0	0	0	0	0	1
0	0	0	1	0	0	1	1
0	0	1	0	0	0	0	1
0	0	1	1	0	1	1	1
0	1	0	0	0	0	0	1
0	1	0	1	0	0	1	1
0	1	1	0	0	0	0	1
0	1	1	1	1	1	1	1
1	0	0	0	0	0	0	1
1	0	0	1	1	0	0	1
1	0	1	0	d	d	d	d
1	0	1	1	d	d	d	d
1	1	0	0	d	d	d	d
1	1	0	1	d	d	d	d
1	1	1	0	d	d	d	d
1	1	1	1	d	d	d	d

根据激励表和状态表画出激励和输出的卡诺图如图 5-22 所示。由卡诺图化简得激励表达式和输出表达式为:

$$T_3 = y_3 y_0 + y_2 y_1 y_0$$

$$T_2 = y_1 y_0$$

$$T_1 = \overline{y_3} y_0$$

$$T_0 = 1$$

$$Z = y_2 y_0 + \overline{y_2} y_1$$

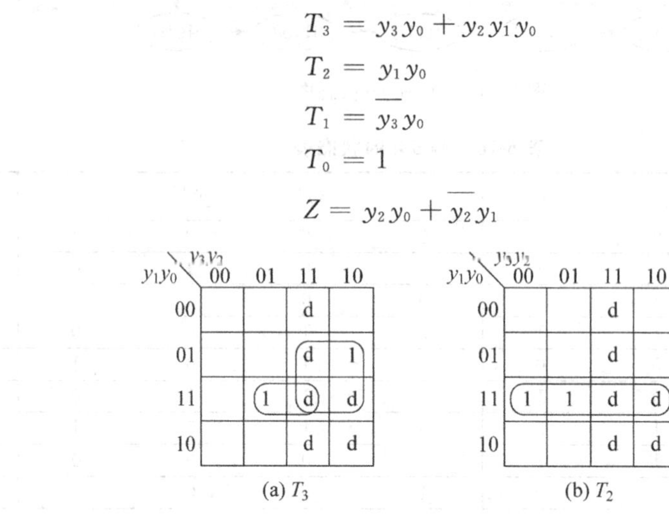

(a) T_3　　(b) T_2

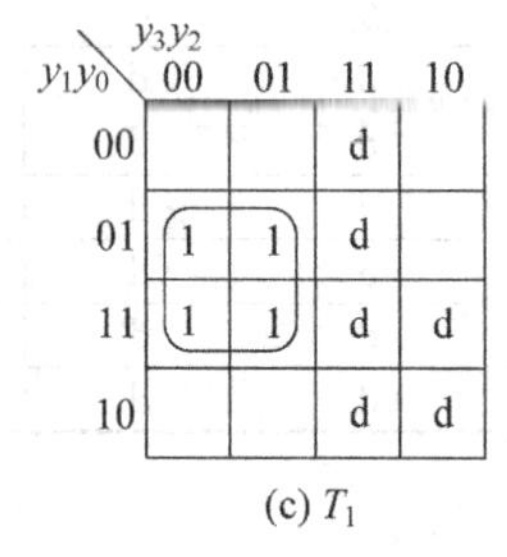

(c) T_1

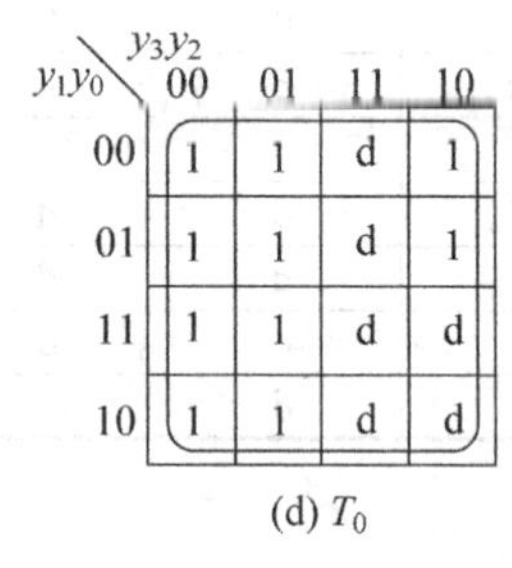

(d) T_0

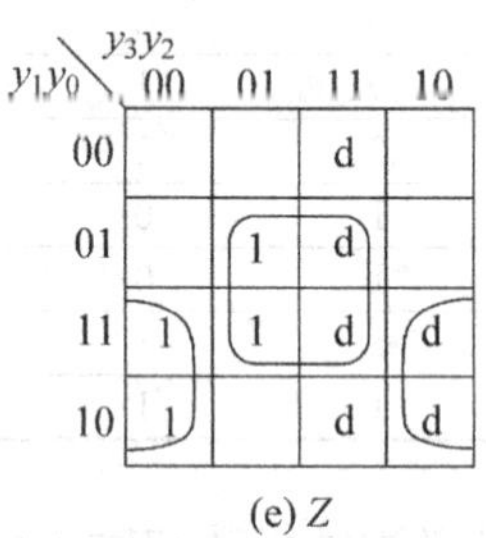

(e) Z

图 5-22　例 5-8 的卡诺图

(3) 画逻辑电路图

根据所得的激励函数和输出函数表达式,可画出该计数器的逻辑电路图如图 5-23 所示。

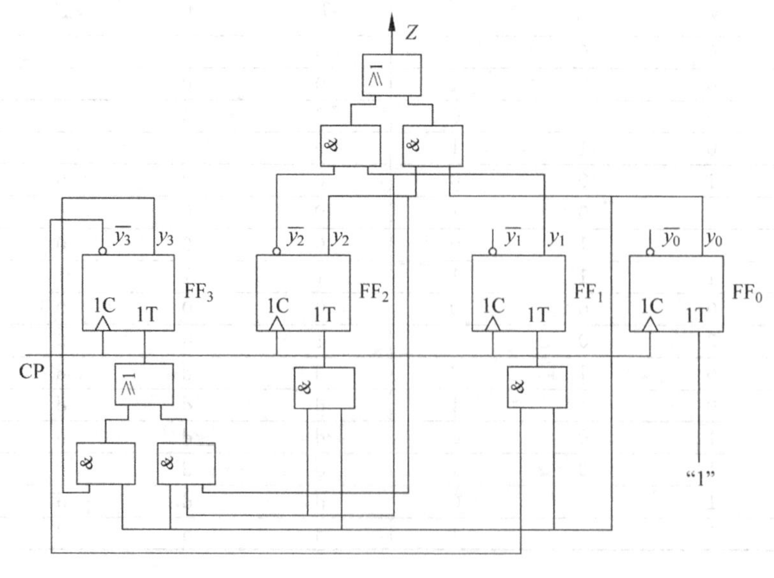

图 5-23　例 5-8 的逻辑电路图

该电路中存在 6 个无效状态，实际状态图如图 5-24 所示。实际状态图的画法有两种：一种是借助确定激励函数和输出函数时的卡诺图，将卡诺图化简过程中圈进去的无关项作为 1，没有圈进去的无关项作为 0，进而求出在某种无效状态下的激励和输出，再根据激励和输入(本例无输入)求出对应的次态。如本例的无效状态 1011，根据图 5-22 的卡诺图可知，$T_3=1$、$T_2=1$、$T_1=0$、$T_0=1$，$Z=1$，因此该状态的次态为 0110，输出 1。

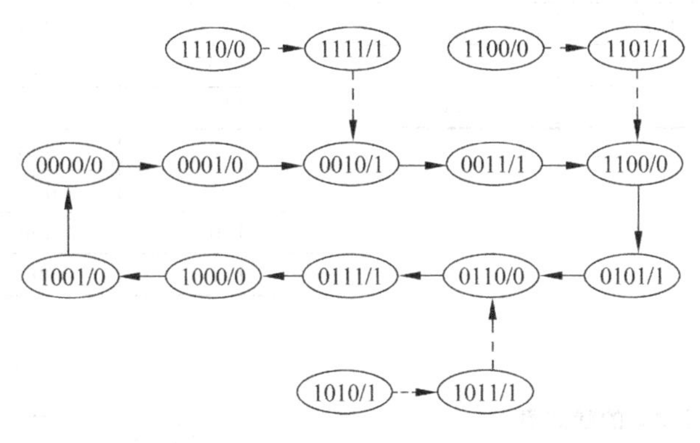

图 5-24　例 5-8 的实际状态图

实际状态图的另一种画法是将现态和输入代入到求得的激励方程中，得到激励的取值，再根据激励求出对应的次态。如本例的无效状态 1011，将 $y_3=1$、$y_2=0$、$y_1=1$、$y_0=1$ 代入到上面的激励和输出方程得：$T_3=1$、$T_2=1$、$T_1=0$、$T_0=1$，$Z=1$，因此该状态的次态为 0110，输出 1。

从图 5-24 可知，该电路具有自启动功能，但在无效状态下可能产生错误输出。研究电路的正常输出，可以发现，正确的输出都应该是在 $y_3=0$ 的情况下，因此，可将输出表达式修改为：

$$Z=\overline{y_3}y_2y_0+\overline{y_3}\,\overline{y_2}y_1$$

修改后的逻辑电路图略。

5.3　主教材习题参考答案

1.

表 5-12　习题 1(a)的最简状态表

Q	x	
	0	1
a	$b/0$	$a/1$
b	$a/1$	$c/0$
c	$c/0$	$a/1$
d	$e/1$	$d/1$
e	$d/1$	$b/1$

表 5-13　习题 1(b)的最简状态表

Q	x	
	0	1
a	$a/0$	$b/0$
b	$a/1$	$c/1$
c	$b/1$	$c/1$

2.

表 5-14 习题 2(a)的二进制状态表

Q	x	
	0	1
00	00/0	01/0
01	10/0	01/0
10	11/0	01/0
11	01/1	00/0

表 5-15 习题 2(b)的二进制状态表

Q	x	
	0	1
000	011/0	111/0
001	010/1	000/0
010	011/1	001/1
011	010/0	000/1
100	ddd/d	ddd/d
101	ddd/d	ddd/d
110	ddd/d	ddd/d
111	000/0	000/0

3.

表 5-16 习题 3 的状态表

Q	x	
	0	1
00	00/0	01/0
01	00/0	11/0
10	00/0	10/1
11	00/0	10/0

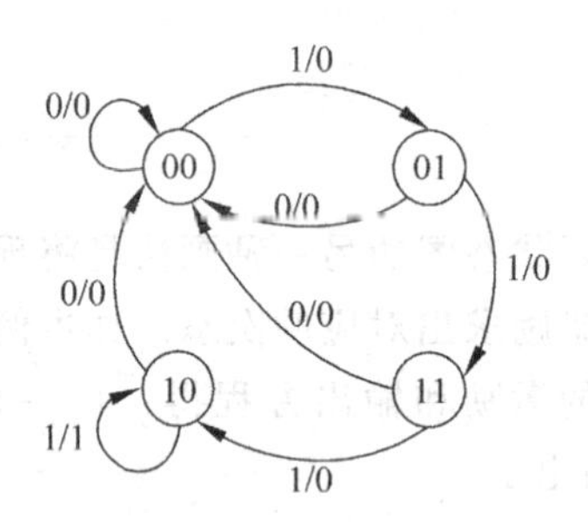

图 5-25 习题 3 的状态图

4.

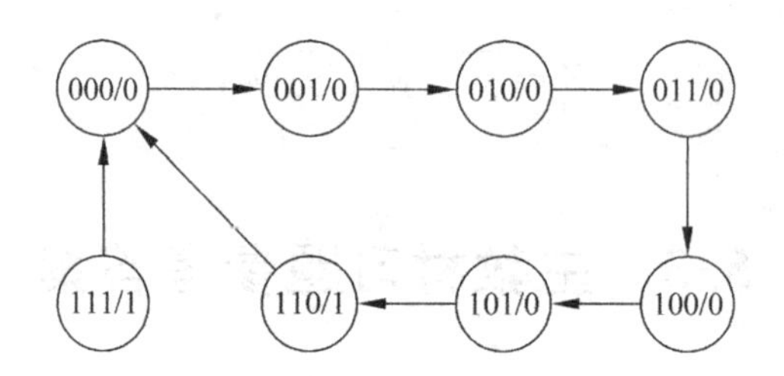

图 5-26 习题 4 的状态图

表 5-17 习题 4 的状态表

$Q_3\ Q_2\ Q_1$	$Q_3^{n+1}\ Q_2^{n+1}\ Q_1^{n+1}$	Y
000	001	0
001	010	0
010	011	0
011	100	0
100	101	0
101	110	0
110	000	1
111	000	1

电路能自启动。

5.

表 5-18　习题 5 的状态表

Q	x	
	0	1
00	01/1	11/0
01	10/0	00/0
10	11/0	01/0
11	00/0	10/1

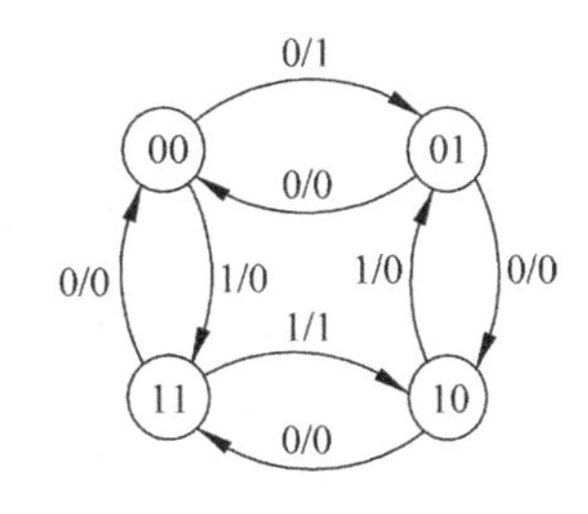

图 5-27　习题 5 的状态图

电路能自启动。

6.

表 5-19　习题 6 的状态表

Q	X	
	0	1
0	0/0	1/1
1	0/1	1/0

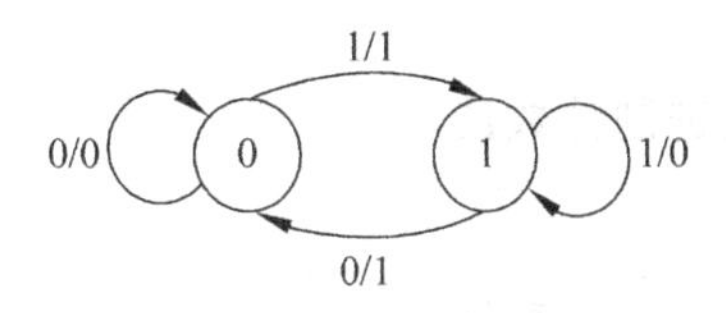

图 5-28　习题 6 的状态图

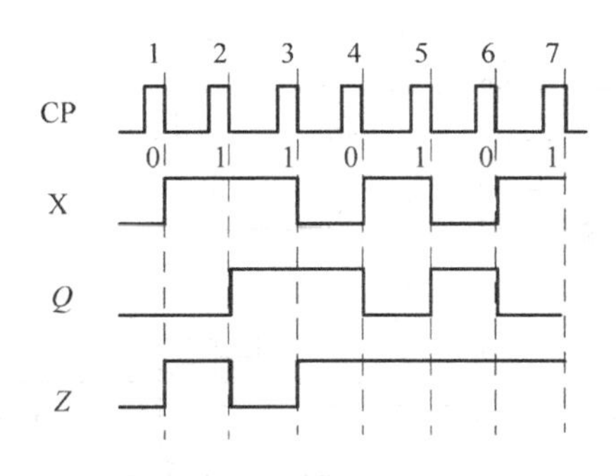

图 5-29　习题 6 的时间图

7.

表 5-20　习题 7 的状态表

Q	X	
	0	1
00	11/1	01/1
01	11/1	00/1
10	11/1	10/1
11	11/1	00/0

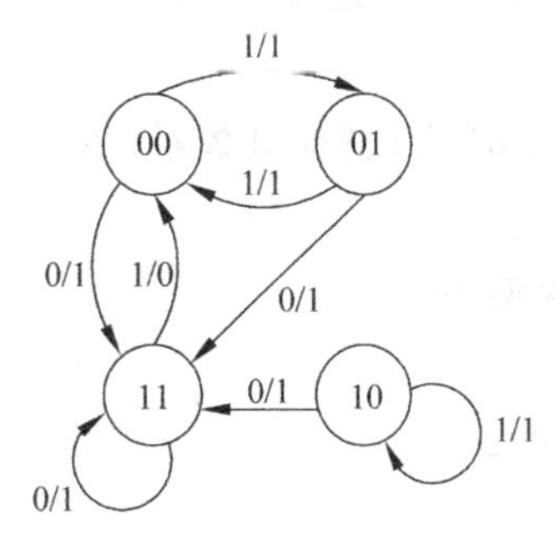

图 5-30　习题 7 的状态图

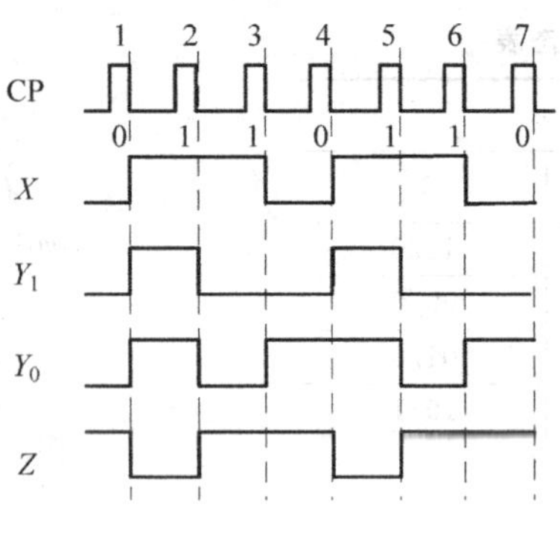

图 5-31　习题 7 的时间图

8.

七进制计数器。

9.

十进制计数器。

10.

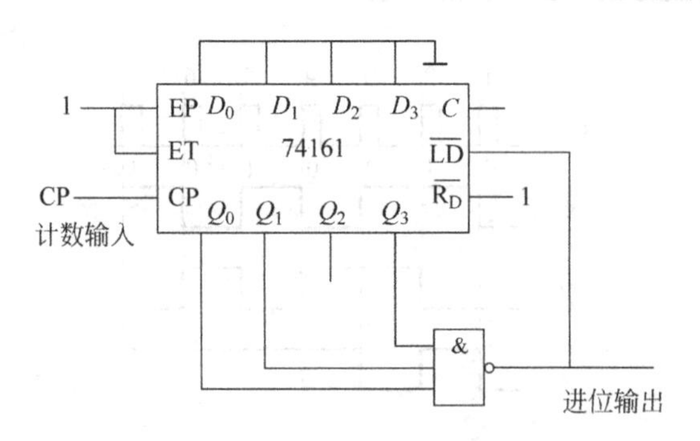

图 5-32　习题 10 的电路图

11.

M=0 时是八进制计数器；M=1 时是六进制计数器。

12.

A=0 时是十进制计数器；A=1 时是十二进制计数器。

13.

参见例 5-5。

14.

1∶63。

15.

三十进制计数器。

16.

八十三进制计数器。

17.

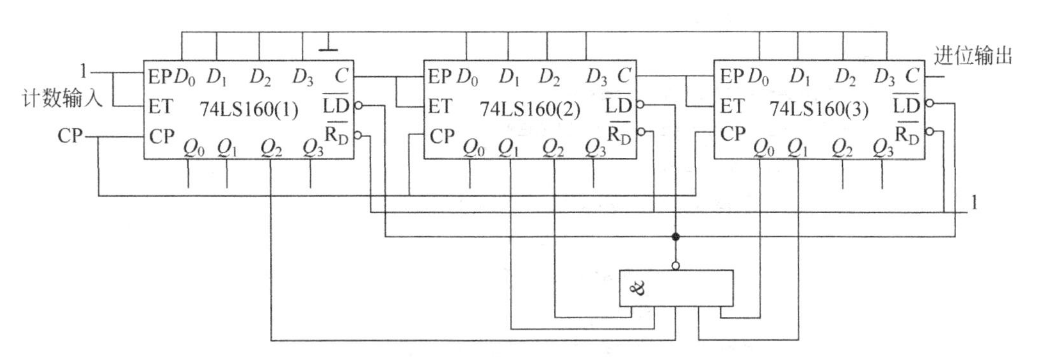

图 5-33　习题 17 的电路图

18.

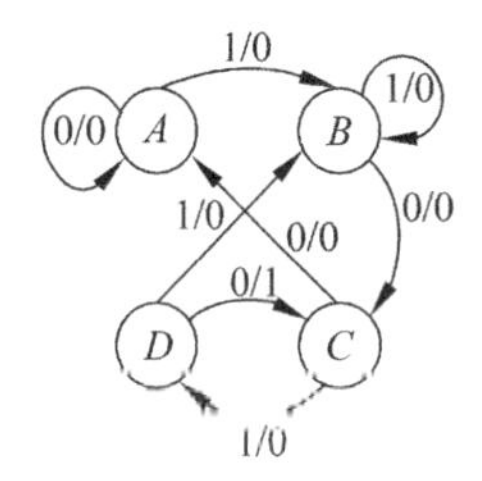

图 5-34　习题 18 的状态图

表 5-21　习题 18 的状态表

Q	x	
	0	1
A	$A/0$	$B/0$
B	$C/0$	$B/0$
C	$A/0$	$D/0$
D	$C/1$	$B/0$

19.

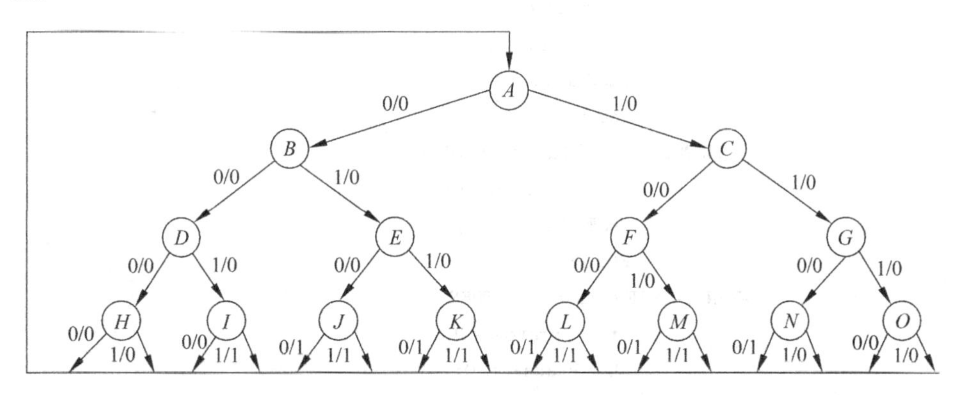

图 5-35　习题 19 的状态图

```
LIBRARY ieee;
USE ieee.std_logic_1164.all;
USE ieee.std_logic_unsigned.all;
ENTITY check_y3   IS
  PORT(clk,datain,reset:IN STD_LOGIC;
       dataout:OUT STD_LOGIC);
END check_y3;
ARCHITECTURE   yy3   OF   check_y3   IS
TYPE state_type is (A,B,C,D,E,F,G,H,I,J,K,L,M,N,O);
SIGNAL   state: state_type;
```

```
BEGIN
  demo_process:PROCESS(clk,reset)
        BEGIN
          IF reset = '1' THEN state <= A;
          ELSIF clk'event and clk = '1' THEN
               CASE state IS
                  WHEN A => IF datain = '0' THEN
                                   state <= B;
                            ELSE state <=  C;
                            END IF;
                  WHEN B => IF datain = '0' THEN
                                   state <= D;
                            ELSE state <=  E;
                            END IF;
                  WHEN C => IF datain = '0' THEN
                                   state <= F;
                            ELSE state <=  G;
                            END IF;
                  WHEN D => IF datain = '0' THEN
                                   state <= H;
                            ELSE state <=  I;
                            END IF;
                  WHEN E => IF datain = '0' THEN
                                   state <= J;
                            ELSE state <=  K;
                            END IF;
                  WHEN F => IF datain = '0' THEN
                                   state <= L;
                            ELSE state <=  M;
                            END IF;
                WHEN G => IF datain = '0' THEN
                                   state <= N;
                            ELSE state <=  O;
                            END IF;
                WHEN OTHERS => state <= A;
              END CASE;
            END IF;
  END PROCESS;
  output_p:PROCESS(state)
          BEGIN
           CASE state IS
             WHEN I => IF datain = '1' THEN dataout <= '1';
                    ELSE dataout <= '0';
                    END IF;
             WHEN N => IF datain = '0' THEN dataout <= '1';
```

```
                    ELSE dataout <= '0';
                    END IF;
            WHEN J => dataout <= '1';
            WHEN K => dataout <= '1';
            WHEN L => dataout <= '1';
            WHEN M => dataout <= '1';
            WHEN OTHERS => dataout <= '0';
          END CASE;
        END PROCESS;
END yy3;
```

20.

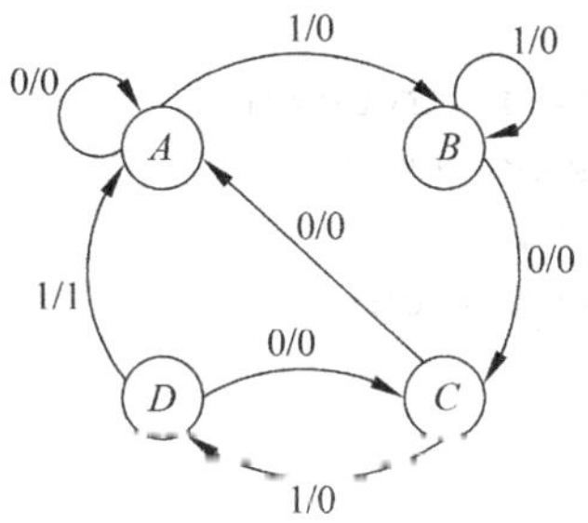

图 5-36　习题 20 的状态图

```
LIBRARY ieee;
USE ieee.std_logic_1164.all;
USE ieee.std_logic_unsigned.all;
ENTITY check_XULI IS
  PORT(clk, reset, X:IN STD_LOGIC;
       Z:OUT STD_LOGIC);
END check_XULI;
ARCHITECTURE XULI OF check_XULI IS
TYPE state_type is (A,B,C,D);
SIGNAL state: state_type;
BEGIN
  demo_process:PROCESS(clk,reset)
        BEGIN
          IF reset = '1' THEN state <= A;
          ELSIF clk'event and clk = '1' THEN
                CASE state IS
                    WHEN A => IF X = '1' THEN
                                  state <= B;
                              END IF;
                    WHEN B => IF X = '0' THEN
                                  state <= C;
                              END IF;
                    WHEN C => IF X = '1' THEN
```

```
                    state <= D;
                ELSE state <=  A;
                END IF;
         WHEN D => IF X = '1' THEN
                    state <= A;
                ELSE state <=  C;
                END IF;
       END CASE;
     END IF;
 END PROCESS;
 output_p:PROCESS(state)
      BEGIN
        CASE state IS
          WHEN D => IF X = '1' THEN Z <= '1';
                 ELSE Z <= '0';
                 END IF;
          WHEN OTHERS  => Z <= '0';
        END CASE;
      END PROCESS;
END XULI;
```

21.

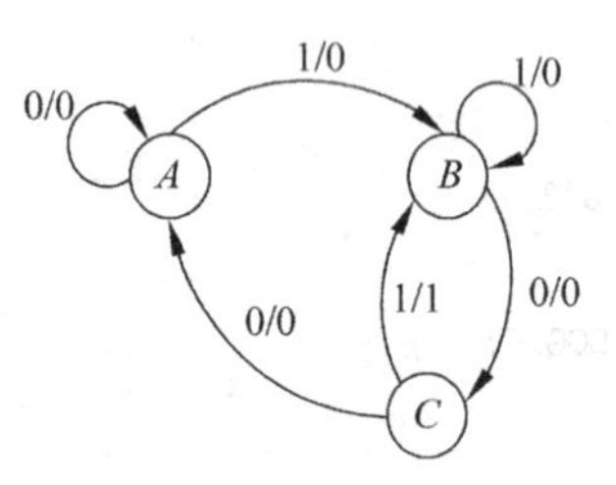

图 5-37　习题 21 的状态图

22.

略

23.

略

24.

激励表达式如下,电路图略。

$$J_1 = B + Ay_0$$

$$K_1 = \overline{\overline{A}\overline{B} + Ay_0} = (A+B)(\overline{A}+\overline{y}_0) = A\overline{y}_0 + B\overline{y}_0 + \overline{A}B$$

$$J_0 = (B+A)\overline{y}_1 = B\overline{y}_1 + A\overline{y}_1$$

$$K_0 = \overline{\overline{A}\overline{B} + A\overline{y}_1} = (A+B)(\overline{A}+y_1) = Ay_1 + By_1 + \overline{A}B$$

25.

功能：十六进制计数器。

信号作用：

clock：时钟；clear：异步清零；count：计数控制；q：状态输出

26.

(1) 十进制计数器

(2) 十进制计数器

(3)“101”序列检测器

27.

该电路是一个模 4 加 1 计数器，当收到第 4 个输入脉冲时，电路产生一个进位输出脉冲。

28.

表达式如下，电路图略。

$$\mathrm{CP}_2 = x_2Q_1 + x_1Q_2 + x_2Q_2$$

$$\mathrm{CP}_1 = x_1\bar{Q}_1 + x_2Q_1$$

$$D_2 = \bar{Q}_2 \text{ 或 } Q_1$$

$$D_1 = x_1 \text{ 或 } \bar{x}_2$$

$$Z = Q_3x_3$$

第6章 集成电路的逻辑设计与可编程逻辑器件

【学习要求】

本章讲述常用中规模通用集成电路及其在逻辑设计中的应用、半导体存储器和可编程逻辑器件的原理及常见低密度可编程逻辑器件三部分内容。本章的重点要求是会分析用中规模通用集成电路和门电路构成的逻辑电路、能用中规模通用集成电路(如译码器、多路选择器等)设计组合电路、掌握存储器容量的扩充方法、理解可编程逻辑器件的基本原理与表示方法、掌握常见低密度可编程逻辑器件(PROM、PLA、PAL、GAL 等)的阵列特点、能用 PLD 器件设计简单的逻辑电路并画出阵列图。

6.1 要点指导

1. 集成电路

按照集成度可将集成电路分为小规模集成电路(SSI)、中规模集成电路(MSI)、大规模集成电路(LSI)和超大规模集成电路(VLSI)。一般来说,SSI 仅仅是器件(如门电路、触发器等)的集成,MSI 已是逻辑部件(如译码器、寄存器等)的集成,而 LSI 和 VLSI 则是整个数字系统或其子系统的集成。

中、大规模集成电路根据其设计方式又可分成非用户定制集成电路(Non-custom Design IC)和用户定制集成电路(Custom Design IC)两类。非用户定制集成电路又称为通用集成电路或通用片,具有生产量大、使用广泛、价格低廉等优点;用户定制集成电路通常称为专用集成电路 ASIC(Application Specific Integrated Circuit)。采用 ASIC 进行数字系统逻辑设计具有设计简单、使用灵活、功能可靠以及保密性能好等优点,代表着集成电路的潮流和未来。

2. 数字系统的逻辑设计方法

分为基于 SSI 的经典设计方法和基于中、大规模集成电路的设计方法两种。教材前面章节讲述的组合逻辑电路和时序逻辑电路的设计方法都是基于 SSI 的经典设计方法,该方法追求的目标是设计的最小化,即用最少数量的门电路和触发器实现给定逻辑功能,这主要是通过函数和状态化简来实现的。

基于中、大规模集成电路的设计方法从要求的功能描述出发,合理地选用中、大规模集成电路器件,充分利用器件的功能,尽量减少器件间的相互连线,并在必要时使用基于 SSI 的经典设计方法设计辅助的接口电路。

3. 常用中规模集成电路

1）二进制并行加法器

能实现多位二进制数加法运算的电路称为二进制加法器。按各位数相加方式的不同，二进制加法器分为串行二进制加法器和并行二进制加法器两种。

串行二进制加法器每次只能接收 1 位加数和被加数，并产生 1 位和数，在时钟脉冲的控制下串行完成多位二进制数的加法运算。并行二进制加法器能同时接收二进制加数和被加数的每一位，但不一定能同时对各位进行相加运算，要看进位产生机制。

根据进位产生机制的不同，并行二进制加法器又分为串行进位的并行二进制加法器和超前进位二进制并行加法器两种。超前进位二进制并行加法器是运算速度最快的加法器，运算速度与位数无关，各位的进位能在相加之前同时产生，学习时应重点掌握超前进位的原理。

二进制并行加法器除可实现二进制加法运算的基本功能以外，还可以实现代码转换、二进制减法运算、二进制乘法运算、十进制加法运算等多种功能，教材中有各种应用的示例，应熟练掌握。

2）译码器

译码器的基本功能是对具有特定含义的输入代码进行“翻译”，并产生相应的输出信号。常见的译码器有二进制译码器、二-十进制译码器和数字显示译码器等。

(1) 二进制译码器

二进制译码器将 n 个输入变量“翻译”成 2^n 个输出函数，且每个输出函数都对应于输入变量的一个最小项或最小项的非。

一个具有 n 个代码输入端的二进制译码器有 2^n 个译码输出端以及一个或多个译码使能端。当使能信号为有效电平时，对应每一组输入代码，有且仅有一个输出端为有效信号，其他输出端均输出无效信号。有效信号为高电平时称高电平有效的译码器，输出端对应输入变量的一个最小项；有效信号为低电平时称低电平有效的译码器，输出端对应输入变量的一个最小项的非。

74LS138 是一款应用较多的 3-8 线二进制译码器。该译码器有 3 个译码输入端 C、B、A，3 个译码使能输入端 G_1、$\overline{G_{2A}}$、$\overline{G_{2B}}$，8 个译码输出端 $\overline{Y_0}, \cdots, \overline{Y_7}$。输出端与输入代码构成的最小项的非对应，属低电平有效的译码器，即 $\overline{Y_i}=\overline{m_i}$。

在数字系统中二进制译码器主要用于实现地址译码、指令译码等功能。因为二进制译码器的输出端对应输入变量的最小项或最小项的非，所以二进制译码器还可以用于实现各种组合逻辑函数。当逻辑函数中的变量个数多于译码器的译码输入变量时，可以借助译码器的使能端将多个小规模的译码器扩展成大规模的译码器。

(2) 二-十进制译码器

二-十进制译码器将输入 BCD 码的 10 组代码翻译成十进制的 10 个数字符号对应的输出信号。

二-十进制译码器根据其输入端是否允许出现 6 组非法 BCD 码（如 8421 码时的 1010～1111），可分为完全译码的二-十进制译码器和不完全译码的二-十进制译码器。完全译码的二-十进制译码器的输入端允许出现任何取值组合，但对非法 BCD 码，输出端全部为无效电平，即拒绝“翻译”非法码。不完全译码的二-十进制译码器的输入端只允许出现 10 组有效的代码,不允许出现另外 6 组不采用的非法码。

(3) 数字显示译码器

数字显示译码器将输入代码转换成数字显示器的驱动信号,使显示器显示出与输入代码对应的数字。

典型的数字显示译码器有 74LS47(驱动共阳极 LED 显示器)和 74LS48(驱动共阴极 LED 显示器)。74LS47 有 4 个译码输入端 $A_3 \sim A_0$,7 个译码输出端$\overline{a} \sim \overline{g}$,3 个辅助功能控制端$\overline{LTI}$,$\overline{RBI}$,$\overline{BI}/\overline{RBO}$。

3) 编码器

编码是译码的反过程,是给不同的输入信号分配一个二进制代码的过程。编码器的种类很多,根据编码信号的不同,可分为二进制编码器和二-十进制编码器(又称十进制-BCD码编码器);根据对被编码信号的不同要求,可分为普通编码器和优先编码器。

普通二-十进制编码器是将十进制数字的 0~9 分别编成 4 位 BCD 码,又称为 10-4 线编码器,广泛应用于键盘电路。

优先编码器允许多个输入信号同时有效,但只对其中优先级别最高的信号进行编码输出。优先编码器广泛应用于中断优先排队电路中,以实现对中断源优先权的管理。

74LS148 是一款常用的 8-3 线优先编码器。该编码器的输入$\overline{I_0} \sim \overline{I_7}$接收 8 路输入信号,下标大者优先级高;输出$\overline{Q_C}\,\overline{Q_B}\,\overline{Q_A}$为反码输出的编码信号;输入$\overline{I_S}$和输出$\overline{O_S}$,$\overline{O_{EX}}$用于实现该优先编码器的扩充连接。

4) 多路选择器

多路选择器在地址选择信号的控制下从多路输入数据中选择一路送至输出端。对于一个具有 2^n 个输入和 1 个输出的多路选择器,应具有 n 个地址选择端。

2^n 路选择器的输出表达式为:

$$W = \sum_{i=0}^{2^n-1} m_i D_i$$

式中,m_i 为地址选择变量 $A_{n-1}, A_{n-2}, \cdots, A_1, A_0$ 组成的最小项;D_i 为 2^n 路输入中的第 i 路数据输入。

多路选择器通常和多路分配器配合使用,在公共传输线(如计算机的总线等)上实现多路数据的分时传送。此外,多路选择器还可以用来实现数据的并-串转换(如数据的动态扫描显示等)、序列信号产生以及各种组合逻辑函数的功能。

从多路选择器的输出函数表达式可知,多路选择器可用于实现各种组合逻辑功能。实现组合逻辑函数时可以选择不同规模的多路选择器。

用 2^n 路选择器实现 n 个变量的逻辑函数:将函数的 n 个变量依次连接到多路选择器的 n 个地址选择端,并将函数表达式表示成“最小项之和”的形式。若函数表达式中包含最小项 m_i,则将多路选择器相应的 D_i 接 1,否则 D_i 接 0。

用 2^{n-1} 路选择器实现 n 个变量的逻辑函数:从函数的 n 个变量中任意选择 $n-1$ 个作为地址选择输入端,并根据所选定的地址输入端将函数变换成 $F = \sum_{i=0}^{2^{n-1}-1} m_i D_i$ 的形式,以确定各数据输入端 D_i 的取值。假定剩余变量为 X,则 D_i 的取值只可能是 0,1,X 或 $\overline{X}$ 之一。

用 2^n 路选择器实现含有 m 个变量($m-n\geqslant 2$)的逻辑函数：从函数的 m 个变量中任意选择 n 个变量作为地址选择输入端，然后用这 n 个变量将函数的卡诺图分成 2^n 个子卡诺图，对每个子卡诺图进行化简即可得到数据输入端 D_i 的函数表达式。D_i 的复杂程度与地址选择变量的确定有关，只有对各种方案进行比较后，才能从中得到最简单经济的方案。

5) 多路分配器

多路分配器在地址选择变量的控制下将单路输入的数据分配到多路输出中的某一路。显然，多路分配器与多路选择器的功能正好相反。

2^n 路分配器的输出表达式为：

$$F_i = m_i D, \quad i = 0 \sim 2^n - 1$$

式中，m_i 是地址选择变量对应的最小项。可见，多路分配器的结构和功能与译码器十分相似，两者可以相互替代。

6) 数值比较器

数值比较器用来比较两组位数相同的二进制数大小的电路。

74LS85 是一种典型的 4 位中规模集成数值比较器。输入 $a_3 \sim a_0$ 和 $b_3 \sim b_0$ 是待比较的两组 4 位二进制数 A 和 B，输入 $a>b$、$a=b$ 和 $a<b$ 为级联输入，用于多片级联时传递低位片的比较结果。$F_{A>B}$、$F_{A=B}$ 和 $F_{A<B}$ 是比较结果输出端。

利用比较器的级联输入端，将多片比较器级联，可以扩展比较器的比较位数。级联的方法有串行连接和树型连接两种方式。串行级联的方法简单且容易理解，但扩展的位数越多，串行级联的芯片就越多，速度也越慢。因此，在组成位数较多的比较器时，常采用树型结构级联方法。

7) 奇偶发生/校验器

能产生奇偶校验码的电路称为奇偶发生器，具有奇偶校验能力的电路，称为奇偶校验器。奇偶发生器通常用在数据的发送端，产生数据代码的奇偶校验位，然后与数据位一并发送出去。奇偶校验器常用在数据的接收端，对接收到的数据进行奇偶校验，根据产生的校验和判断所接收的数据是否有错。奇偶校验码的产生和校验可用异或运算实现。奇偶发生/校验器在数据通信中的作用如图 6-1 所示。

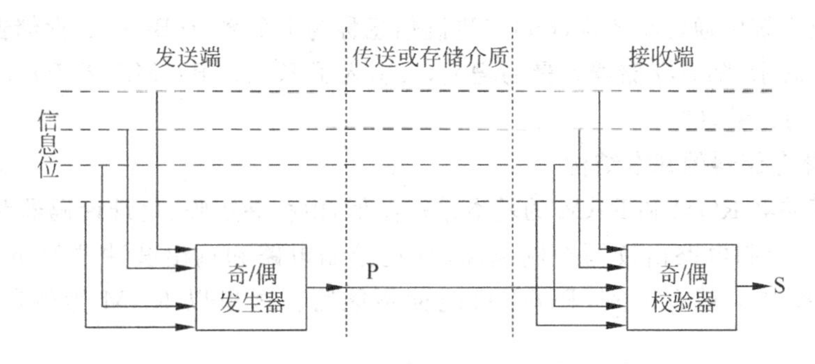

图 6-1　奇偶发生/校验器在信息传输中的作用

74LS280 是常用的中规模集成九输入奇偶发生/校验器，有 $A \sim I$ 是 9 个输入端，Q_e 和 Q_o 是两个输出端，Q_e 为偶校验输出，Q_o 为奇校验输出。多片 74LS280 级联可以构成位数更多的奇偶发生/校验器。

4. 半导体存储器

半导体存储器是一种能存储大量二值数据的半导体器件,在数字系统特别是计算机系统中应用非常广泛。半导体存储器一般由存储矩阵、地址译码器和读写电路组成,其引脚一般有数据引脚、地址引脚和控制引脚3类。

1) 半导体存储器的分类

半导体存储器的种类很多,有多种不同的分类方法。按照存取方式可分为只读存储器ROM和随机存储器RAM两种。按照制造工艺可分为双极型和MOS型两种。

只读存储器ROM按照编程方式又可以分为掩模只读存储器ROM、可编程只读存储器PROM、紫外线擦除的可编程只读存储器UVEPROM、电擦除的可编程只读存储器EEPROM(或E^2PROM)、快闪(flash)存储器等类型。

MOS型随机存储器RAM按照结构可分为静态随机存储器SRAM和动态随机存储器DRAM两种。在不掉电的情况下,SRAM中的信息可永久保存,而DRAM中的信息需要动态刷新。

不同类型的存储器具有不同的应用场合,随机存储器RAM速度快,是应用最广泛的一种存储器,在计算机中SRAM用作高速缓冲存储器(Cache),DRAM用作内存条。只读存储器ROM常用来存放计算机系统的引导程序、监控程序、常数、函数表和查找表等。

2) 半导体存储器的性能指标

速度、容量和价格是半导体存储器的主要性能指标,人们对高性能存储器的要求是大容量、高速度、低价格,这一要求很难由同一类型的存储器达到,在计算机系统中通常用不同类型的存储器构成的多级层次结构实现。

速度常用存取周期(或称读写周期)来表示。对存储器进行一次读(写)操作后,其内部电路还需要一段恢复时间才能再进行下一次读(写)操作。连续两次读(写)操作间隔的最短时间称为存取周期。

容量通常用$N\times M$位表示。N代表存储单元数,即芯片的地址数(字数);M代表每个存储单元所能存储的二进制位数,即每个存储单元所包含的基本存储单元电路数(位数)。如某存储器有n条地址线、m条数据线,则该存储器的容量是$2^n\times m$位。

在计算机系统中通常将8位(bit)二进制信息称为1个字节(Byte)。存储器的容量也常以字节为单位表示,随着存储器容量的增大,又引入了KB(2^{10}B)、MB(2^{20}B)、GB(2^{30}B)、TB(2^{40}B)等更大的容量单位。

3) 半导体存储器的基本结构

半导体存储器ROM和RAM的基本结构类似,由存储矩阵、地址译码器和控制电路三部分构成,其中控制电路由读写控制电路、片选控制电路和输出缓冲器等组成。ROM和RAM在读写控制上稍有区别,ROM只能读不能写。这里以RAM为例归纳各部分的功能。

存储器的基本存储单元电路通常按照矩阵的形式排列,称为存储矩阵。存储矩阵是存储器存储信息的载体。

地址译码器的作用是对外部输入的地址进行译码,以便唯一地选择存储矩阵中的一个存储单元。地址译码器的实现有单译码和双译码两种方式,单译码方式中只有一个地址译码器,该译码器的输出线(字线)选中同一个存储单元的所有位进行输入输出。双译码方式有 X 和 Y 两个地址译码器，输入的地址一分为二送入这两个译码器，两个译码器的输出线(X线、Y线或行线、列线)交叉的存储单元才是被选中的单元。

读写控制电路用于对译码器选中的存储单元进行读出和写入操作的控制，最基本的功能是接收读/写信号，对内部电路进行读/写控制。

片选控制电路用于控制该存储器芯片是否被选中，只有被选中的芯片，才能进行读写操作。

输出缓冲器采用三态门构成，一方面用于组成双向数据通路，另一方面可以将多片存储器的输出并联，以扩充存储器的容量。

4) 半导体存储器容量的扩展

可以将多片半导体存储器连接起来，扩展其容量。按照半导体存储器芯片之间的连接方式不同可以分为位扩展、字扩展和字位同时扩展三种方式。芯片之间的连接主要是地址线、数据线和控制线的连接，表 6-1 对这三种扩展方法的连接方式进行了总结。

表 6-1 半导体存储器容量扩展的三种方式

扩展方式	地址线	数据线	片选线	说明
位扩展	所有芯片的地址线连接在一起，接收系统送来的同一组地址码	每个芯片的数据线连接到系统不同的数据线	所有芯片的片选线连接到一起，由同一个片选输入信号控制	每个芯片的同一个地址单元同时被选中，联合提供多位数据输入输出
字扩展	各芯片的地址线连接系统地址线的低位部分	所有芯片的数据线连接在一起，与系统的数据线进行连接	各芯片连接系统不同的片选控制线，系统可以用线选法，也可以用译码法产生片选信号线	同一时刻只选中一个芯片，多个芯片的容量之和即为系统总容量
字位同时扩展	将存储器芯片分成若干组，各芯片的地址线连接系统地址线的低位部分	组内芯片的数据线连接系统不同的数据线，每组之间的数据线连在一起	每组芯片连接系统不同的片选控制线，同组芯片连接同一根系统片选控制线	组内芯片按位扩展方式连接，组间按字扩展方式连接，同时扩展了位数和字数

5. 可编程逻辑器件

1) PLD 的基本结构

PLD 器件基于任何组合逻辑函数都可以转换成“与-或”表达式这一理论依据，由与阵列后跟或阵列组成。与阵列用于接收外部输入变量，产生由输入变量组成的“与项”。或阵列接收与阵列输出的与项，产生用“与-或”式表示的逻辑函数。PLD 的与阵列和或阵列至少要有一个是可编程的。

在与阵列和或阵列的基础上，增加诸如输入缓冲器、输出寄存器、内部反馈、输出宏单元等，即可构成各种不同类型、不同规模的 PLD 器件。

2) PLD 的逻辑表示法

PLD 的基本结构以及用 PLD 器件实现的逻辑电路通常用阵列图表示。一般在线段的交叉处加“•”表示固定连接，在线段的交叉处加“×”表示可编程连接，线段的交叉处无

“•”,也无“×”表示不连接。

3) PLD 的分类

按照与阵列和或阵列的可编程性,可将 PLD 器件分为三类:与阵列固定或阵列可编程的 PLD(如 PROM)、与阵列可编程或阵列固定的 PLD(如 PAL、GAL)、与阵列和或阵列均可编程的 PLD(如 PLA)。

按照集成度,可将 PLD 器件分为低密度可编程逻辑器件 LDPLD 和高密度可编程逻辑器件 HDPLD 两类。LDPLD 的集成度通常小于 1000 门/片,早期发展起来的 PLD,如 PROM、PLA、PAL 和 GAL 等都属于 LDPLD。HDPLD 的集成度通常大于 1000 门/片,包括可擦除可编程逻辑器件(EPLD)、复杂的可编程逻辑器件(CPLD)和现场可编程门阵列(FPGA)。

根据编程工艺,可将 PLD 器件分为熔丝或反熔丝编程器件、浮栅编程器件、静态存储器编程器件三种类型。

4) 常用低密度 PLD 器件

常用低密度 PLD 有 PROM、PLA、PAL、GAL 四种主要类型,这 4 种 PLD 器件主要是编程情况和输出结构不同,表 6-2 列出了这 4 种 PLD 器件的结构特点。

表 6-2　常用低密度 PLD 器件的比较

类型	阵列的可编程性		特　　点
	与阵列	或阵列	
PROM	固定	可编程	与阵列采用全译码方式产生全部最小项,可实现组合逻辑函数的标准与或式。优点:设计简单、规整。缺点:门阵列存在浪费,芯片面积没有得到充分利用
PLA	可编程	可编程	分组合 PLA 和时序 PLA(在组合 PLA 的基础上增加一个触发器网络)两种类型,可实现任意组合逻辑和时序逻辑的功能。两个阵列均可编程,可实现逻辑函数的最简与或式
PAL	可编程	固定	有专用输出、带反馈的可编程 I/O、带反馈的寄存器输出、加异或带反馈的寄存器输出和算术选通等多种输出和反馈结构,可实现各种组合逻辑和时序逻辑功能
GAL	可编程	固定	采用 E^2CMOS 工艺,可电擦除和反复编程。输出端配置了输出逻辑宏单元 OLMC,通过对 OLMC 的编程,可选择多种输出组态,可以在功能上代替 PAL 的各种输出类型

6.2　例题精讲

例 6-1　用两个 4 位并行加法器和适当的逻辑门电路实现$(X+Y)\times Z$,其中,$X=x_2x_1x_0$、$Y=y_2y_1y_0$、$Z=z_1z_0$ 均为二进制数。

解:两个 3 位二进制数的和最大为$(14)_{10}$,可用 4 位二进制数表示,假定用 $s_3s_2s_1s_0$ 表示。又由于 4 位二进制数与 2 位二进制数相乘的结果可用 6 位二进制数表示,所以,该运算电路共有 8 个输入 6 个输出。设运算结果为 $W=w_5w_4w_3w_2w_1w_0$,其运算的过程如下：

$$
\begin{array}{cccccc}
 & & & x_2 & x_1 & x_0 \\
 & & + & y_2 & y_1 & y_0 \\
\hline
 & & s_3 & s_2 & s_1 & s_0 \\
 & & \times & & z_1 & z_0 \\
\hline
 & & s_3z_0 & s_2z_0 & s_1z_0 & s_0z_0 \\
+ & s_3z_1 & s_2z_1 & s_1z_1 & s_0z_1 & \\
\hline
w_5 & w_4 & w_3 & w_2 & w_1 & w_0
\end{array}
$$

根据以上分析可知,该电路可由两个 4 位并行加法器和 8 个 2 输入与门组成。用 1 个 4 位并行加法器实现 $X+Y$,8 个 2 输入与门产生 $s_iz_j(i=0\sim3,j=0,1)$,另一个 4 位全加器实现部分积相加。逻辑电路图如图 6-2 所示。

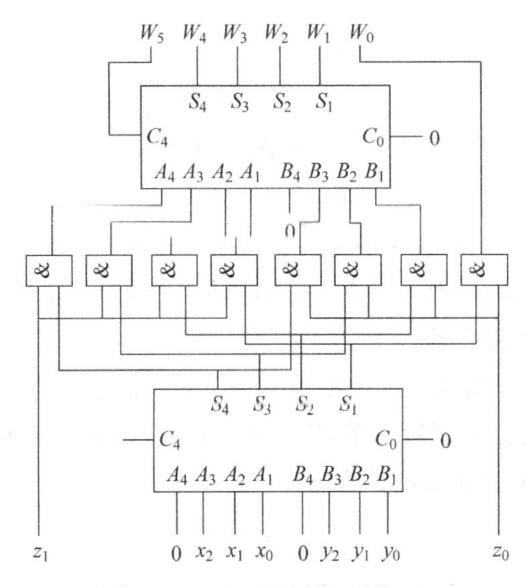

图 6-2 例 6-1 的逻辑电路图

例 6-2 分析图 6-3 所示的逻辑电路,要求：

(1) 假定输入 $ABCD$ 为 4 位二进制代码,说明电路的功能；

(2) 对电路加以修改,使之实现与原电路相反的功能。

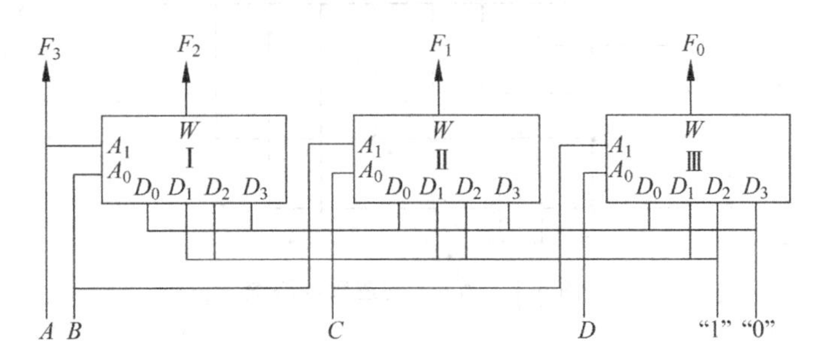

图 6-3 例 6-2 的逻辑电路图

解：图 6-3 所示是由 3 个 4 路数据选择器构成的 4 输入 4 输出逻辑电路。

(1) 根据 4 路选择器的功能，可写出电路的输出函数表达式为：

$$F_3 = A$$

$$F_2 = \bar{A}\bar{B} \cdot 0 + \bar{A}B \cdot 1 + A\bar{B} \cdot 1 + AB \cdot 0 = A \oplus B$$

$$F_1 = \bar{B}\bar{C} \cdot 0 + \bar{B}C \cdot 1 + B\bar{C} \cdot 1 + BC \cdot 0 = B \oplus C$$

$$F_0 = \bar{C}\bar{D} \cdot 0 + \bar{C}D \cdot 1 + C\bar{D} \cdot 1 + CD \cdot 0 = C \oplus D$$

输入 $ABCD$ 为 4 位二进制代码，由输出函数表达式可知，该电路实现了将 4 位二进制码转换成典型 Gray 码的逻辑功能。

(2) 要实现与原电路相反的逻辑功能，即将输入的 4 位典型 Gray 码 $ABCD$ 转换成相应的 4 位二进制码 $F_3F_2F_1F_0$，则根据典型 Gray 码与二进制码之间的转换关系，可写出电路的输出函数表达式为：

$$F_3 = A$$

$$F_2 = F_3 \oplus B$$

$$F_1 = F_2 \oplus C$$

$$F_0 = F_1 \oplus D$$

根据输出函数表达式可知，只需将图 6-3 中的 4 路数据选择器Ⅱ的 A_1 端改为与 F_2 相连，4 路数据选择器Ⅲ的 A_1 端改为与 F_1 相连，其他不变，即可实现 4 位典型 Gray 码到 4 位二进制码的转换。逻辑电路图略。

例 6-3 图 6-4 是用 8 路数据选择器构成一个多功能组合逻辑电路，其中 G_1、G_0 为功能选择输入信号，X、Z 为输入逻辑变量，F 为输出信号，试分析该电路在选择信号 G_1G_0 的不同取值组合下各实现的是什么逻辑功能。

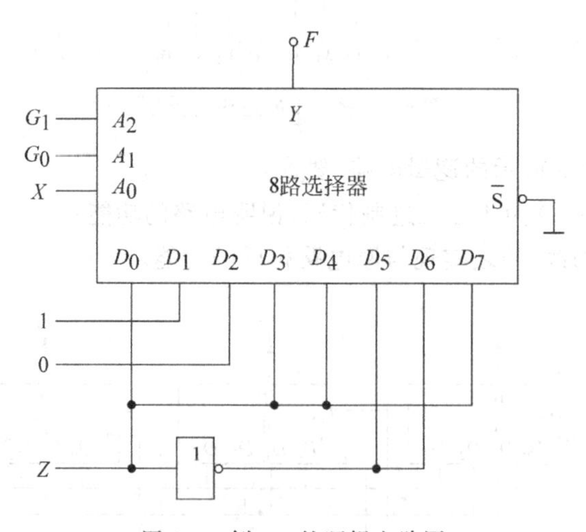

图 6-4 例 6-3 的逻辑电路图

解：

方法一：根据逻辑电路图和 8 路数据选择器的功能，可直接列出电路的真值表并按 G_1G_0 的不同取值组合总结其功能，如表 6-3 所示。

表 6-3　例 6-3 的真值表

G_1	G_0	X	Z	F	功能
0	0	0	0	$0(D_0=Z)$	$F=X+Z$
0	0	0	1	$1(D_0=Z)$	
0	0	1	0	$1(D_1=1)$	
0	0	1	1	$1(D_1=1)$	
0	1	0	0	$0(D_2=0)$	$F=XZ$
0	1	0	1	$0(D_2=0)$	
0	1	1	0	$0(D_3=Z)$	
0	1	1	1	$1(D_3=Z)$	
1	0	0	0	$0(D_4=Z)$	$F=X\oplus Z$
1	0	0	1	$1(D_4=Z)$	
1	0	1	0	$1(D_5=\overline{Z})$	
1	0	1	1	$0(D_5=\overline{Z})$	
1	1	0	0	$1(D_6=\overline{Z})$	$F=X\odot Z$
1	1	0	1	$0(D_6=\overline{Z})$	
1	1	1	0	$0(D_7=Z)$	
1	1	1	1	$1(D_7=Z)$	

方法二：根据逻辑电路图和 8 路数据选择器的功能，可直接列出电路的输出函数表达式，并按 G_1G_0 的不同取值组合对其进行变换：

$$\begin{aligned}F=&\overline{G_1}\,\overline{G_0}\,\overline{X}D_0+\overline{G_1}\,\overline{G_0}XD_1+\overline{G_1}G_0\overline{X}D_2+\overline{G_1}G_0XD_3\\&+G_1\overline{G_0}\,\overline{X}D_4+G_1\overline{G_0}XD_5+G_1G_0\overline{X}D_6+G_1G_0XD_7\\=&\overline{G_1}\,\overline{G_0}(\overline{X}Z+X\cdot 1)+\overline{G_1}G_0(\overline{X}\cdot 0+X\cdot Z)\\&+G_1\overline{G_0}(\overline{X}\cdot Z+X\cdot\overline{Z})+G_1G_0(\overline{X}\cdot\overline{Z}+X\cdot Z)\\=&\overline{G_1}\,\overline{G_0}(X+Z)+\overline{G_1}G_0(X\cdot Z)+G_1\overline{G_0}(X\oplus Z)+G_1G_0(X\odot Z)\end{aligned}$$

所以，电路在 G_1G_0 取值为 00、01、10、11 时实现的功能分别是 $X+Z$、XZ、$X\oplus Z$、$X\odot Z$。

例 6-4　分析图 6-5 所示的组合逻辑电路，要求：

(1) 写出输出 Y_1、Y_2 的表达式，分析该逻辑电路的功能；

(2) 用 3-8 译码器和与非门实现该逻辑电路的功能；

(3) 用 8 路选择器实现该逻辑电路的功能；

(4) 用 4 路选择器实现该逻辑电路的功能；

(5) 用 ROM 实现该逻辑电路的功能，画出阵列图；

(6) 用 PLA 实现该逻辑电路的功能，画出阵列图。

解：

(1) 由逻辑电路图可以直接写出输出 Y_1、Y_2 的表达式为：

$$Y_1=ABC+(A+B+C)\,\overline{(AB+AC+BC)}$$
$$Y_2=AB+AC+BC$$

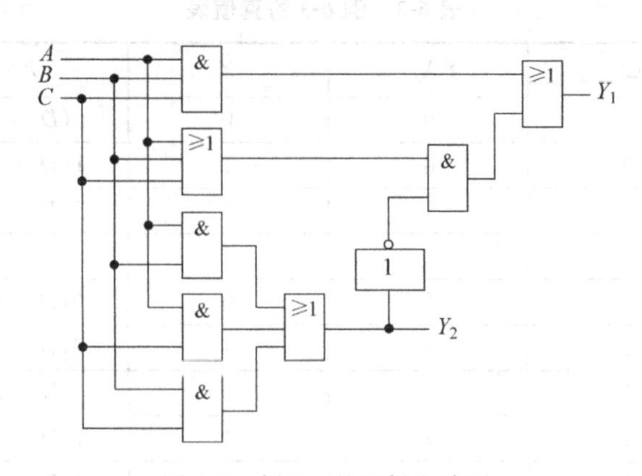

图 6-5　例 6-4 的逻辑电路图

将 Y_1 进行如下变换：

$$\begin{aligned}
Y_1 &= ABC + (A+B+C)\,\overline{(AB+AC+BC)} \\
&= ABC + (A+B+C)(\overline{A}+\overline{B})(\overline{A}+\overline{C})(\overline{B}+\overline{C}) \\
&= ABC + (\overline{A}B+\overline{A}C+A\overline{B}+\overline{B}C)(\overline{A}+\overline{C})(\overline{B}+\overline{C}) \\
&= ABC + (\overline{A}B+\overline{A}C+\overline{A}\overline{B}C+\overline{A}B\overline{C}+A\overline{B}\overline{C})(\overline{B}+\overline{C}) \\
&= ABC + \overline{A}\overline{B}C + A\overline{B}\overline{C} + \overline{A}B\overline{C} \\
&= \sum_{m}(1,2,4,7)
\end{aligned}$$

列出真值表如表 6-4 所示。

表 6-4　例 6-4 的真值表

A	B	C	Y_1	Y_2
0	0	0	0	0
0	0	1	1	0
0	1	0	1	0
0	1	1	0	1
1	0	0	1	0
1	0	1	0	1
1	1	0	0	1
1	1	1	1	1

由真值表可见该电路实现的是 1 位全加器的功能，其中 A、B 为加数和被加数输入端，C 为进位输入端，Y_1 为和数输出端，Y_2 为进位输出端。

(2) 将 Y_2 变换成最小项之和表达式：

$$Y_2 = AB + AC + BC = \sum_{m}(3,5,6,7)$$

根据 Y_1 和 Y_2 的最小项之和表达式可以直接画出用 3-8 译码器(这里假定是低电平有效的译码器，如 74LS138)和与非门实现的电路如图 6-6 所示。

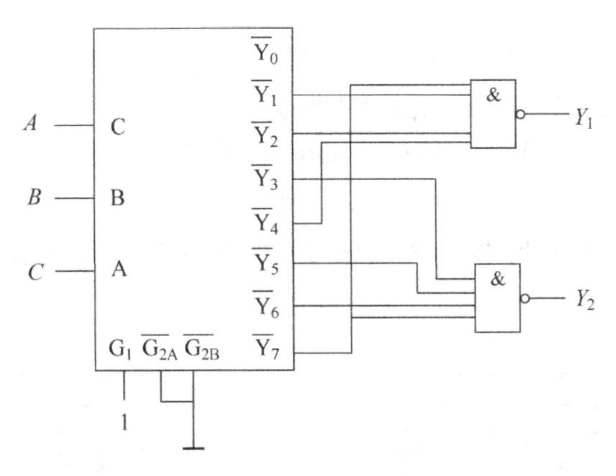

图 6-6　例 6-4 用译码器和与非门实现的逻辑电路图

(3) 根据 Y_1 和 Y_2 的最小项之和表达式可以直接画出用 8 路选择器实现的逻辑电路图(表达式中出现的最小项 m_i，对应的 D_i 接 1，否则接 0)，如图 6-7 所示。

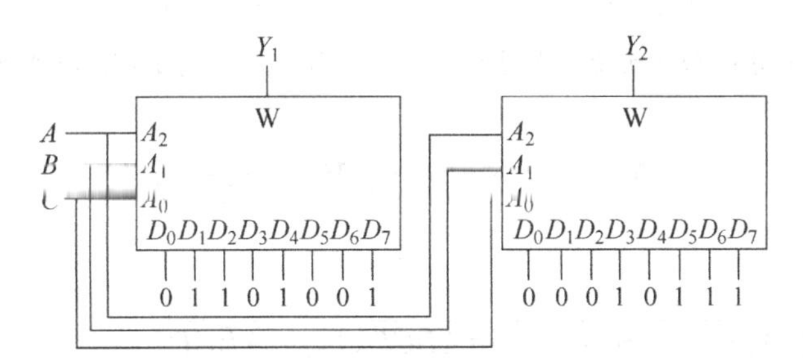

图 6-7　例 6-4 用 8 路选择器实现的逻辑电路图

(4) 选择 A、B 作 4 路选择器的地址选择信号，将 Y_1 和 Y_2 的最小项之和表达式进行如下变换：

$$Y_1=\sum_m(1,2,4,7)=\overline{A}\overline{B}\cdot C+\overline{A}B\cdot\overline{C}+A\overline{B}\cdot\overline{C}+AB\cdot C$$

$$Y_2=\sum_m(3,5,6,7)=\overline{A}B\cdot C+A\overline{B}\cdot C+AB\cdot\overline{C}+AB\cdot C$$

$$=\overline{A}B\cdot C+A\overline{B}\cdot C+AB\cdot(\overline{C}+C)$$

$$=\overline{A}\overline{B}\cdot 0+\overline{A}B\cdot C+A\overline{B}\cdot C+AB\cdot 1$$

根据上述表达式可直接画出用 4 路选择器实现的逻辑电路图，如图 6-8 所示。

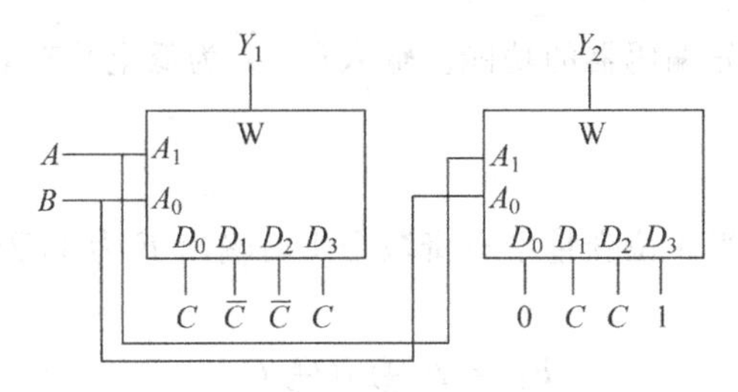

图 6-8　例 6-4 用 4 路选择器实现的逻辑电路图

(5) 根据表 6-4 所示的真值表可以直接画出用 PROM 实现的阵列图如图 6-9 所示，注意与阵列固定连接实现各个最小项，或阵列可编程连接。

(6) 将 Y_1、Y_2 化成最简“与或”式，Y_1 的最简“与或”式就是其最小项之和表达式，(1)中的 Y_2 已是最简“与或”式，即 Y_1、Y_2 的最简“与或”式为：

$$Y_1 = ABC + \bar{A}\bar{B}C + A\bar{B}\bar{C} + \bar{A}B\bar{C}$$

$$Y_2 = AB + AC + BC$$

根据最简“与或”式可画出用 PLA 实现的阵列图如图 6-10 所示，注意两个阵列都是可编程的。

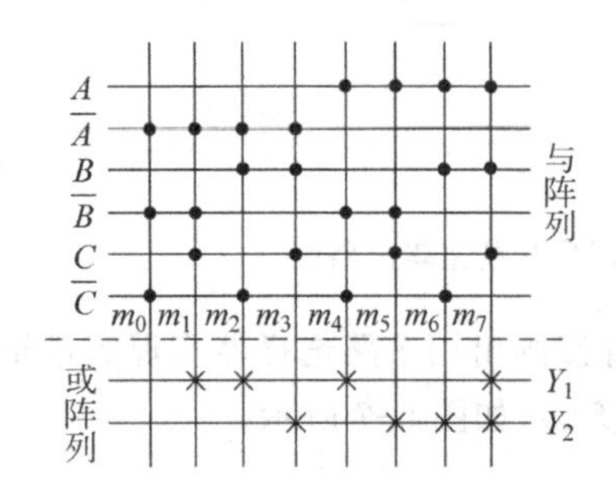

图 6-9　例 6-4 用 PROM 实现的阵列图

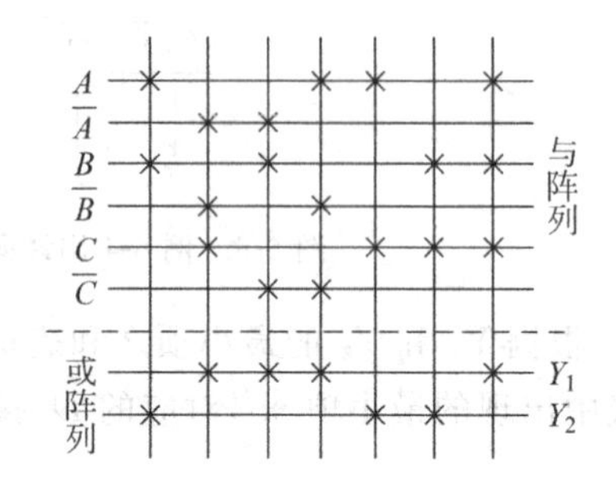

图 6-10　例 6-4 用 PLA 实现的阵列图

6.3　主教材习题参考答案

1.

(1) $\overline{F_{10}}=\overline{\bar{A}\bar{B}\bar{C}\bar{D}}$、$\overline{F_{20}}=\overline{\bar{A}\bar{B}\bar{C}D}$、$\overline{F_{30}}=\overline{\bar{A}\bar{B}C\bar{D}}$、$\overline{F_{40}}=\overline{\bar{A}\bar{B}CD}$

(2) 4-16 线译码器。

2.

8 位补码全加/减器。

3.

$$F_3F_2F_1F_0 = \begin{cases} ABCD + 0; & ABCD < 5 \text{ 时} \\ ABCD + 6; & ABCD \geqslant 5 \text{ 时} \end{cases}$$

4.

判断两个 3 位二进制数是否相等的数值比较器，当输入 $X=Z$ 时，输出 $Y=0$；否则，$Y=1$。

5.

十进制(10-4 线)优先编码器的功能。输入 $\overline{I_9}\sim\overline{I_0}$ 为低电平有效，下标越大优先级越高，输出编码为原码。

6.

4 输入的奇校验器，当 4 位变量中有奇数个 1 时输出 F 为 1，否则输出 F 为 0。

7.

$$F_1 = A \oplus B \oplus C$$

$$F_2 = \bar{A}C + \bar{A}B + BC$$

8.

$$F(X,Y,W,Z) = \bar{X}\bar{Y}\bar{W} + \bar{X}YW + \bar{X}YZ + X\bar{Y}$$

9.

表 6-5　习题 9 的功能表

控制输入		输出 F
G_1	G_0	
0	0	$X+Z$
0	1	XZ
1	0	$X \oplus Z$
1	1	$X \odot Z$

10.

判断 A、B、C 三组 4 位二进制数中 A 是否为最大、最小值，当 $A>B$ 且 $A>C$ 时，$Y_1=1$，表示 A 为最大值；当 $A<B$ 且 $A<C$ 时，$Y_3=1$，表示 A 为最小值；当 $A=B=C$ 时，$Y_2=1$，表示三组数相等。

11.

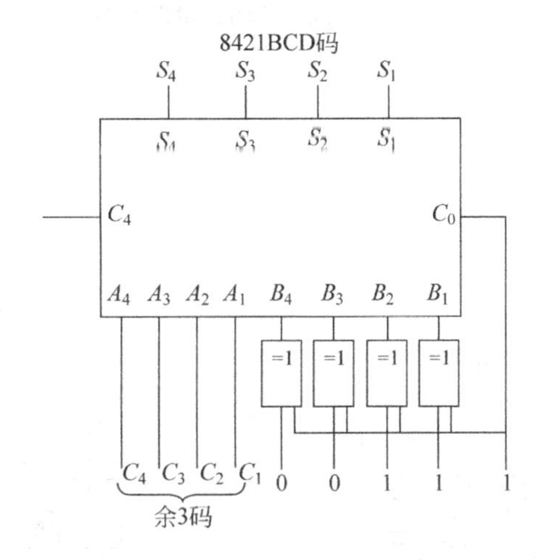

图 6-11　习题 11 的逻辑电路图

12.

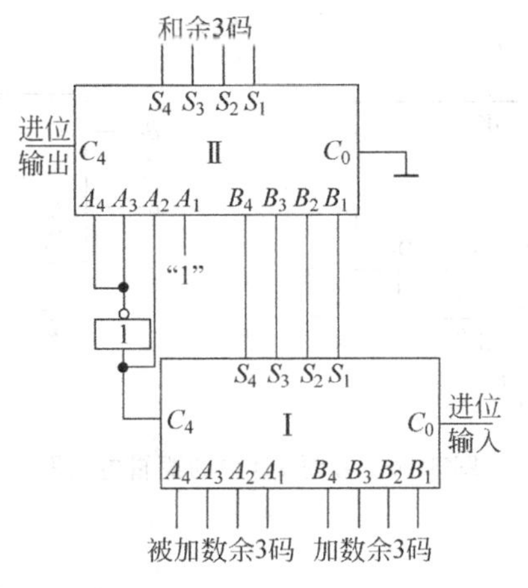

图 6-12　习题 12 的逻辑电路图

13.

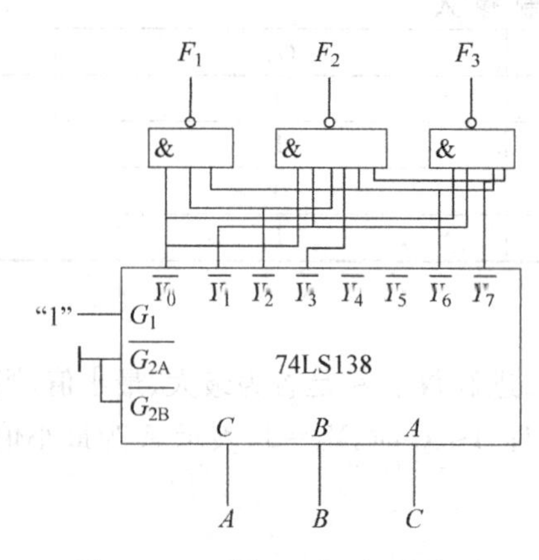

图 6-13　习题 13 的逻辑电路图

14.

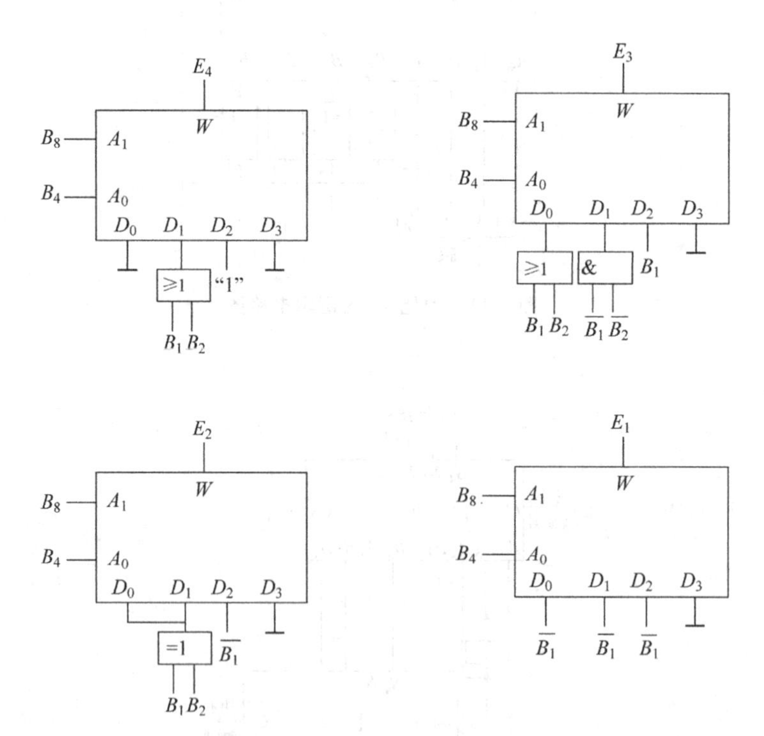

图 6-14　习题 14(1)的逻辑电路图

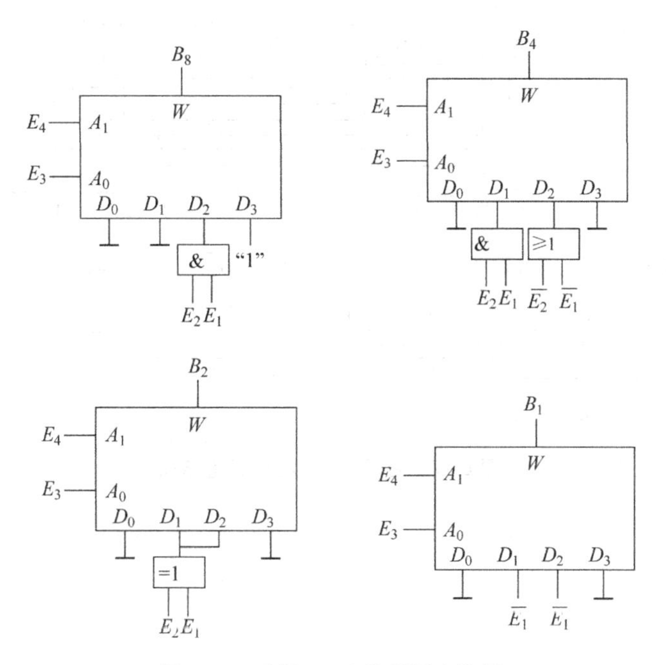

图 6-15　习题 14(2)的逻辑电路图

15.

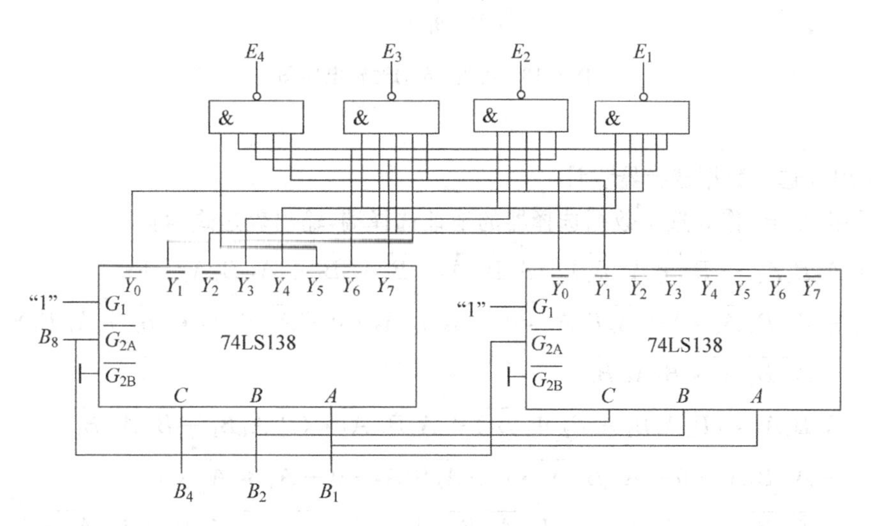

图 6-16　习题 15(1)的逻辑电路图

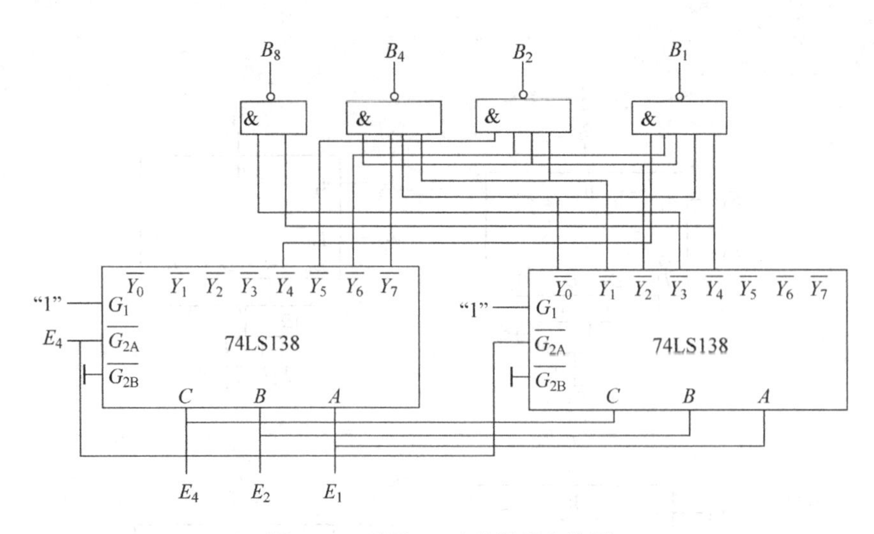

图 6-17　习题 15(2)的逻辑电路图

16.

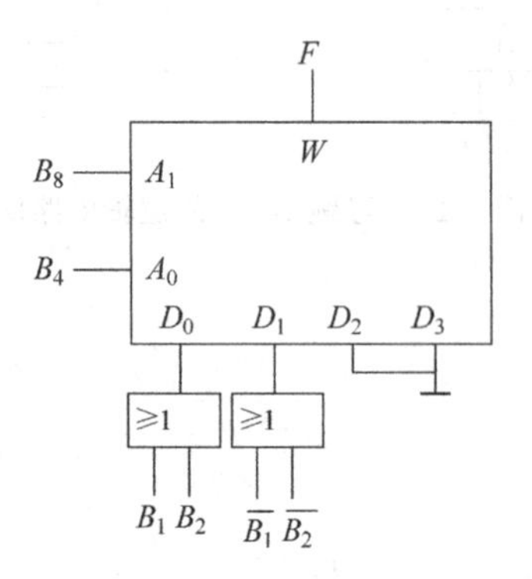

图 6-18　习题 16 的逻辑电路图

17.

(1) 用 8 选 1 数据选择器设计

假设用 $A_3\ B_3$ 作 8 选 1 数据选择器的地址选择端,输出表达式为:

$$\begin{aligned}F_{A>B} = {} & A_3B_3A_2\cdot(\overline{B_2}+A_1\,\overline{B_1})+A_3B_3\,\overline{A_2}\cdot\overline{B_2}A_1\,\overline{B_1}+A_3\,\overline{B_3}A_2\cdot 1 \\ & +A_3\,\overline{B_3}\,\overline{A_2}\cdot 1+\overline{A_3}B_3A_2\cdot 0+\overline{A_3}B_3\,\overline{A_2}\cdot 0+\overline{A_3}\,\overline{B_3}A_2\cdot(\overline{B_2}+A_1\,\overline{B_1}) \\ & +\overline{A_3}\,\overline{B_3}\,\overline{A_2}\cdot\overline{B_2}A_1\,\overline{B_1}\end{aligned}$$

$$\begin{aligned}F_{A=B} = {} & A_3B_3A_2\cdot(B_2A_1B_1+B_2\,\overline{A_1}\,\overline{B_1})+A_3B_3\,\overline{A_2}\cdot(\overline{B_2}A_1B_1+\overline{B_2}\,\overline{A_1}\,\overline{B_1}) \\ & +A_3\,\overline{B_3}A_2\cdot 0+A_3\,\overline{B_3}\,\overline{A_2}\cdot 0+\overline{A_3}B_3A_2\cdot 0+\overline{A_3}B_3\,\overline{A_2}\cdot 0 \\ & +\overline{A_3}\,\overline{B_3}A_2\cdot(B_2A_1B_1+B_2\,\overline{A_1}\,\overline{B_1})+\overline{A_3}\,\overline{B_3}\,\overline{A_2}\cdot(\overline{B_2}A_1B_1+\overline{B_2}\,\overline{A_1}\,\overline{B_1})\end{aligned}$$

$$\begin{aligned}F_{A<B} = {} & A_3B_3A_2\cdot B_2\,\overline{A_1}B_1+A_3B_3\,\overline{A_2}\cdot(B_2+\overline{A_1}B_1)+\overline{A_3}B_3A_2\cdot 1+\overline{A_3}B_3\,\overline{A_2}\cdot 1 \\ & +A_3\,\overline{B_3}A_2\cdot 0+A_3\,\overline{B_3}\,\overline{A_2}\cdot 0+\overline{A_3}\,\overline{B_3}A_2\cdot(B_2+\overline{A_1}B_1)+\overline{A_3}\,\overline{B_3}\,\overline{A_2}\cdot\overline{B_2}\,\overline{A_1}B_1\end{aligned}$$

图略。

(2) 用 3-8 线译码器设计

方法思路：将输出函数写成最小项之和表达式为(以 $A_3\ B_3A_2\ B_2A_1\ B_1$ 的顺序排列变量)如：

$$F_{A>B}=\sum_{m}(0\sim 15,32\sim 63)$$

再借助 74LS138 译码器的三个使能端，将 8 片 3-8 线译码器扩展成 6-64 线译码器，用与非门将对应的最小项之非进行与非即可。图略。

18.

选择 G_1、G_0、X 作 8 选 1 数据选择器的地址选择端，输出 F 的表达式为：

$$F=m_0\cdot Z+m_1\cdot 0+m_2\cdot \overline{Z}+m_3\cdot Z+m_4\cdot 0$$
$$+m_5\cdot Z+m_6\cdot Z+m_7\cdot 1$$

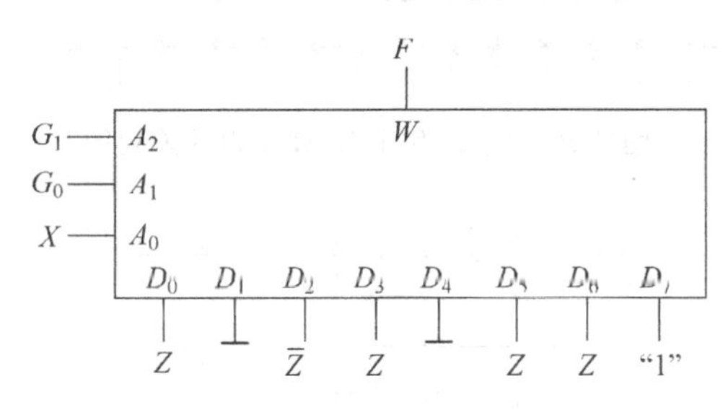

图 6-19　习题 18 的逻辑电路图

19.

RAM(Random Access Memory)是随机读写存储器，正常工作时可以按随机次序向任意存储单元写入数据或从中读出数据，适用于存储可动态改变的数据或中间结果等信息。

ROM(Read-Only Memory)是只读存储器，在正常工作时只能从中读出数据，不能快速地随时修改或重写新数据，适用于存储固定不变的信息，如计算机系统的引导程序、监控程序、函数表、字符等。

PROM(Programmable ROM)是可编程的 ROM，在产品出厂时所有基本存储单元均制成了"0"或"1"信息，用户根据需要，用专用的编程器可以将其中的某些基本存储单元改为"1"或"0"，此过程叫编程。但只能改写一次，一旦编程完毕，其内容便是永久性的，无法再更改。

EPROM(Erasable PROM)是可擦除的 PROM，其存储的数据可以擦除重写，用户可以根据需要进行多次编程。早期的 EPROM 是用紫外线照射进行擦除的，简称 UVEPROM，后来又有用电信号擦除的 EEPROM(E^2PROM)，目前广泛应用的快闪存储器(Flash Memory)也是一种用电信号擦除的 EPROM。

EEPROM(Electrically EPROM)是电信号擦除的 EPROM，也称为 E^2PROM，因比 UVEPROM 使用方便而获得了广泛应用。

20.

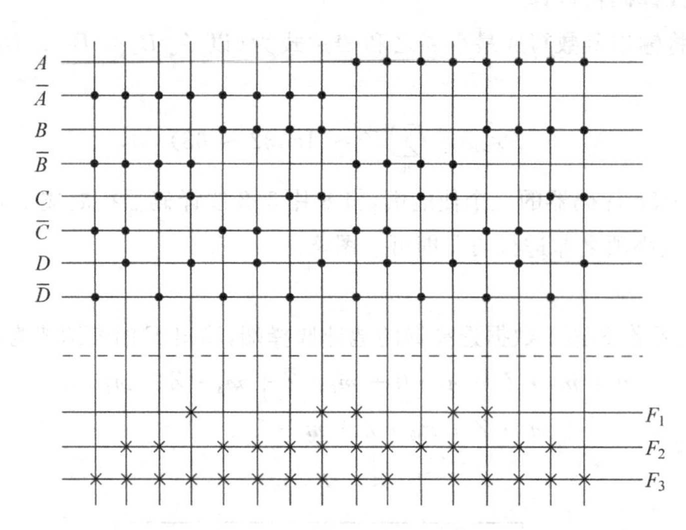

图 6-20 题 20 用 PROM 实现的阵列图

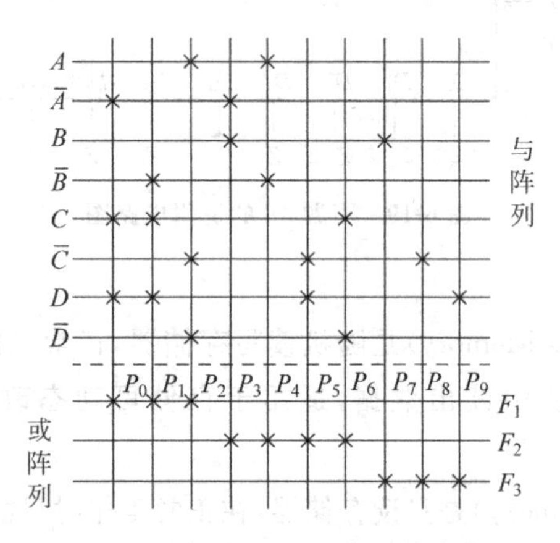

图 6-21 题 20 用 PLA 实现的阵列图

21.

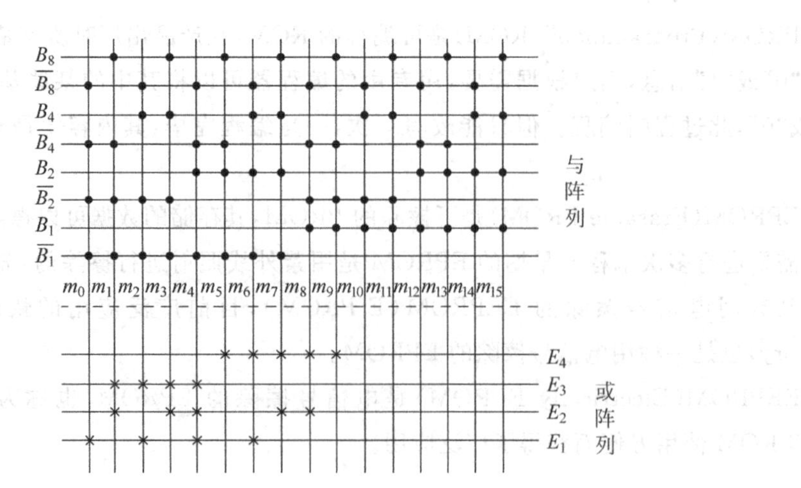

图 6-22 题 21(1)用 PROM 实现的阵列图

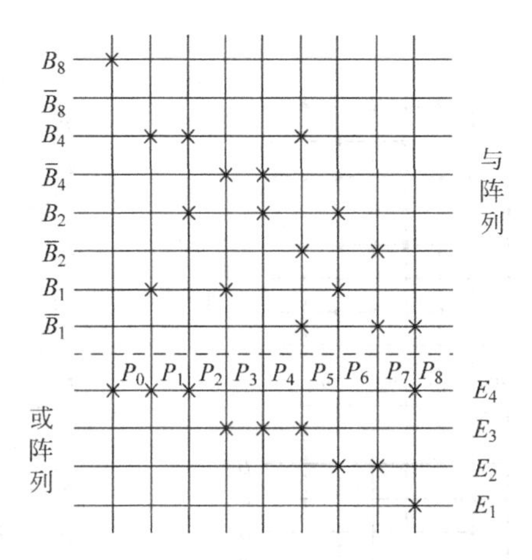

图 6-23　题 21(1)用 PLA 实现的阵列图

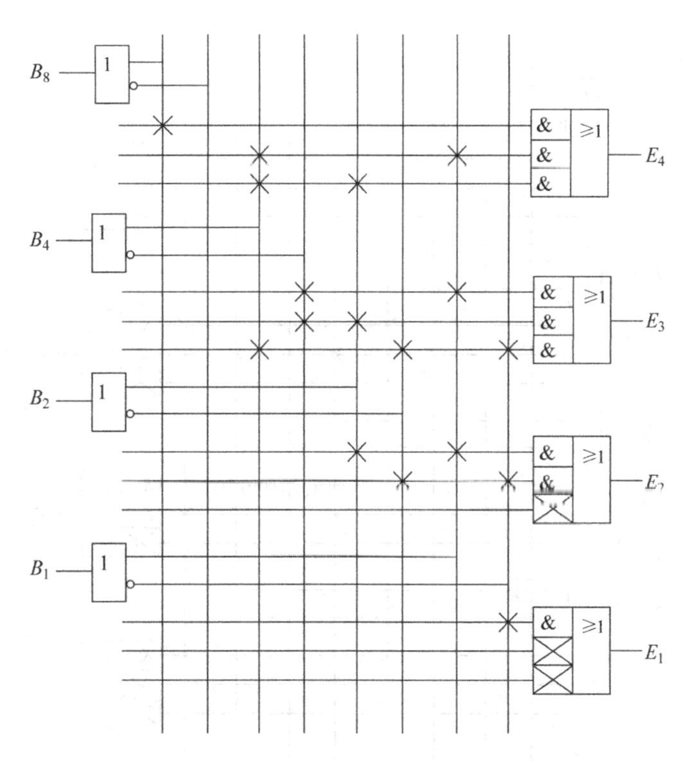

图 6-24　题 21(1)用 PAL 实现的阵列图

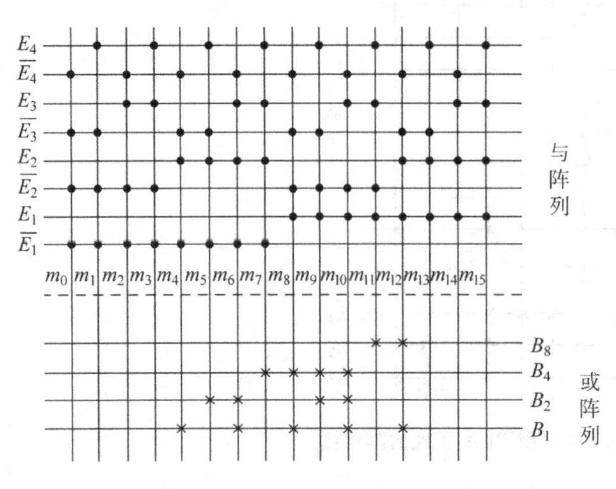

图 6-25　题 21(2)用 PROM 实现的阵列图

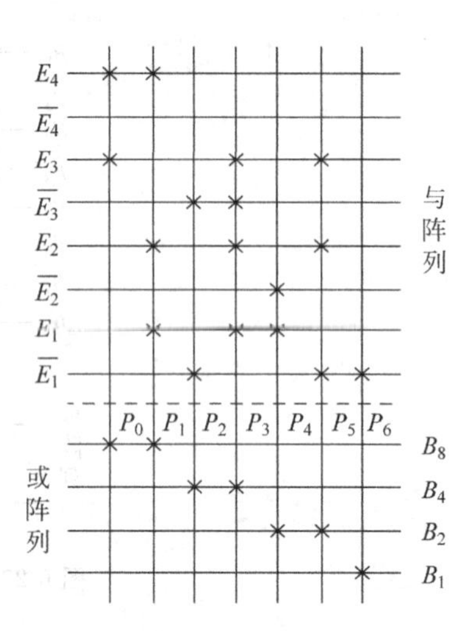

图 6-26　题 21(2)用 PLA 实现的阵列图

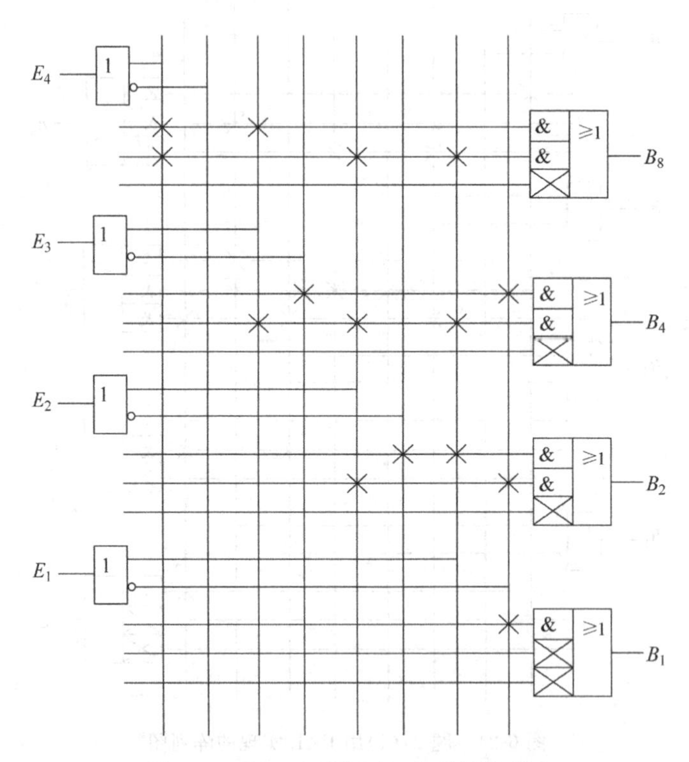

图 6-27　题 21(2)用 PAL 实现的阵列图

22.

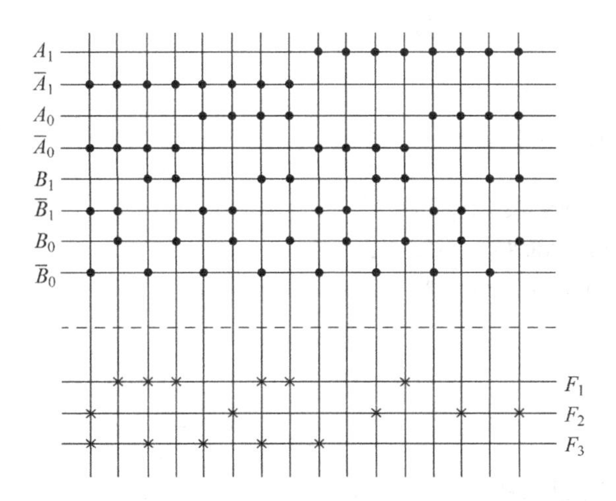

图 6-28　题 22 的阵列图

23.

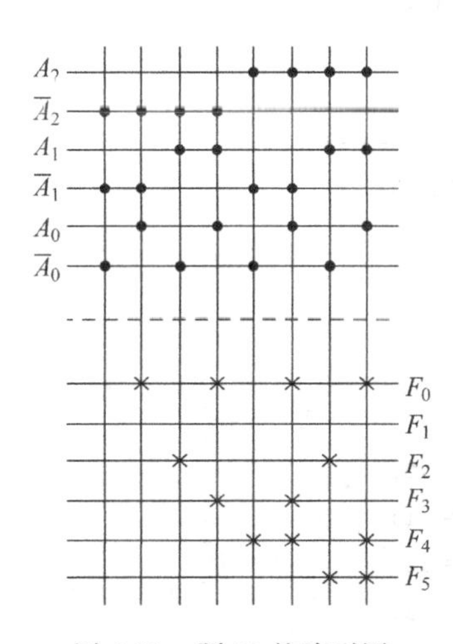

图 6-29　题 23 的阵列图

24.

略

25.

略

26.

略

27.

方法一：用 IF 语句描述：

```
ENTITY mux4_1_if IS
  PORT(a,b,i0,i1,i2,i3:IN BIT;
        y:OUT BIT);
END mux4_1_if;
```

```
ARCHITECTURE behave OF mux4_1_if IS
SIGNAL sel:bit_vector(1 DOWNTO 0);
BEGIN
    sel <= b&a;
PROCESS(sel,i0,i1,i2,i3)
BEGIN
   IF (sel = "00") THEN y <= i0;
   ELSIF (sel = "01") THEN y <= i1;
   ELSIF (sel = "10") THEN y <= i2;
   ELSE y <= i3;
   END IF;
END PROCESS;
END behave;
```

方法二：用 CASE 语句描述：

```
ENTITY mux4_1_case IS
  PORT(a,b,i0,i1,i2,i3:IN BIT;
                      y:OUT BIT);
END mux4_1_case;
ARCHITECTURE behave OF mux4_1_case IS
SIGNAL sel:bit_vector(1 DOWNTO 0);
BEGIN
    sel <= b&a;
PROCESS(sel,i0,i1,i2,i3)
BEGIN
    CASE sel IS
          WHEN "00"  => y <= i0;
          WHEN "01"  => y <= i1;
          WHEN "10"  => y <= i2;
          WHEN "11"  => y <= i3;
     END CASE;
END PROCESS;
END behave;
```

方法三：用选择信号赋值语句(WITH-SELECT-WHEN 语句)描述：

```
ENTITY mux4_1_with IS
  PORT(a,b,i0,i1,i2,i3:IN BIT;
                      y:OUT BIT);
END mux4_1_with;
ARCHITECTURE behave OF mux4_1_with IS
SIGNAL sel:bit_vector(1 DOWNTO 0);
BEGIN
    sel <= b&a;
    WITH sel SELECT
       y <= i0 WHEN "00",
```

```
            i1 WHEN "01",
            i2 WHEN "10",
            i3 WHEN "11";
END behave;
```

方法四：用条件信号赋值语句(WHEN-ELSE 语句)描述：

```
ENTITY mux4_1_when IS
  PORT(a,b,i0,i1,i2,i3:IN BIT;
                      y:OUT BIT);
END mux4_1_when;
ARCHITECTURE behave OF mux4_1_when IS
SIGNAL sel:bit_vector(1 DOWNTO 0);
BEGIN
     sel <= b&a;
     y <= i0 WHEN sel = "00" ELSE
          i1 WHEN sel = "01" ELSE
          i2 WHEN sel = "10" ELSE
          i3;
END behave;
```

28.

(1) 余 3 码表示的十进制加法器。op1,op2 是两个余 3 码表示的十进制加数,result 是余 3 码表示的运算结果。

(2) 地址译码器。不同存储空间的地址范围如表 6-6 所示。

表 6-6　不同存储空间的地址范围

存储空间种类	地 址 范 围
PROM/SHADOW_RAM	0x0000～0x3fff
PERIPH1	0x4000～0x4006
PERIPH2	0x4007～0x4009
SRAM	0x8000～0xbfff
EEPROM	0xc000～0xffff

(3) 数字显示译码器。

(4) 4 位乘法器。

第二部分　实验教程

第7章　EDA 概述

7.1　EDA 技术及其发展

1. EDA 技术的含义

什么叫 EDA 技术？EDA 是 Electronic Design Automation（电子设计自动化）的缩写。EDA 技术就是依靠功能强大的电子计算机，在 EDA 工具软件平台上，对以硬件描述语言 HDL(Hardware Description Language)为系统逻辑描述手段完成的设计文件，自动地完成逻辑编译、化简、分割、综合、优化和仿真，直至下载到可编程逻辑器件 CPLD/FPGA 或专用集成电路 ASIC 芯片中，实现既定的电子电路设计功能。

EDA 技术涉及面广，内容丰富，从教学和实用的角度看，主要应包括大规模可编程逻辑器件、软件开发工具、硬件描述语言、实验开发系统 4 个方面。其中，大规模可编程逻辑器件是利用 EDA 技术进行电子系统设计的载体，硬件描述语言是利用 EDA 技术进行电子系统设计的主要表达手段，软件开发工具是利用 EDA 技术进行电子系统设计的智能化的自动化设计工具，实验开发系统则是利用 EDA 技术进行电子系统设计的下载工具及硬件验证工具。

2. EDA 技术的发展

EDA 技术伴随着计算机、集成电路和电子系统设计的发展，经历了 20 世纪 70 年代的计算机辅助设计(Computer Assist Design，CAD)、20 世纪 80 年代的计算机辅助工程设计(Computer Assist Engineering Design，CAED)和 20 世纪 90 年代的电子设计自动化(Electronic Design Automation，EDA)三个发展阶段。

随着芯片集成度的进一步增大，可编程逻辑器件在其等效逻辑门数，工作电压和时钟频率等方面也有了突破性发展。在单芯片中集成微控制器/微处理器(MCU/MPU)、数字信号处理单元(DSP)、存储器、嵌入式硬件/软件、数字/模拟混合器件的技术已经实现。工艺的进步和 EDA 技术的不断发展，使软硬件协同设计显得越来越重要。EDA 技术的应用使得 EDA 向多个方向发展，包括数模混合电路、高智能多媒体应用和软硬件协同设计等，未来还会超越电子设计的范畴，从而进入其他领域。

7.2　EDA 设计流程

EDA 设计流程(图 7-1)包括设计准备、设计输入、设计处理、器件编程和设计完成 5 个步骤，以及相应的功能仿真、时序仿真和器件测试 3 个设计验证过程。

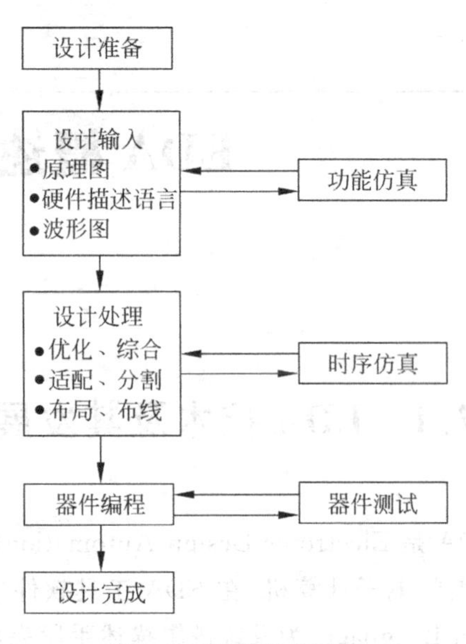

图 7-1　EDA 设计流程

1. 设计准备

设计准备是指设计者在进行设计之前,依据任务要求,确定系统所要完成的功能及复杂程度,器件资源的利用和所需成本等要做的准备工作,如进行方案论证、系统设计和器件选择等。

2. 设计输入

设计输入是指将设计的系统或电路按照 EDA 开发软件要求输入计算机的过程。设计输入方式可分为图形输入和文本输入两种方式。图形输入包括原理图输入、波形输入、状态图输入三种方式,文本输入就是使用某种硬件描述语言的文本输入方式。

3. 设计处理

在设计处理阶段,编译软件将对设计输入文件进行逻辑化简、综合和优化,并适当地用一片或多片器件自动地进行适配,最后产生编程用的编程文件。设计处理主要包括设计编译和检查、逻辑优化和综合、适配和分割、布局和布线、生成编程数据文件等过程。

4. 设计校验

设计校验过程包括功能仿真和时序仿真,这两项工作是在设计处理过程中同时进行的。功能仿真是直接对 VHDL、原理图描述的逻辑功能进行测试模拟,以了解其实现的功能是否满足原设计的要求,仿真过程不涉及任何具体器件的硬件特性,这对于初步的功能检测非常方便。

时序仿真是在选择了具体器件并完成布局、布线之后进行的时序关系仿真,仿真文件中已包含了器件硬件特性参数,因而,仿真精度高。

5. 器件编程

把适配后生成的下载或配置文件,通过编程器或下载电缆,下载到具体的可编程逻辑器件中去,以便进行硬件调试和验证。

6. 设计验证

设计验证可以在 EDA 硬件开发平台上进行。EDA 硬件开发平台的核心部件是一片可编程逻辑器件 FPGA 或 CPLD，通过开发平台提供一些输入输出设备资源，如开关、按键、数码显示器、指示灯、时钟信号等，进行相应的输入操作，检查输出结果，验证设计电路。

7.3 EDA 技术的设计方法

电子线路设计采用的基本方法主要有三种，即直接设计、自顶向下(Top-Down)设计和自底向上(Bottom-Up)设计。直接设计就是将设计看成一个整体，适合小型简单电路的设计；在较复杂的电路设计中，过去的基本思路是利用"自底向上"的方法，选择标准集成电路构造出一个新的系统，这样的设计方法效率低、成本高、容易出错；目前对于复杂的电路设计更多采用的是"自顶向下"的设计方法。

自顶向下的设计方法就是从设计的总体要求入手，将数字系统的整体逐步分解为各个子系统和模块，若子系统规模较大，则还需将子系统进一步分解为更小的子系统和模块，层层分解，直至整个系统中各个子系统关系合理，并便于逻辑电路级的设计和实现为止，每个模块完成特定的功能，这种设计方法首先确定顶层模块的设计，再进行子模块的详细设计，这种设计方法降低了设计难度，是 EDA 技术首选的设计方法，是 FPGA 开发的主要设计方法。但这种方法必须以可编程逻辑器件为载体，同时要有功能强大的 EDA 工具的支持。

7.4 常用的 EDA 工具

目前比较流行的软件开发工具，主流厂家的 EDA 的软件工具有 Altera 的 Quartus Ⅱ、MAX+Plus Ⅱ，Lattice 的 ispEXPERT 和 Xilinx 的 ISE 的集成开发软件。下面分别对几个比较常用的软件进行简要的介绍。

Quartus Ⅱ是由 Altera 公司开发的 EDA 集成开发工具，是该公司的第四代产品，之前更流行的是 MAX+Plus Ⅱ。MAX+Plus Ⅱ提供了一个与结构无关的设计环境，易学易用。它支持原理图、VHDL 和 Verilog 语言文本输入方式和波形文件格式作为输入，且支持这些文件的混合设计。其界面的友好和使用的便捷使其被誉为业界最宜使用的 EDA 软件。Quartus Ⅱ是 MAX+Plus Ⅱ的改进版，习惯了 MAX+Plus Ⅱ界面的用户可以定制 Quartus Ⅱ界面与 MAX+Plus Ⅱ相同，保持兼容性。

ISE 是 Xilinx 公司最新推出的基于 CPLD/FPGA 的集成开发软件。它提供给用户从程序设计到综合、布线、仿真和下载的全套解决方案，并且可以很方便地与其他 EDA 工具进行衔接。HDL 综合还可以使用其自己开发的 XST、Synplicity 的 Synplify/Synplify Pro 或 Mentor 公司的 Leonardo Spectrum 等第三方 EDA 软件。设计仿真通常使用 Model Tech 公司的 ModelSim 和图形化的测试激励生成器 HDL Bencher。

ispEXPERT 是 Lattice 公司的一套完整的 EDA 集成开发环境，可以支持原理图输入，包括 ABEL 语言在内的可编程语言文本输入以及混合输入等方式。它同样也配有编辑、综合、布线、仿真和下载全套功能，具有友好的操作界面，且与第三方 EDA 软件兼容。

常用的硬件描述语言有 VHDL、Verilog、ABEL。其中 VHDL 作为 IEEE 的工业标准硬件描述语言，在电子工程领域，已成为事实上的通用硬件描述语言；Verilog 支持的 EDA 工具较多，适用于 RTL 级和门电路级的描述，其综合过程较 VHDL 简单，但其在高级描述方面不如VHDL；ABEL是一种支持各种不同输入方式的HDL,被广泛用于各种可编程逻辑器件的逻辑功能设计,由于其语言描述的独立性,因而适用于各种不同规模的可编程器件的设计。有专家认为,VHDL与Verilog语言将承担几乎全部的数字系统设计任务。

实验开发系统提供芯片下载电路及EDA实验/开发的外围资源,一般包括实验或开发所需的各类输入输出模块,如时钟、脉冲、高低电平、数码显示、二极管,监控程序模块、目标芯片和编程下载电路,供硬件验证用。

7.5 可编程逻辑器件

可编程逻辑器件(Programmable Logic Device,PLD)是一种由用户编程来实现某种逻辑功能的新型逻辑器件。由于PLD器件可编程的特性,它可以在IC设计过程中提供电路仿真和验证,从而大幅度缩减产品设计的时间,提高工作效率,加快产品面世速度。

可编程逻辑器件的种类很多,几乎每个大的可编程逻辑器件供应商都能提供具有自身结构特点的PLD器件。常见的可编程逻辑器件经历了PROM、PLA、PAL、GAL、EPLD、CPLD和FPGA几个阶段。

PROM提供一个简单且与芯片相关的桌面编程器,通过编程器将代码写入芯片中,习惯上人们把数据写入PROM的过程称为编程或者烧录,编程后的PROM可以与ROM一样,在断电后保存数据不丢失。

PLA是可编程逻辑阵列,主要为了解决PROM的速度和输入端受限制的问题。PLA是基于与-或阵列的一次性编程器件,其与阵列和或阵列都是可编程的。

PAL是可编程阵列逻辑,也是基于"与-或阵列"结构的器件,其与阵列可编程,或阵列是固定连接的。

GAL是通用可编程阵列逻辑,是Lattice公司发明的电可擦写、可重复编程、可设置加密位的PLD器件。

EPLD是Altera公司推出的一种新型、可擦除、可编程逻辑器件,它是一种基于EPROM和CMOS技术的可编程逻辑器件。EPLD器件的基本逻辑单元是宏,它由可编程的与或阵列、可编程寄存器和可编程I/O三部分组成。

CPLD是复杂可编程逻辑器件,是20世纪90年代初出现的EPLD改进器件。同EPLD相比,CPLD增加了内部连线,对逻辑宏单元和I/O单元也有重大的改进。

FPGA是现场可编程门阵列,它是1985年由美国Xilinx公司推出的一种新型的可编程逻辑器件。FPGA在结构上由逻辑功能块排列为阵列,并由可编程的内部连线连接这些功能块来实现一定的逻辑功能。

国际上生产FPGA/CPLD的主流公司,并且在国内占有市场份额较大的主要是Xilinx、Altera和Lattice三家。

Lattice公司在世界上最早生产PLD器件,其推出的典型产品主要有ispLSI、ispMACH等系列的CPLD和EC、ECP系列、FPGA系列。

Xilinx公司在1985年首先推出了FPGA,随后不断推出新的集成度更高、速度更快、价格更低、功耗更低的FPGA。典型产品是以CoolRunner、XC9500系列为代表的CPLD,以及XC4000、Spartan、Virtex系列为代表的FPGA器件。

Altera是著名的PLD生产厂商,多年来一直占据着行业领先地位。Altera公司的可编程器件具有高性能、高集成度和高性价比的优点。典型产品按照推出先后的顺序依次为Classic系列、MAX系列、FLEX系列、APEX系列、ACEX系列、APEX Ⅱ系列、Cyclone系列、Stratix系列、MAX Ⅱ系列、Cyclone Ⅱ系列、Stratix Ⅱ系列等。

可编程逻辑器件作为一种行业,目前已经发展到了相当的规模,其市场份额的增长主要来自大容量的可编程器件CPLD和FPGA。可编程逻辑器件是当今世界上最富吸引力的半导体器件,在现代电子系统设计中扮演着越来越重要的角色,其未来的发展将向高密度、大规模的方向,系统内可重构的方向,向低电压、低功耗的方向,向混合可编程技术方向发展。

注意:*CPLD通常将基于EPROM或Flash存储器编程,系统断电时编程信息不丢失,而FPGA是基于SRAM编程,编程信息在系统断电时会丢失,每次上电时都需要从器件外部将编程数据重新写入SRAM中。*

在成本与价格方面,CPLD成本与价格低,更适合低成本设计;FPGA成本高,价格高,适合高速、高密度的高端数字逻辑设计领域。

CPLD保密性好,FPGA保密性差。

FPGA比CPLD具有更大的编程灵活性。

7.6 EDA技术的学习

作为一门发展迅速并有广阔发展前景的新技术,EDA主要涉及可编程逻辑器件、硬件描述语言、配套的软件工具、实验开发系统等几个方面,因此在学习时,要注意这几个方面的学习研究。

对于可编程逻辑器件,需要了解其基本分类、结构、工作原理和各厂商的主流产品、性能指标等参数,这样可以确定最适合目标系统的器件。

对于硬件描述语言,需要了解目前使用广泛的VHDL、Verilog语言,学习硬件描述语言,除了掌握基本的语法外,还要从硬件设计方向理解硬件行为的并行性和硬件描述语言的并行性、仿真的顺序性之间的关系,熟练将各种语句应用到设计中,本书将主要介绍VHDL语言的基本语法和各种语句的使用场合。

读者在学习EDA技术的过程中首先接触的就是VHDL的基本编程,在这里应该熟练掌握常见的基本门电路、组合电路、时序电路和状态机的编写,然后掌握配套的CPLD/FPGA集成开发软件的使用方法,通过实际的案例和应用设计边学边用。

第8章 Quartus Ⅱ的基本使用方法

目前比较流行的用于可编程器件的EDA集成开发工具主要有Altera公司的MAX+Plus Ⅱ和Quartus Ⅱ、Xilinx公司的ISE以及Lattice公司的ispDesignEXPERT等。ISE是Xilinx公司最新推出的基于CPLD/FPGA的集成开发软件。它提供给用户从程序设计到综合、布线、仿真和下载的全套解决方案，并且可以很方便地与其他EDA工具进行衔接。ispDesignEXPERT是Lattice公司的第四代产品，同时它也是一套完整的EDA集成开发环境，可以支持原理图输入，包括ABEL语言在内的可编程语言文本输入以及混合输入等方式，它同样配有编辑、综合、布线、仿真和下载全套功能，具有友好的操作界面，且与第三方EDA软件兼容。

Quartus Ⅱ是Altera公司开发的EDA集成开发工具，是公司的第四代产品，适合大规模逻辑电路设计，是Maxplus的改进版，习惯了MAX+Plus Ⅱ界面的用户可以定制Quartus Ⅱ界面与Maxplus相同，保持兼容性。Quartus Ⅱ支持多种编辑输入法，包括图形编辑输入法，VHDL、Verilog HDL的文本编辑输入法，符号编辑输入法等，它包含了整个可编程逻辑器件设计阶段的所有解决方案，提供了完整的图形用户界面，可以完成可编程片上系统的整个开发流程的各个阶段。基于Quartus Ⅱ软件工具，设计者可以方便地完成数字系统设计的全过程。本章将以Quartus Ⅱ 9.0为例说明其使用方法。

8.1 Quartus Ⅱ设计流程

Altera公司推出的可编程器件集成开发环境Quartus Ⅱ提供了从设计输入到器件编程的全部功能。Quartus Ⅱ分为综合工具、仿真工具、实现工具、辅助设计工具和其他工具等，功能强大，界面友好，易于掌握。利用Quartus Ⅱ开发工具进行数字系统设计，可以概括为以下几个步骤：设计输入、综合、布局布线、时序分析、仿真、编程和配置等，如图8-1所示。

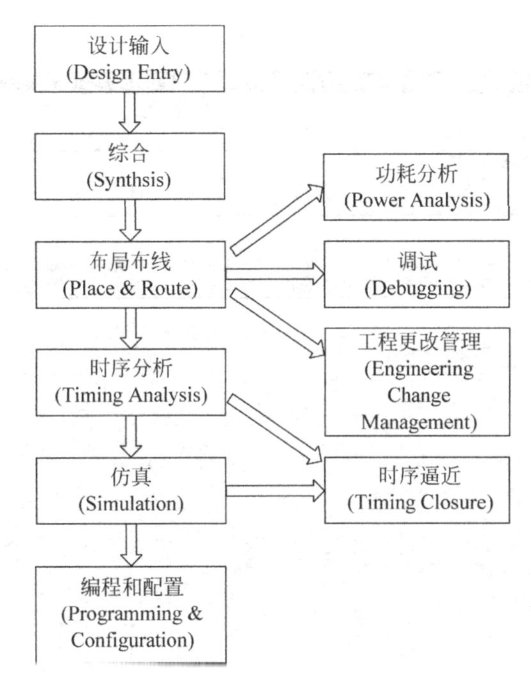

图 8-1 QuartusⅡ设计流程

8.2 文本输入的设计过程

利用 VHDL 完成电路设计，必须借助 EDA 工具的综合器、适配器、时序仿真器和编译器等工具进行相应的处理，才能最终在硬件上得以实现和测试。下面介绍使用 QuartusⅡ进行设计的过程，包括设计输入、综合、适配、仿真测试和编程下载。

任何一项设计都是一项工程，都必须首先为此工程建立一个放置此工程文件的文件夹，如 F:\eda，此文件夹就是 VHDL 软件默认的工作库（WORK）。一般来说，不同的设计项目最好放在不同的文件夹中，而同一个工程的所有文件都必须放在同一个文件夹中。

注意：不要将工作库文件夹设在计算机已有的安装目录中，更不要将工程文件直接放在安装目录中；文件夹名称不能使用中文。

1. 创建工程

（1）输入工程名：打开 QuartusⅡ 9.0 软件界面，选择菜单 File→New Project Wizard，即弹出如图 8-2 所示的新建工程向导，单击此对话框最上一栏的"…"按钮，为该工程选择一个工作目录，如 F:\eda，如果该文件夹不存在，则在创建工程时自动建立；然后输入工程名，要求与设计的实体名一致，如 adder1，输入完成后，会出现如图 8-3 所示的设置情况。其中第一行的 F:\eda 表示工程所在的工作库文件夹；第二行的 adder1，表示工程名，一般直接用顶层文件的实体名作为工程名；第三行是当前工程顶层文件的实体名，这里也是 adder1。

（2）添加源文件：单击图 8-3 上的 Next 按钮，即弹出如图 8-4 所示的添加源文件对话框。添加源文件有两种情况，一是源文件还没有输入到计算机，此时直接单击 Next 按钮；二是源文件已经保存在计算机的硬盘中，此时可通过图 8-4 中的 Add 或 Add All 按钮将源文件加入到工程中，然后单击 Next 按钮，进入下一步。

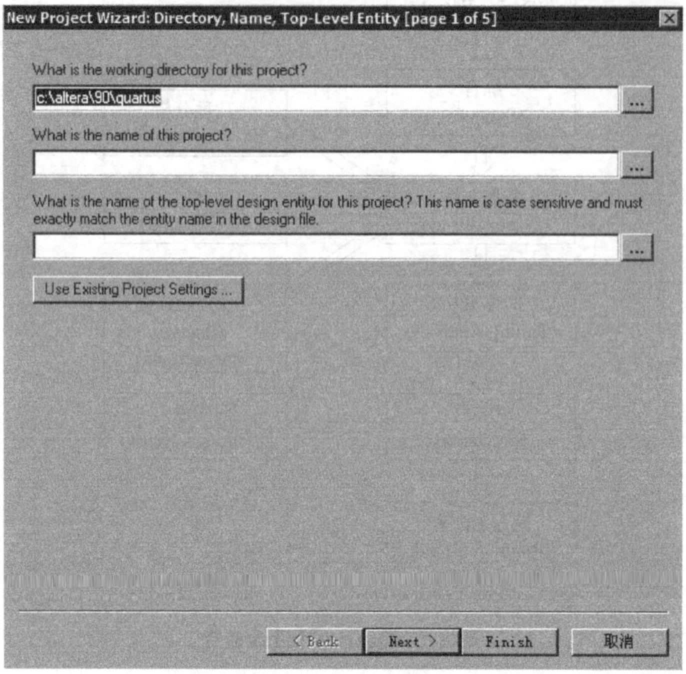

图 8-2　新建工程向导

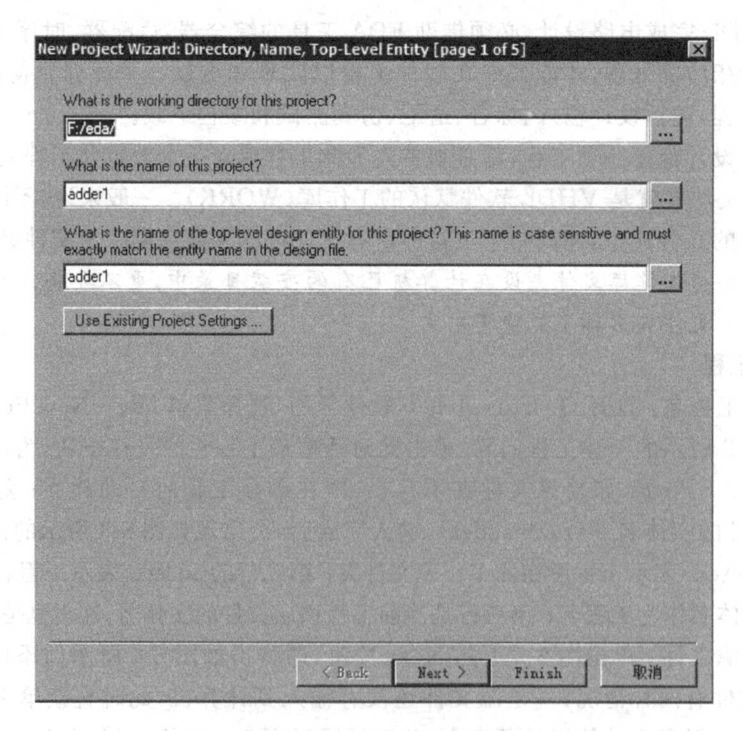

图 8-3　创建工程对话框

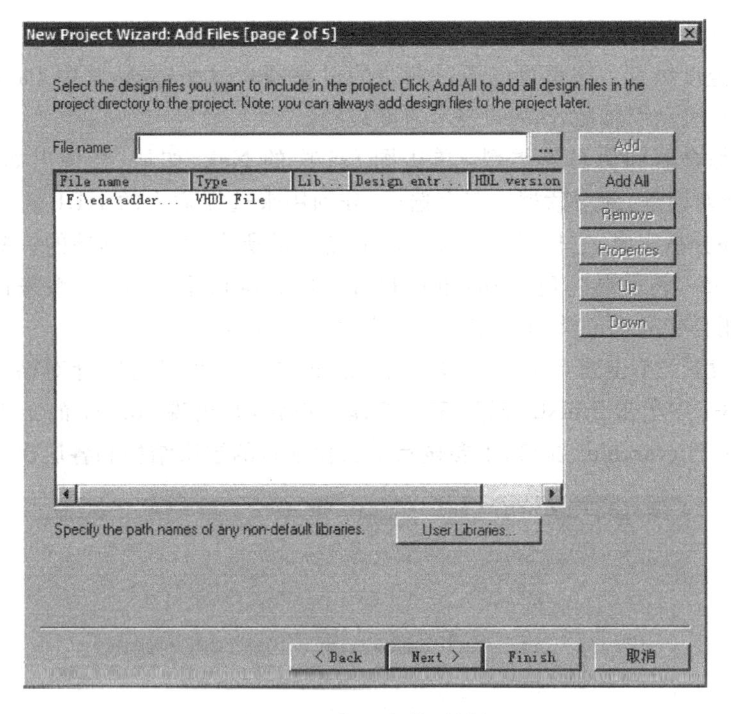

图 8-4　添加源文件对话框

(3) 选择目标芯片：在图 8-4 中单击 Next 按钮，会弹出选择目标芯片对话框，如图 8-5 所示。在 Device family 栏选择芯片系列，在此选择 Cyclone 系列，此时 Available devices 一栏中将会出现 Cyclone 系列的所有可选芯片，在某一型号芯片上单击，即选择已确定目标器

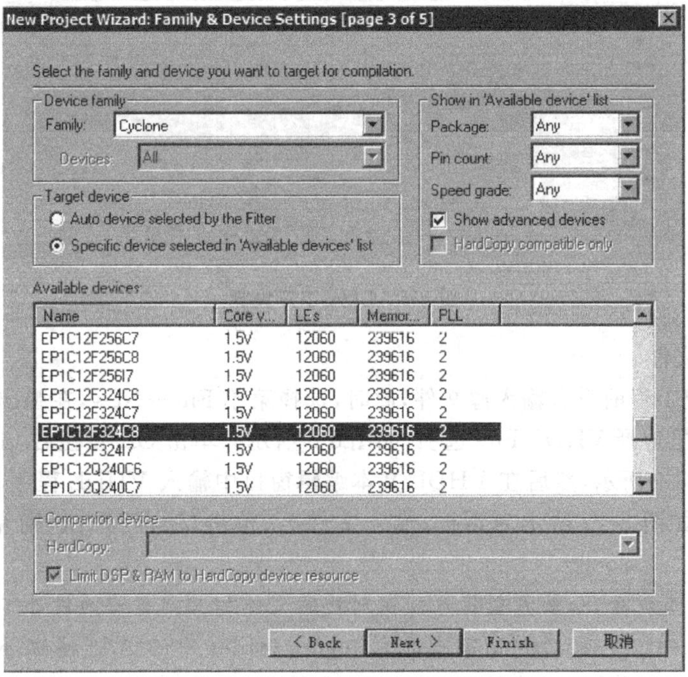

图 8-5　选择目标器件

件。在此选择 EP1C12F324C8 芯片,芯片型号中的 F 表示 FBGA 封装,324 便是有 324 个引脚,C8 表示速度级别。这里可以通过右边的过滤器来过滤选择,其中 Package 表示封装类型,Pin count 表示引脚数,Speed 表示速度级别。

(4) 选择综合器和仿真器类型:单击图 8-5 中的 Next 按钮,会弹出如图 8-6 所示的 EDA 工具设置对话框,此对话框有三个选项,分别用来选择输入的 HDL 类型和综合工具、仿真工具、时序分析工具,它们是除 Quartus Ⅱ 自带的所有设计工具外的一些工具,如果都选择默认的 None,表示都选 Quartus Ⅱ 中自带的仿真器和综合器。一般来说,数字逻辑电路的实验,使用自带的都已够用了,因此,都选默认项 None。

(5) 结束设置:单击图 8-6 中的 Next 按钮,即弹出工程设置统计对话框,如图 8-7 所示,最后在图 8-7 中单击 Finish 按钮,完成工程的设置,并出现 adder1 的工程管理窗口,或称 Compilation Hierarchies 窗口,主要显示本工程项目的层次结构和各层次的实体名。

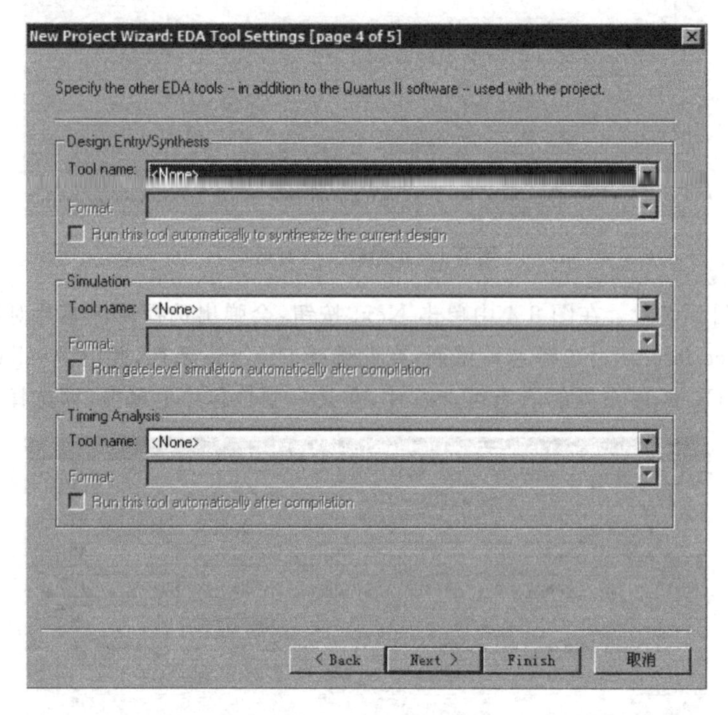

图 8-6　EDA 工具设置

2. 输入源文件

如果在创建工程前没有输入源文件,此时,选择菜单 File→New,在弹出的对话框中,选择语言类型,这里选择 VHDL File 选项,如图 8-8 所示。单击 OK 按钮后,出现 VHDL 文本编辑窗口,如图 8-9 所示,然后在 VHDL 文本编辑窗口中输入 VHDL 程序。输入完成后保存文件,会弹出如图 8-10 所示对话框,输入文件名,单击"保存"按钮,则完成了源文件的输入。

注意:建立工程后,如果希望将存放在别处的文件加入到当前的设计工程中,就可以使用菜单 Assignments→settings 选项中的 Category→files 中的 Add 按钮、Remove 按钮,在工程中添加、删除设计文件。在执行 Quartus Ⅱ 的 Analysis & Synthesis 期间,Quartus Ⅱ 将按 Add→Remove 选项卡中显示的顺序处理文件。

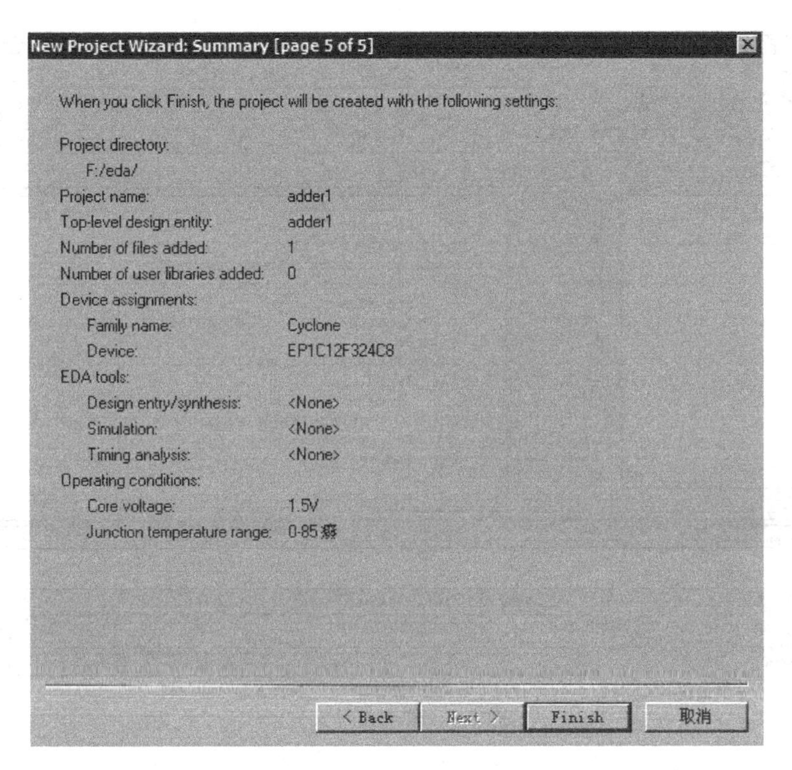

图 8-7 工程设置统计对话框

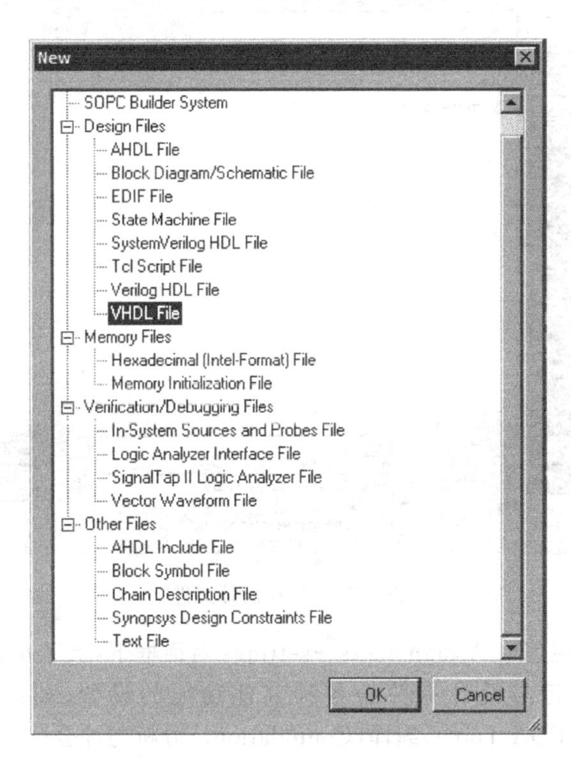

图 8-8 选择编辑文件的语言

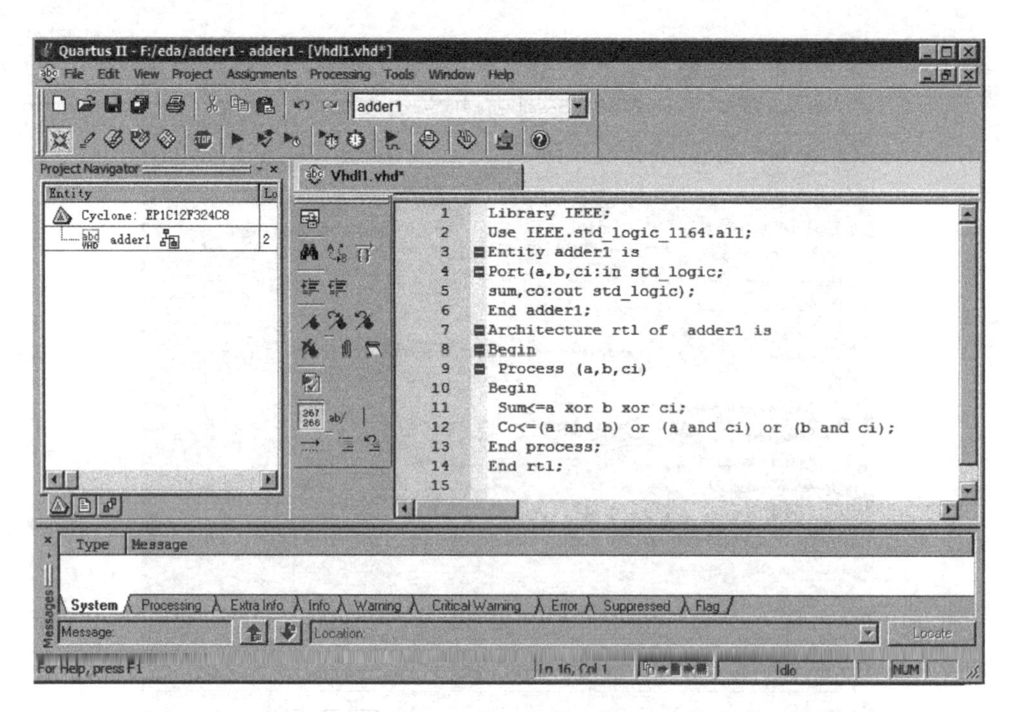

图 8-9 输入设计文件

图 8-10 保存设计文件

其他功能设置：在菜单 Assignments→settings 对话框下，除了可以进行设计项目的文件设置外，还可以进行与设计有关的各种其他功能的设置，如：库(Libraries)、器件(Device)、EDA 工具(EDA Tool)、编译(Compilation)、分析与综合(Analysis & Synthesis)、定时分析(Time Analysis)、仿真(Simulator)、配置(Fitting)等设置。

Quartus Ⅱ还提供了文本文件编辑模板，使用模板可快速准确地创建 VHDL 文本文件，避免语法错误，提高编辑效率。选择菜单 Edit→Insert Template，打开 Insert Template 对话框，单击左侧 Language Template 栏目打开 VHDL，VHDL 栏目下会显示出所有 VHDL 的程序模板，选择合适的模板，并在此基础上进行修改。

3. 工程编译

Quartus Ⅱ环境下所有操作（综合、编译、仿真等）都只对顶层实体进行，如果一个工程中含有多个源文件时，在编译前，必须先将要编译的源文件设置为顶层实体后，才能对该文件进行编译等操作，选择 Project 菜单，单击 Set as Top-Level Entity 项，把当前文件设置为顶层实体，如图 8-11 所示。

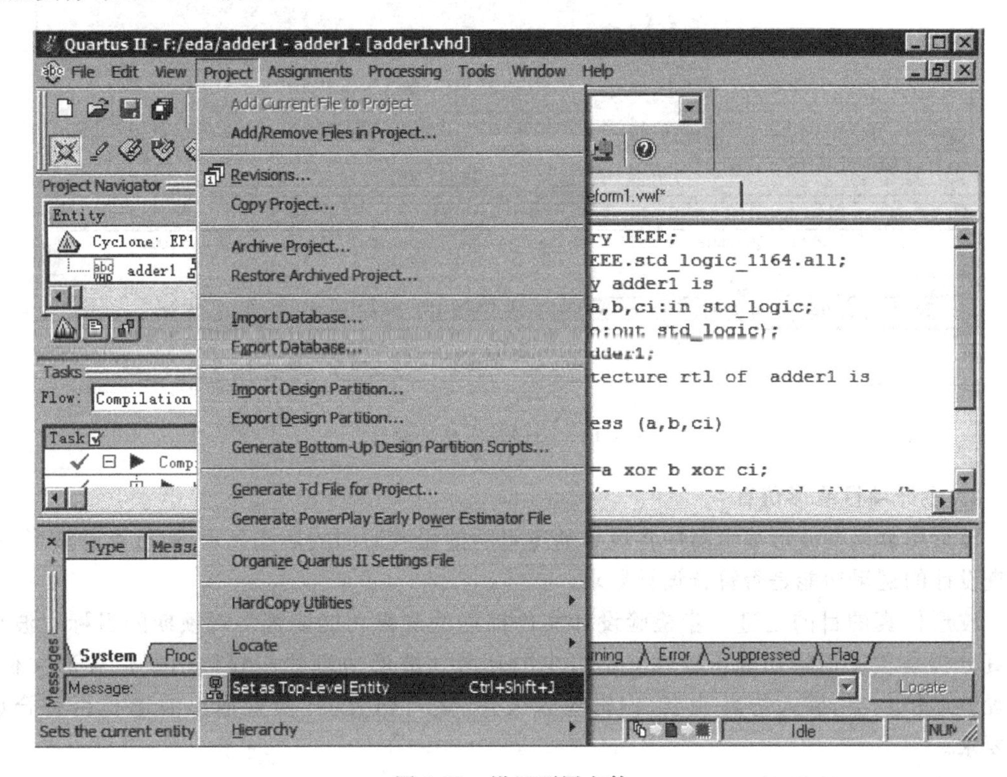

图 8-11　设置顶层文件

打开 Processing 菜单，单击 Start Compilation 执行完全编译，编译器将运行预先指定的各个模块的功能，运行顺序依次为：编译、网表提取、数据库建立、逻辑综合、逻辑适配、定时模拟网表文件的提取、装配。

编译成功后，编译器会产生相应的输出文件。若有错误，编译器停止编译，并给出错误信息，双击错误信息条，一般可定位到错误之处，根据 Messages 消息栏给出的错误提示修改程序，保存后再次编译，直至所有错误均改正后，系统会弹出编译结束窗口，显示零错误零警告（一般警告信息可以忽略），单击“确定”按钮，会出现编译状态显示窗口，如图 8-12 所示，编译报告给出所有编译结果，包括硬件信息、资源占用率等信息。

注意： Quartus Ⅱ编译成功后默认生成.SOF 文件，如果要生成.rbf 格式的文件，在编译前要进行如下设置：单击 Assignments→device，选择窗口右边的 device & pin options，然后在弹出的窗口中，选择 programming file 标签，选中 Raw Binary Files 复选框。

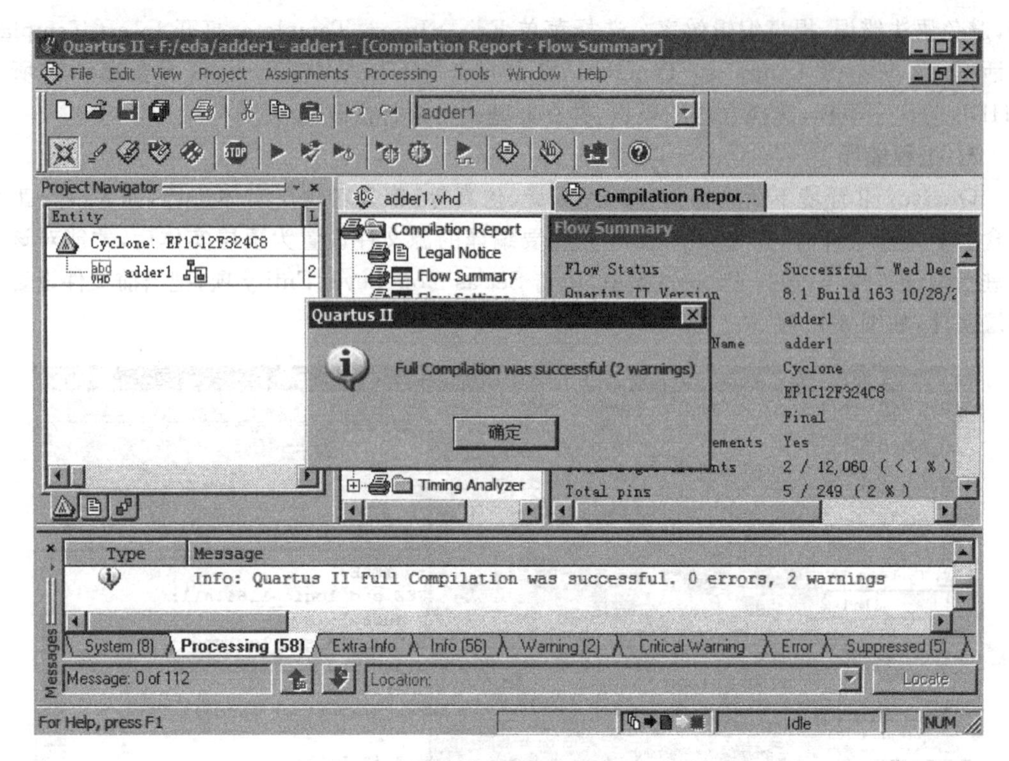

图 8-12　编译状态显示窗口

4. 设计项目波形仿真

波形仿真是在波形编辑器中将设计的逻辑功能用波形图的形式显示，通过查看波形图，检查设计的逻辑功能是否符合设计要求。

波形仿真的目的是进一步检验设计文件描述的逻辑功能能否实现预期的目标。波形仿真分析是验证逻辑功能正确性必不可少的环节。波形仿真的步骤包括新建波形文件、设置波形仿真器、插入仿真节点、编辑输入波形、运行仿真器、检查输出波形是否符合设计要求。

1) 打开波形编辑器

单击菜单 File→New，选择 Verification→Debugging files 中的 Vector Waveform File，单击 OK 按钮打开波形编辑窗口，如图 8-13 所示。

2) 输入信号节点并赋值

在波形编辑窗口左侧栏的 Name 栏目下单击鼠标右键，出现浮动菜单，选择 Insert→Insert Note or Bus 出现 Insert Note or Bus 对话框，单击 Node Finder 按键，会出现 Node Finder 对话框，如图 8-14 所示，查找节点信息，插入节点。

在图中 Filter 选项下选择引脚类型为 Pins: all，然后单击 List 按钮，可在左下侧区域看到设计项目中的输入输出信号，单击>>按钮，将这些信号选择到 Selected Nodes 区，表示对这些信号进行观测。

单击 OK 按钮，出现波形编辑窗口，如图 8-15 所示，利用左侧为信号赋值工具条，根据实际要求单击工具按钮对输入信号赋值，并保存文件，文件名为 adder1. vwf(注：扩展名默认不填，文件名与项目名同名)。

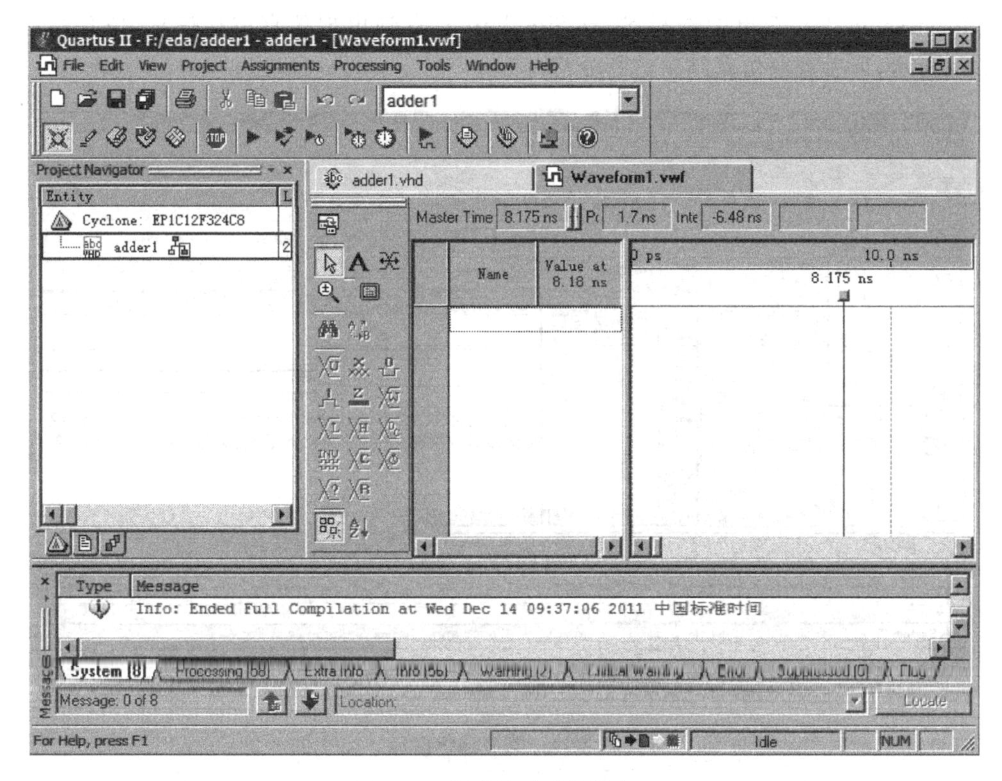

图 8-13 新建波形图编辑窗口

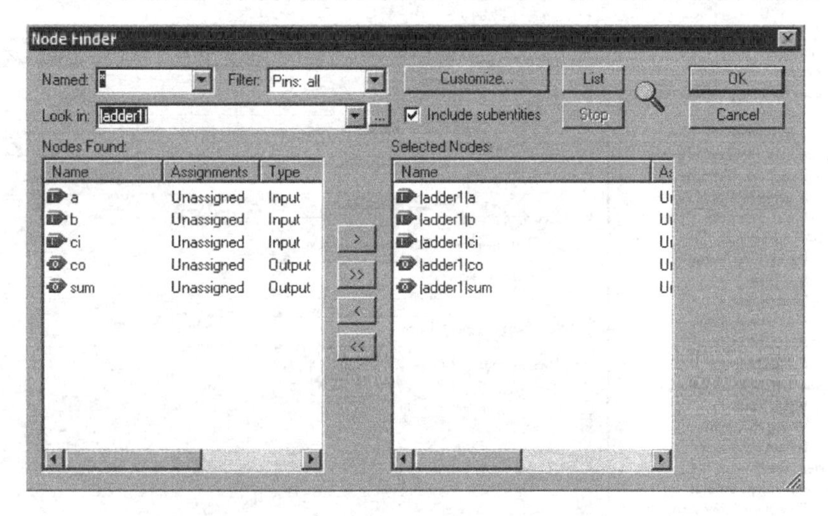

图 8-14 Insert Note or Bus 插入节点对话框

3) 仿真

Quartus Ⅱ仿真主要分为功能仿真和时序仿真，仿真时，仿真类型、仿真时间等相关参数的设置如下：首先，设置仿真器参数，方法是在 Assignment→Settings 选项，选择 Settings 对话框中的 Category→Simulator Setting，在 Simulation mode 框中选择仿真类型（功能仿真、时序仿真，默认为时序仿真）、在 Simulation input 框中选择仿真波形文件（默认的仿真波形文件名与实体名一致，类型为 vwf）进行设置，如图 8-16 所示。其次，启动仿真器，方法是在 Processing 下拉菜单中选择 Start Simulation，直到出现仿真成功信息，仿真结束，如图 8-17 所示，最后观察仿真结果进行分析。

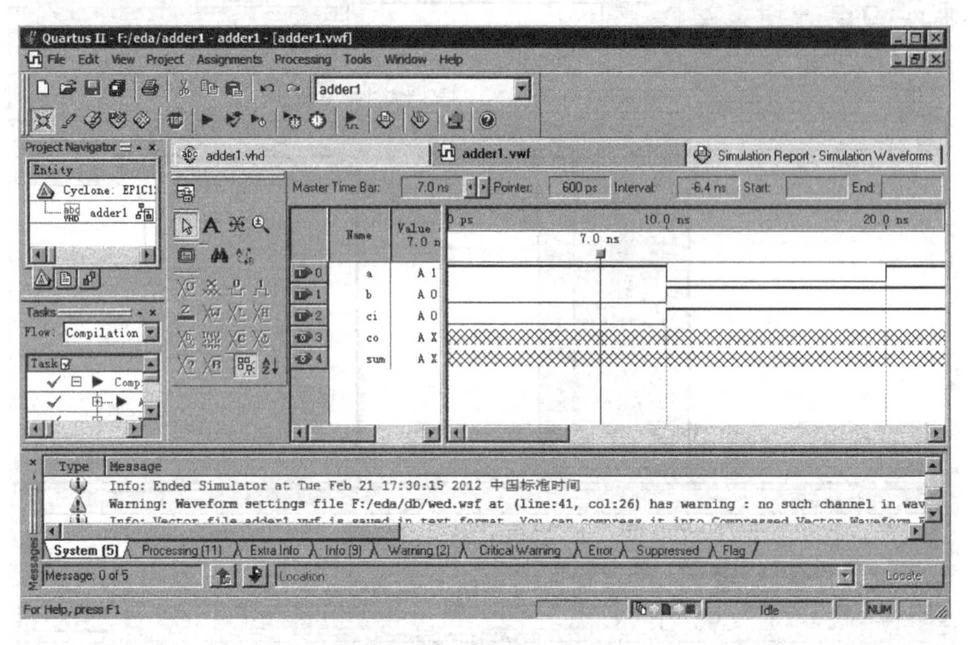

图 8-15　波形编辑窗口

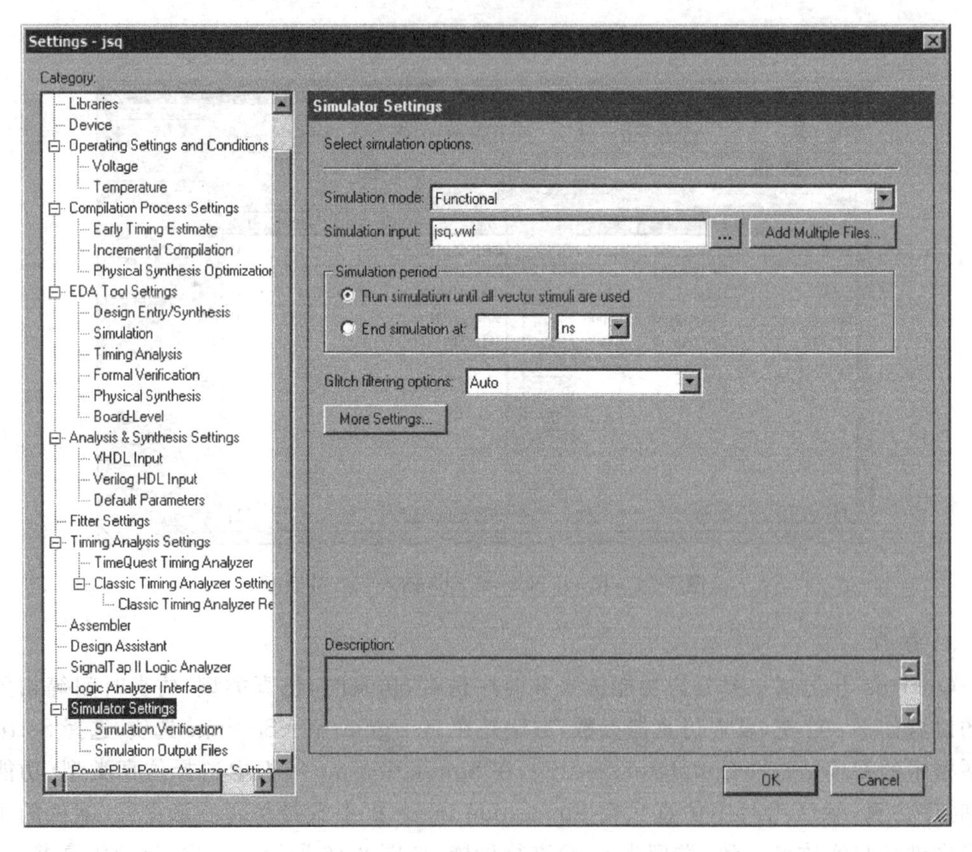

图 8-16　仿真参数设置

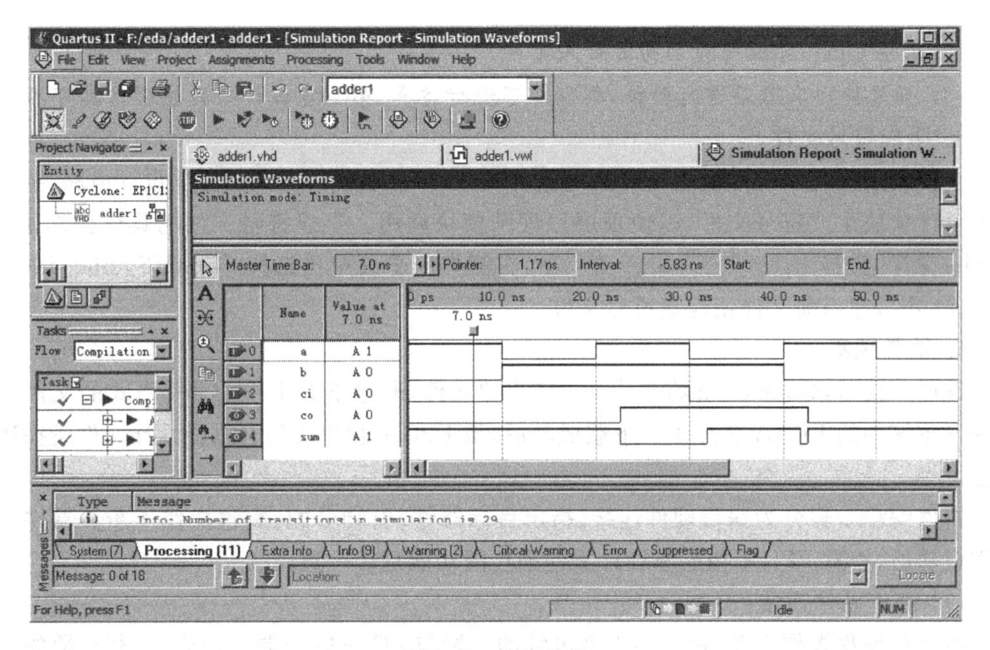

图 8-17　仿真结果

注意：

(1) 如果仿真类型选择的是功能仿真，则在执行仿真前，必须先执行 Processing 菜单下的 Generate Functional Simulation Netlist 命令生成功能仿真网表文件，然后再执行 Processing 下的 Start Simulation 进行仿真。

(2) 仿真的方法，也可以直接调用 Quartus Ⅱ的仿真工具，具体方法是使用 Processing→Simulator Tool，弹出如图 8-18 所示的对话框，在该对话框中，进行功能仿真、时序仿真等相关设置，选择仿真输入波形文件，单击 Start 按钮进行仿真，仿真完成后单击 Report 查看仿

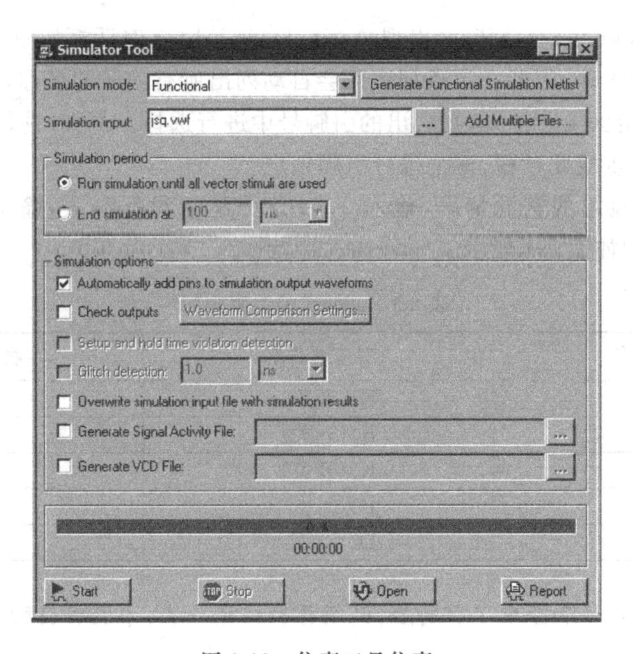

图 8-18　仿真工具仿真

真结果,单击 Open 可编辑波形仿真输入文件。

(3) 如果使用实验箱进行验证,则可以不进行仿真,第 4 步设计项目波形仿真可不做。

5. 生成符号文件

在使用层次化设计方法进行复杂电路的设计时,顶层使用原理图方法设计电路,要将底层的设计模块生成符号文件,以便顶层原理图模块调用。生成符号文件的具体操作是:打开 File 菜单,选择 Create→Update 菜单项,右侧弹出子菜单再选择 Create Symbol files for Current file,把当前文件创建成符号文件。

6. 器件编程

编译无误后,Quartus Ⅱ将生成 sof 格式的文件,通过下载电缆将 sof 格式的文件下载到开发系统中的 FPGA 芯片中。下载成功后,该 FPGA 芯片就具有执行设计文件所描述的功能。

器件编程步骤分为编程硬件连接、指定目标器件、引脚分配、编程操作 4 步。器件编程操作成功后,查看 FPGA 功能与设计文件描述的功能是否一致。

(1) 编程硬件连接

在进行编程操作之前,首先将下载电缆的一端与 PC 对应的端口相连,下载电缆的另一端与编程器件相连,下载电缆连接好后才能进行编程器的操作。编程电缆不同,与 PC 连接的端口就不同。

(2) 指定目标器件

如果在建立工程时,没有指定目标器件,则可以在 Settings 对话框的 Cagegory 栏目下选择 Device 项,指定设计项目使用的目标器件。Family 下拉列表中选择器件系列;此处选择 Cyclone;在 Available Device 区中选择具体的目标器件,选择 EP1C12F324C8 芯片。建议在建立工程时选择好器件,以免影响后续操作。

(3) 引脚分配

选择菜单 Assignments→Pins,出现 Assignment Editor 对话框如图 8-19 所示。由于设计项目已经进行过编译,因此在节点列表区会自动列出所有信号的名称,在需要锁定的节点名处,双击引脚锁定区 Location,在列出的引脚号中进行选择。例如,选择 a 节点信号,锁定在 a12 号引脚上。重复此过程,逐个进行引脚锁定。

根据 EDA 实验箱的资源情况,输入 a,b,Ci 分配给数据开关,输出 Sum,Co 分配给 LED 灯。引脚分配如表 8-1 所示。

表 8-1 adder1 的引脚分配

信　号　名	对应器件名	物理引脚号
a(输入)	K1(开关)	A12
b(输入)	K2(开关)	B12
Ci(输入)	K3(开关)	B15
Sum(输出)	D1	A9
Co(输出)	D2	B9

注意:选择了器件和分配了引脚后,必须再次编译一次,才能将引脚锁定信息编译进编程下载文件中。

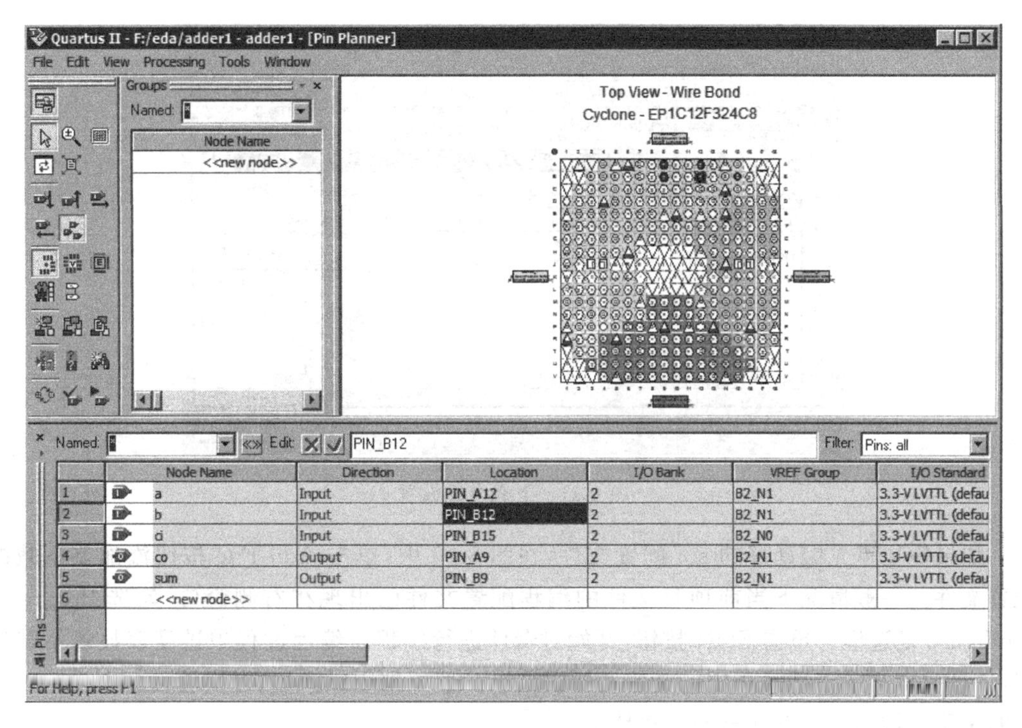

图 8-19　引脚分配

(4) 编程操作

将编译产生的 sof 格式配置文件配置到 FPGA 中。选择菜单 Tools→Programmer 或单击工具栏中的编程快捷按钮，打开编程窗口如图 8-20 所示。读者需要根据自己的实验设备情况，进行器件编程的设置。单击 Hardware Setup 按钮，出现如图 8-21 所示的下载方式的设置窗口。在图 8-21 中选择 USB-Blaster 下载电缆；初始打开时显示 No Hardware(没有硬件)；配置模式 Mode 设置：JTAG 模式(即默认选项)。

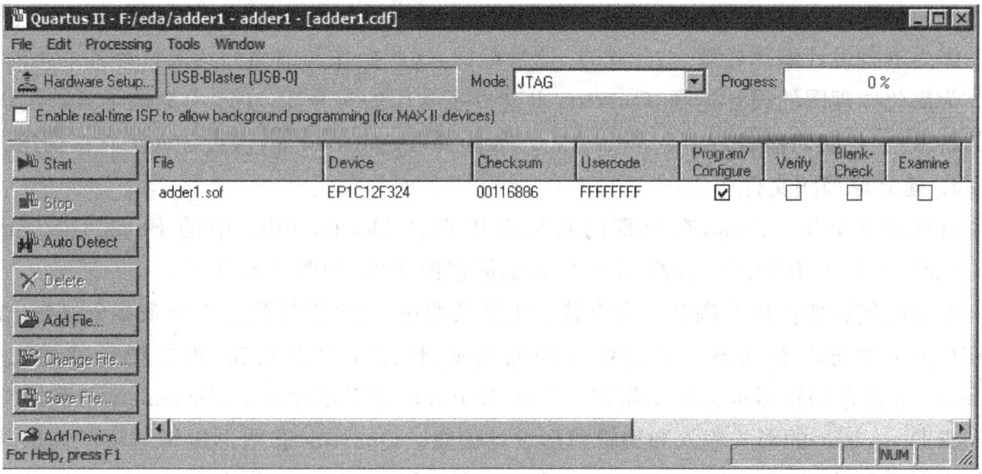

图 8-20　编程下载窗口

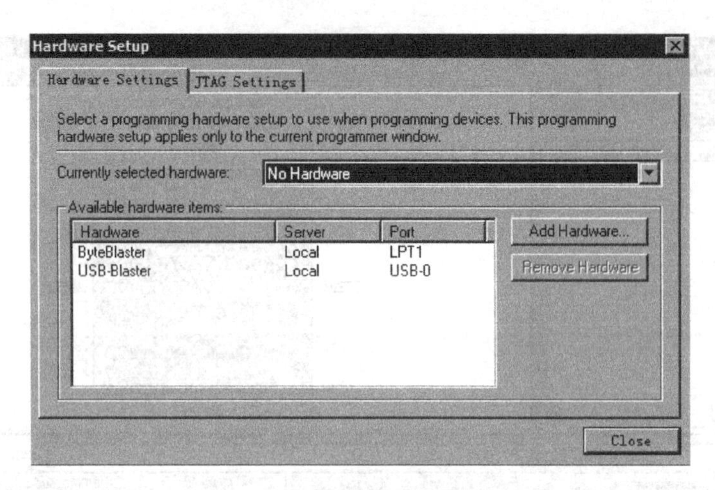

图 8-21　下载电缆设置

如果使用事先编译好的 sof 配置文件,在图 8-20 中,单击 Add File 按钮添加要下载的配置文件。一般情况下当前项目文件的编程配置文件已出现在右侧窗口,勾选 Program/Configure 复选框。单击 Start 按钮,开始对器件进行编程。编程过程中进度表显示下载进程,信息窗口显示下载过程中的警告和错误信息。器件编程结束后,在实验设备上实际查看 FPGA 芯片作为一位全加器的工作情况。

8.3　原理图输入设计方法

原理图是设计人员最为熟悉的电路描述方法,利用 EDA 工具进行原理图输入设计,可以利用原有的电路知识迅速入门,不必具备许多诸如编程技术、硬件语言等新知识。

Quartus Ⅱ提供了功能强大、直观便捷和操作灵活的原理图输入设计功能,而且可以进行任意层次的数字系统设计,同时还配备了适用于各种需要的元件库,通过图形编辑器,可以编辑图形和图表模块,画出熟悉的原理图,产生原理图文件(. bdf)。原理图文件产生后,仍然需要进行设计编译处理、波形仿真、器件编程,这些操作与前面介绍的过程基本相同。

为简化原理图的设计过程,Quartus Ⅱ建立了常用的符号库,在库中提供了各种逻辑功能的符号,包括宏功能(Macrofunction)符号和图元(Primitive)等,供设计人员直接调用。

1. 建立原理图文件

选择菜单 File→New,在出现的对话框中选择 Design Files 中的 Block Diagram→Schematic File,打开图形编辑器,出现空白的原理图文件,如图 8-22 所示。

原理图编辑器窗口左侧和上方有若干工具条按钮,当把鼠标移到工具条某个按钮上时,在窗口的下面可以看到该工具按钮的功能提示,使用工具条按钮,可方便软件的操作。Quartus Ⅱ图形编辑器也称块编辑器(Block Editor),用于以原理图(Schematics)和结构图(Block Diagrams)的形式输入和编辑图形设计信息。Quartus Ⅱ图形编辑器可以读取并编译结构图设计文件(Block Design File)和 MAX+Plus Ⅱ图形设计文件(Graphic Design Files),可以在 Quartus Ⅱ软件中打开图形设计文件并将其另存为结构图设计文件。

这里以半加器原理图设计为例,介绍基本单元符号输入方法的步骤。在图 8-22 所示的图形编辑器窗口的工作区双击鼠标左键，或单击图中的符号工具按钮，或选择菜单 Edit→insert symbol，则弹出如图 8-23 所示的 Symbol 对话框。用鼠标单击单元库前面的“+”号，展开单元库，用户可以选择所需要的图元或符号，该符号则显示在右边的显示符号窗口，用户也可以在符号名称文本框中直接输入器件的名称，单击 OK 按钮，所选择的器件将显示在图形编辑器的工作区域。

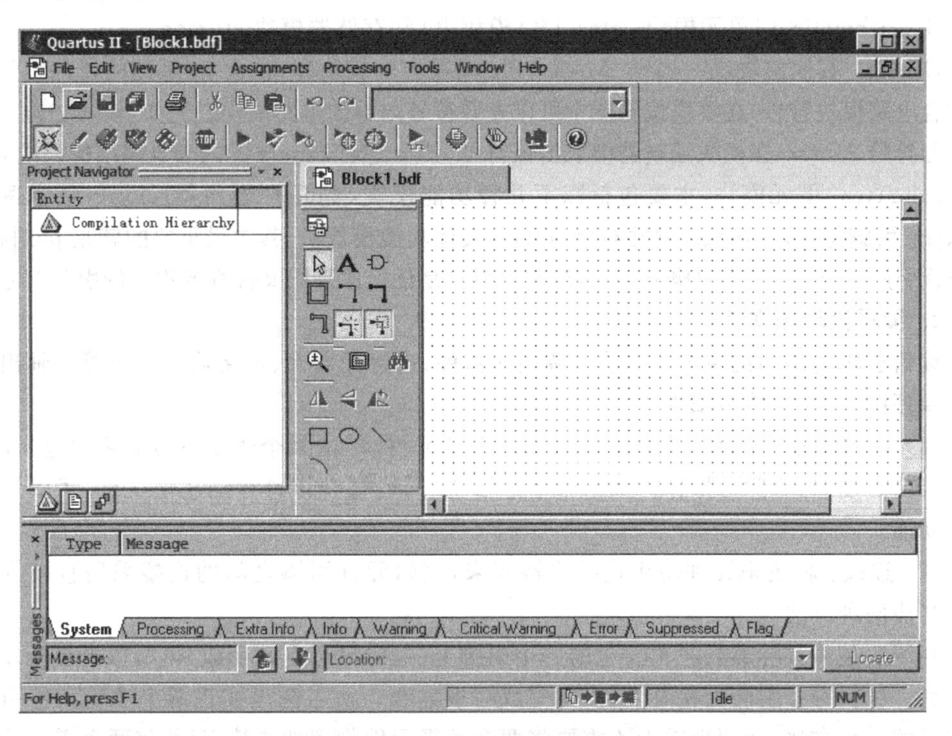

图 8-22　Quartus Ⅱ原理图编辑器窗口

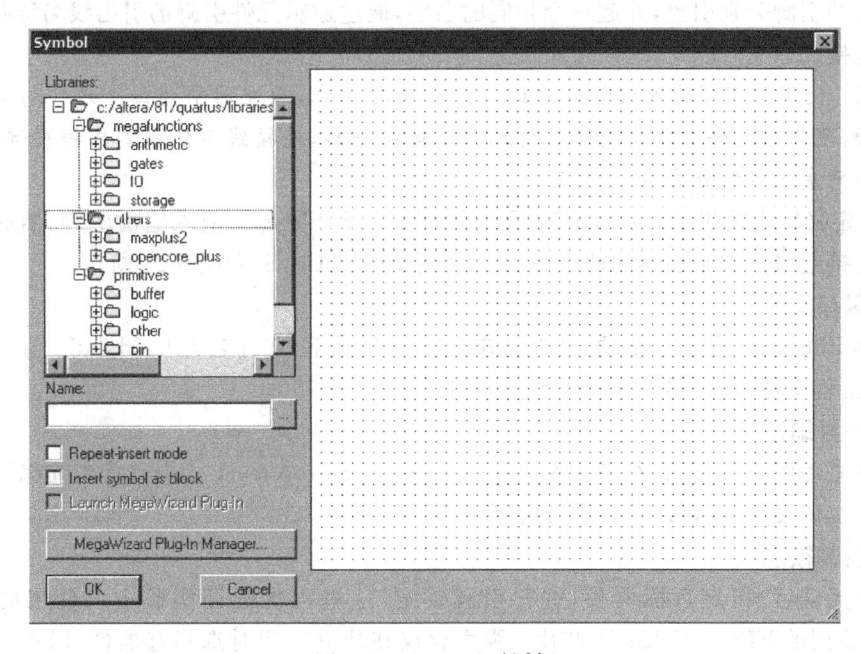

图 8-23　Symbol 对话框

说明：Quartus Ⅱ已经预先存放了设计中常用的电路模块符号，在进行原理图设计输入时可以随时调用。Quartus Ⅱ在安装目录 c:/Altera/90/quartus/libraries/下，设有三个子目录分别存放了三个库，下面对三个库进行简单说明。

Megafunctions：宏功能模块是参数化的模块，模块的各个参数由设计者为满足设计要求自行定制，只要修改模块参数，就可以得到满足需要的特定模块。宏功能模块设有算术运算模块 arithmetic、门单元模块 gates、I/O 模块 IO 和存储器模块 storage。

Others：其他模块，是一个与 MAX＋Plus Ⅱ兼容的模块库，包含 74 系列的器件符号和各种组合电路模块符号，在模块编辑器中可以查看符号内部的电路结构。例如，输入二选一数据选择器符号 21mux，在模块编辑器中双击该符号，就会出现 21mux 的内部电路结构和说明。

Primitves：图元模块，主要包括以下几种功能模块：buffer(缓冲器)、logic(基本逻辑符号)、pin(引脚符号)、storage(触发器)和 other(其他功能模块)。其中最重要的就是 pin 目录下的输入引脚 input 和输出引脚 output，这两个引脚是任何原理图文件都要用到的引脚符号。

2. 编辑原理图文件

编辑逻辑电路图的主要工作有：调用元器件、连接元器件、定义输入输出等。画出半加器的原理图文件，具体步骤如下。

(1) 调用元器件：使用上述方法调用所需的元件，单击某个逻辑符号后可以进行移动、拖动、旋转、复制、删除等操作。双击某个逻辑符号，可打开该符号的底层文件，了解逻辑符号的功能。

(2) 连线：将逻辑元件使用直线连接起来，逻辑元件引脚之间的连接采用直接画线法和命名法两种方法。

画线法是将鼠标移到逻辑符号的一个引脚上，这时鼠标自动变成"＋"，单击鼠标左键并拖至另一逻辑符号引脚处松开左键，则完成一根连线。命名法是实现两个逻辑元件引脚逻辑连接的一种方法，在原理图上不需要将两个逻辑元件物理地连接，只需将两个需要连接的逻辑元件的引脚分别引出，并起一个相同的名字，通过逻辑元件引脚的引出线名称相同实现实际的连接。

注意：使用原理图输入设计方法进行设计时要注意，原理图中的每个元件均是以虚框为边界的，元件与元件之间使用连线将元件连接在一起，连接线不能画到虚框内部，元件与元件之间的虚框不能重叠在一起，否则编译出错。

(3) 定义输入输出引脚：对原理图中输入输出部分要定义输入输出引脚，然后使用直线将其连接起来。如半加器的两个输入 a，b，两个输出 Co，S，如图 8-24 所示。

3. 保存文件

选择 File 菜单下的 Save 项，文件放在 f:\eda 目录下，文件名为 hadd. bdf。在保存文件时，建立工程文件，选择器件等操作方法同前。

4. 项目编译

保存原理图文件后，执行菜单命令 project→set as top-level entity，将当前编辑的文件设为顶层实体文件，就可以对其进行编译。

5. 引脚锁定

编译无误后，指定目标器件，进行引脚锁定，这里再次强调实验中所使用的器件是 Cyclone 系列的 EP1C12F324C8 芯片。强力建议在建立工程时选择好器件，以免影响后续

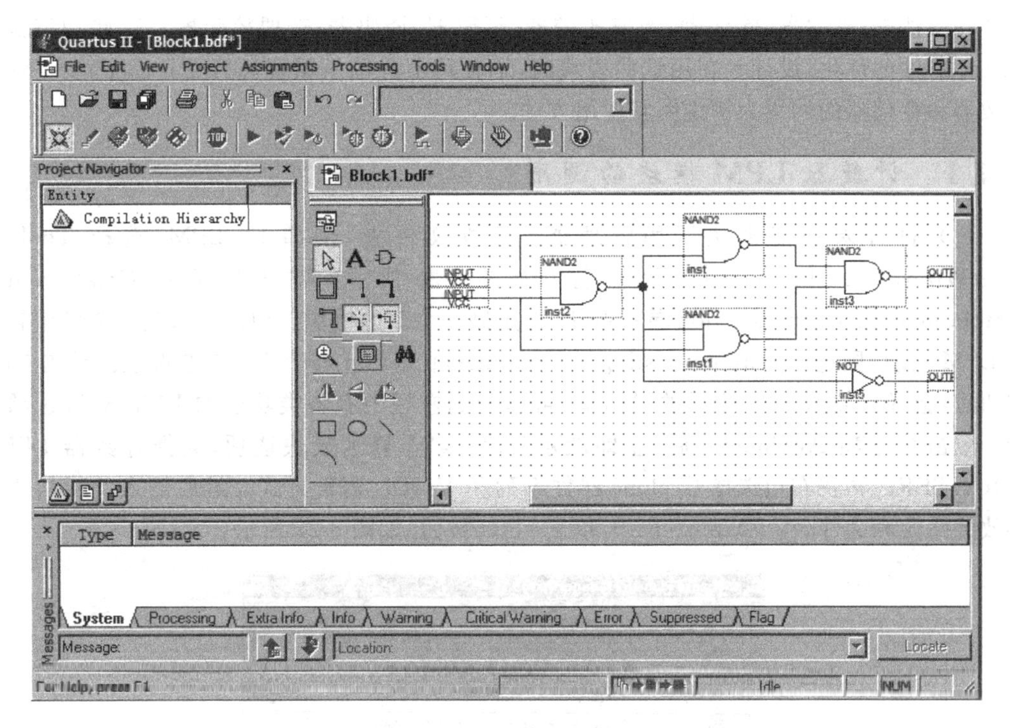

图 8-24　半加器原理图

操作。接下来就是将设计中的输入输出引脚与目标芯片的引脚进行绑定。如本例中设计的半加器的两个输入 a、b 分别绑定到实验仪的两个开关，将半加器的两个输出 Co、S 绑定到实验仪的两个二极管 D1、D2，引脚分配如表 8-2 所示，再次编译。

表 8-2　半加器的引脚分配

信　号　名	对应器件名	物理引脚号
a(输入)	K1(开关)	A12
b(输入)	K2(开关)	B12
Co(输出)	D1	A9
S(输出)	D2	B9

6. 编程操作

引脚锁定好后，再次编译，将编译产生的 sof 格式配置文件配置到 FPGA 中。选择菜单 Tools→Programmer 或单击工具栏中的编程快捷按钮，打开编程窗口，进行器件编程操作，结束后，在实验设备上验证设计是否正确。具体操作详见本章 8.2 节中“6. 器件编程(4)编程操作”。

8.4　宏功能模块的简单应用

LPM 即参数化模块库(Library of Parameterized Modules)，是 Altera 公司 FPGA/CPLD 设计软件 Quartus Ⅱ 自带的一些宏功能模块，如 RAM 宏模块、FIFO 宏模块、时序电路宏模块(触发器、锁存器、计数器、分频器、多路复用器、移位寄存器)、运算电路宏模块(加法器和减法器、乘法器、除法器、数值比较器、编码器、译码器、奇偶校验器),这些功能是对Altera器件的优化,设计者在用这些模块时,不耗用器件的逻辑资源(Logic Cell)。下面以计数器和存储器的调用为例说明其使用方法。

8.4.1 计数器 LPM 模块的调用

(1) 打开宏功能模块调用管理器。建立文件夹,例如 F\LPM,选择 Tools→MegaWizard Plug-In Manager 命令,打开如图 8-25 所示的对话框,选中 Create a new custom megafunction variation 单选按钮,即定制一个新的模块。如果要修改一个已编辑好的 LPM 模块,则选中 Edit an existing custom megafunction variation 单选按钮。单击 Next 按钮后,会弹出如图 8-26 所示的对话框,可以看到左栏中有各类功能的 LPM 模块选项目录。单击算术项 Arithmetic 后,立即展示许多 LPM 算术模块选项,选择计数器 LPM_COUNTER。再在右边选择 Cyclone 器件系列和 VHDL 语言方式。最后输入此模块文件存放的路径和文件名:f:\lpm\cnt10,单击 Next 按钮,如图 8-27 所示。

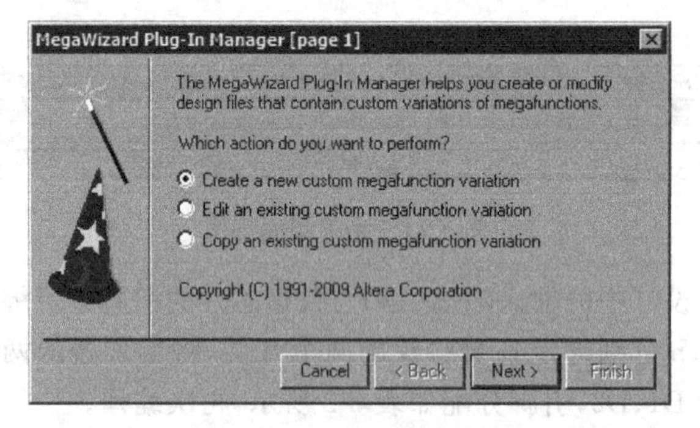

图 8-25 宏功能创建对话框

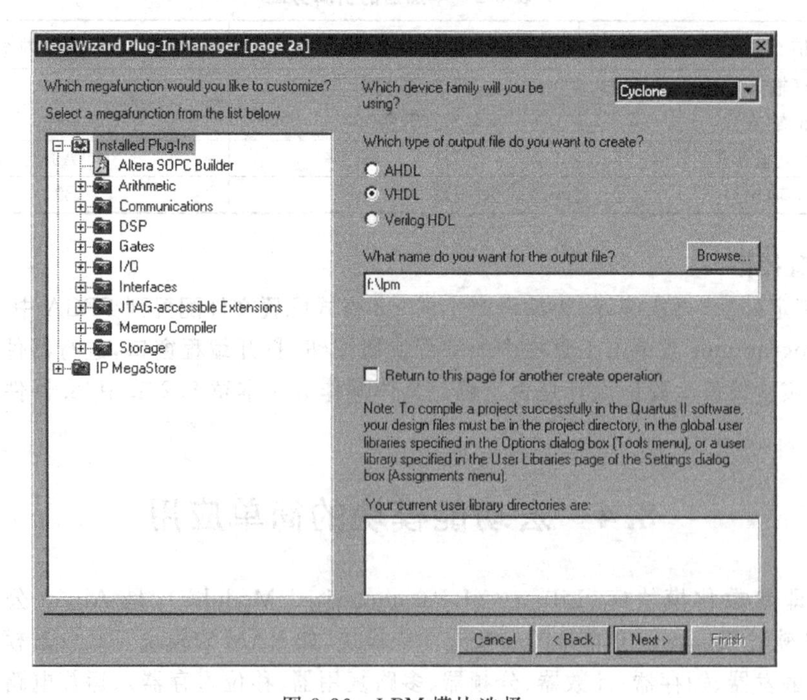

图 8-26 LPM 模块选择

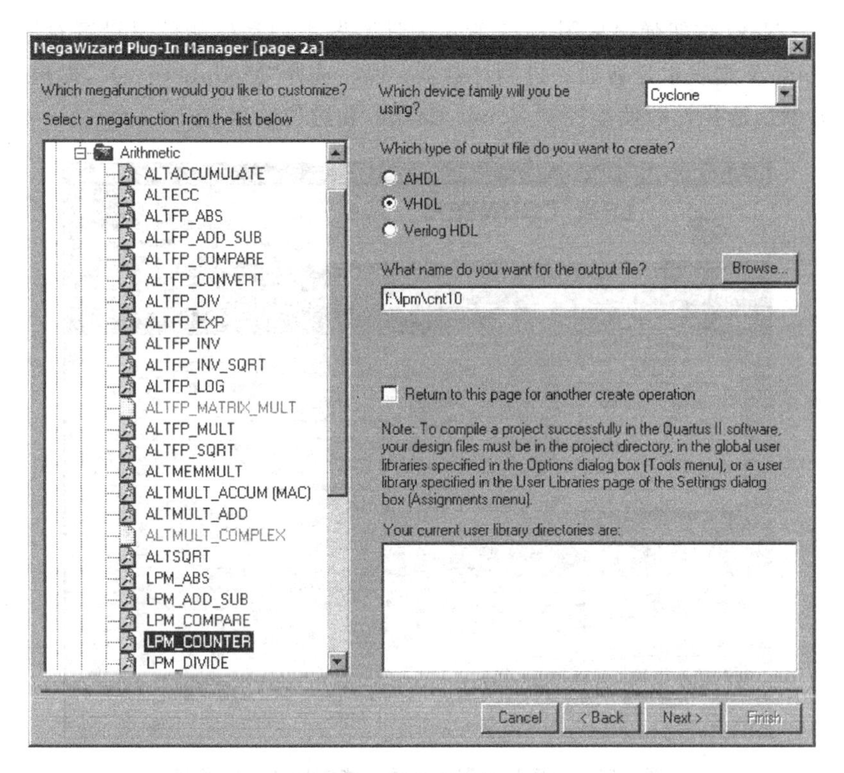

图 8-27　计数器模块选择

(2) 单击 Next 按钮之后打开如图 8-28 所示的对话框。在对话框中选择 4 位计数器，再选择 Create an 'updown' input port to allow me to do both 单选项使计数器有加减控制功能。

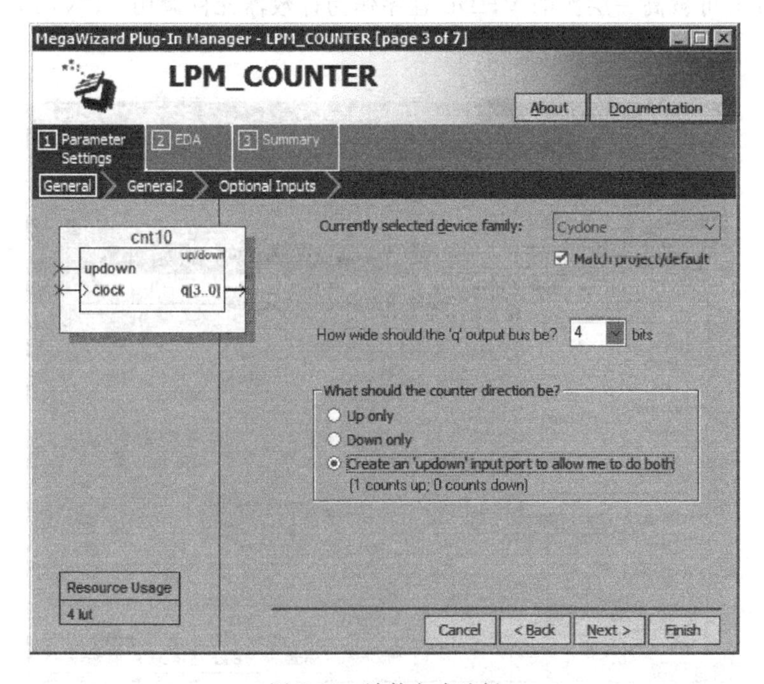

图 8-28　计数方式选择

(3) 单击 Next 按钮弹出如图 8-29 所示的计数器类型和使能信号设置对话框,在此若选择 Plain binary 则表示是普通二进制计数器;现在选择"Modulus…10",即模 10 计数器,从 0 记到 9,然后选择计数使能控制 Count Enable 和进位输出 Carray-out。

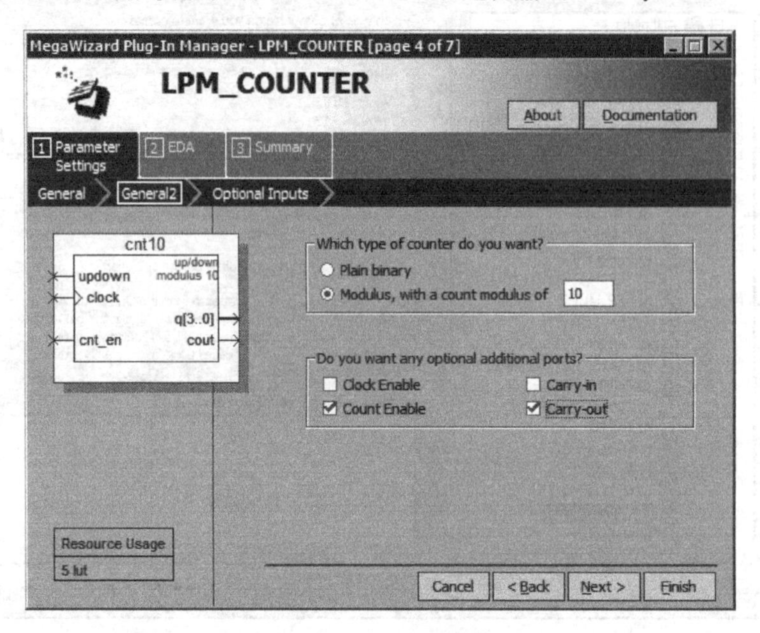

图 8-29　设置计数器的计数使能信号和计数类型

(4) 再单击 Next 按钮,打开如图 8-30 所示的对话框。在此选择同步置数 Load 和异步清 0 控制 Clear。再单击 Next 按钮后结束设置,完成设置生成了 LPM 计数器的 VHDL 文件 CNT10.vhd,可被高一层次的 VHDL 程序作为计数器元件调用。CNT10.vhd 可在 f:\lpm 中找到。

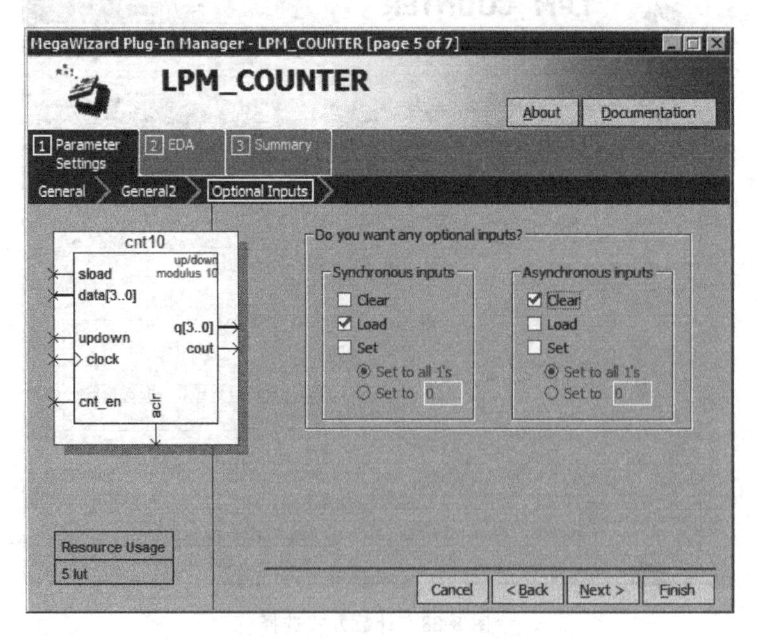

图 8-30　计数器输入端口设置

```
--自动生成的 CNT10.vhd 代码如下--
LIBRARY ieee;
USE ieee.std_logic_1164.all;
LIBRARY lpm;                                                    --打开 LPM 库
USE lpm.all;                                                    --打开 LPM 程序包

ENTITY cnt10 IS
    PORT
    (   --异步清 0、计数使能、时钟输入、同步预置加载控制、加减控制
        aclr,cnt_en,clock, sload,updown   : IN STD_LOGIC ;
        data      : IN STD_LOGIC_VECTOR (3 DOWNTO 0);           --4 位预置数
        cout      : OUT STD_LOGIC ;                             --进位输出
        q         : OUT STD_LOGIC_VECTOR (3 DOWNTO 0)           --计数器输出
    );
END cnt10;
ARCHITECTURE SYN OF cnt10 IS
    SIGNAL sub_wire0   : STD_LOGIC ;
    SIGNAL sub_wire1   : STD_LOGIC_VECTOR (3 DOWNTO 0);
COMPONENT lpm_counter
--参数传递说明语句
GENERIC (
        lpm_direction,lpm_port_updown,lpm_type: STRING;
        lpm_modulus,lpm_width: NATURAL);
    PORT (
            Sload, cnt_en,aclr, clock, updown: IN STD_LOGIC ;
            cout: OUT STD_LOGIC ;
            q    : OUT STD_LOGIC_VECTOR (3 DOWNTO 0);
            data: IN STD_LOGIC_VECTOR (3 DOWNTO 0));
    END COMPONENT;

BEGIN
    cout <= sub_wire0;q <= sub_wire1(3 DOWNTO 0);
    lpm_counter_component : lpm_counter GENERIC MAP (
        lpm_direction  => "UNUSED",
        lpm_modulus  => 10,
        lpm_port_updown  => "PORT_USED",
        lpm_type  => "LPM_COUNTER",
        lpm_width  => 4)
    PORT MAP (sload  => sload,clk_en  => cnt_en,aclr  => aclr,clock  => clock,data  => data,
        updown  => updown,cout  => sub_wire0,q  => sub_wire1);
END SYN;
```

上述程序是 Quartus Ⅱ根据以上设置自动生成的文件。其中 lpm_counter 是元件名，是可以从 LPM 库中调用的宏模块元件名；而 lpm_counter_component 则是在此文件中为使用和调用 lpm_counter 取的例化名，即参数传递语句中的宏模块元件的例化名；其中的

lpm_direction 等称为宏模块参数名，是被调用的元件(lpm_counter)文件中已定义的参数名，而 UNUSED 等是参数值，它们可以是整数、操作表达式、字符串或在当前模块中已定义的参数。为了能调用计数器文件 CNT10. vhd，必须设计以一个顶层程序 CNT101. vhd 来例化它。如下程序对 CNT10. vhd 进行了例化，如图 8-31 所示是 CNT101. VHD 的仿真波形。

```
LIBRARY ieee;
USE ieee.std_logic_1164.all;
Entity cnt101 is
  Port (clk,rst,ena,sld,ud:in std_logic;
      Din:in std_logic_vector(3 downto 0);
      cout:out std_logic;
      dout:out std_logic_vector(3 downto 0));
      end entity cnt101;
      architecture translated of cnt101 is
      component cnt10
        port(Aclr,cnt_en,clock, sload,updown: IN STD_LOGIC ;
            data   : IN STD_LOGIC_VECTOR (3 DOWNTO 0);
            cout   : OUT STD_LOGIC ;
            q      : OUT STD_LOGIC_VECTOR (3 DOWNTO 0));
      end component;
      begin
      u1:CNT10 port map(sload=>sld,cnt_en=>ena,aclr=>rst,cout=>cout,clock=>clk,
        data=>din,updown=>ud,q=>dout);
      end architecture translated;
```

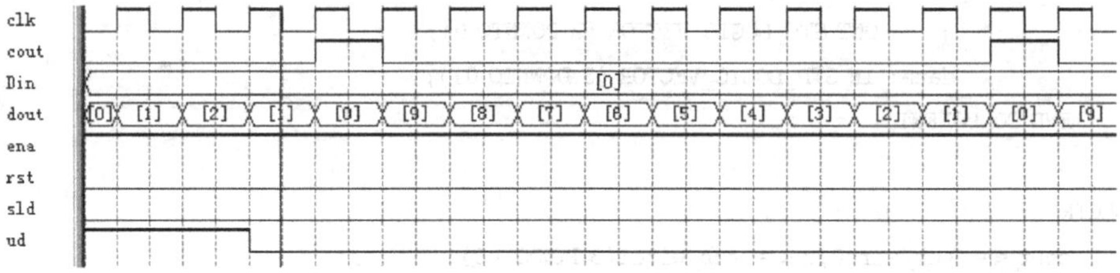

图 8-31　CNT101. VHD 的仿真波形

8.4.2　LPM_RAM 的设置和调用

在设计 RAM 和 ROM 等存储器应用的 EDA 设计开发中，调用 LPM 模块类存储器是最方便、最经济、最高效和性能最容易满足设计要求的途径。下面以调用 LPM_RAM 的方法进行说明。

1. 存储器初始化文件

存储器初始化文件可配置 RAM 或 ROM 中的数据或程序文件代码。在 EDA 设计中，EDA 工具设计或设定的存储器中的代码文件必须在 EDA 软件统一编译的时候自动调入。所以此类代码文件，即初始化文件的格式必须满足一定的要求。下面介绍两种格式的初始化文件(mif 格式和 hex 格式文件)及生成方法。

直接编辑法：在 Quartus Ⅱ 中打开 mif 文件编辑窗口，即选择 File→New 命令，在 New 窗中选择 Memory File 栏中的 Memory Initialization File 项，单击 OK 按钮后产生 mif 数据文件大小选择窗口。在此选择存储器的地址和数据宽度选择参数。如果对应的地址线为 7 位，选择 Number of word 为 128；如果对应的数据线宽为 8 位，选择 Word size 为 8 位。按 OK 按钮，将出现如图 8-32 所示的 mif 数据表格。然后可以在此输入数据，填完此表后，选择 File→Save As 保存此数据文件，如取名为 data7x8.mif。

Addr	+0	+1	+2	+3	+4	+5	+6	+7
00	50	51	52	53	54	55	56	57
08	5A	5B	5C	5D	5E	5F	60	61
10	6A	6B	6C	6D	6E	6F	70	71
18	7A	7B	7C	7D	7E	7F	80	81
20	00	00	00	00	00	00	00	00
28	00	00	00	00	00	00	00	00
30	00	00	00	00	00	00	00	00
38	00	00	00	00	00	00	00	00
40	00	00	00	00	00	00	00	00
48	00	00	00	00	00	00	00	00
50	00	00	00	00	00	00	00	00
58	00	00	00	00	00	00	00	00
60	00	00	00	00	00	00	00	00
68	00	00	00	00	00	00	00	00
70	00	00	00	00	00	00	00	00
78	F0	F1	F2	F3	F4	F5	F6	F7

图 8-32　mif 文件编辑窗

文件编辑法。即使用 Quartus Ⅱ 以外的编辑器设计 mif 格式文件，其格式如下所示，其中地址和数据都为十六进制。

```
DEPTH = 128;  数据深度,即存储的数据个数
WIDTH - 8;    输出数据宽度
ADDRESS_RADIX = HEX;地址数据类型,HEX 表示选择十六进制数据类型
DATA_RADIX = HEX;     存储数据类型,HEX 表示选择十六进制数据类型
CONTENT               关键字
BEGIN                 关键字
00: 50;
01: 51;
02: 52;
…
78: F0;
7E:F6;
7F:F7;
END;
```

除了 mif 格式之外，还有 hex 格式文件，建立方法有多种，如可在 File→New 窗口中选择 Hexadecimal (Intel-Format) File 选项，最后存盘为 hex 格式文件；或使用单片机编译器来产生，方法是利用汇编程序编辑器将数据编辑于汇编程序中，然后利用汇编编译器生成 hex 格式文件。

2. LPM_RAM 设置与调用

打开宏功能模块调用管理器。建立文件夹，例如 F:\LPM，选择 Tools→MegaWizard Plug-In Manager 命令，打开如图 8-25 所示的对话框，选中 Create a new custom megafunction variation 单选按钮，即定制一个新的模块。如果要修改一个已编辑好的 LPM 模块，则选中 Edit an existing custom megafunction variation 单选按钮。单击 Next 按钮后，进入如图 8-33 所示的界面，选择 Memory Compiler 管理器按钮的 LPM 模块编辑调用窗口，在左栏中选择 RAM:1-PORT，文件名为 RAM1P，设存在 F:\lpm 中，单击 Next 按钮后打开如图 8-34 所示的 RAM 参数设定窗口。

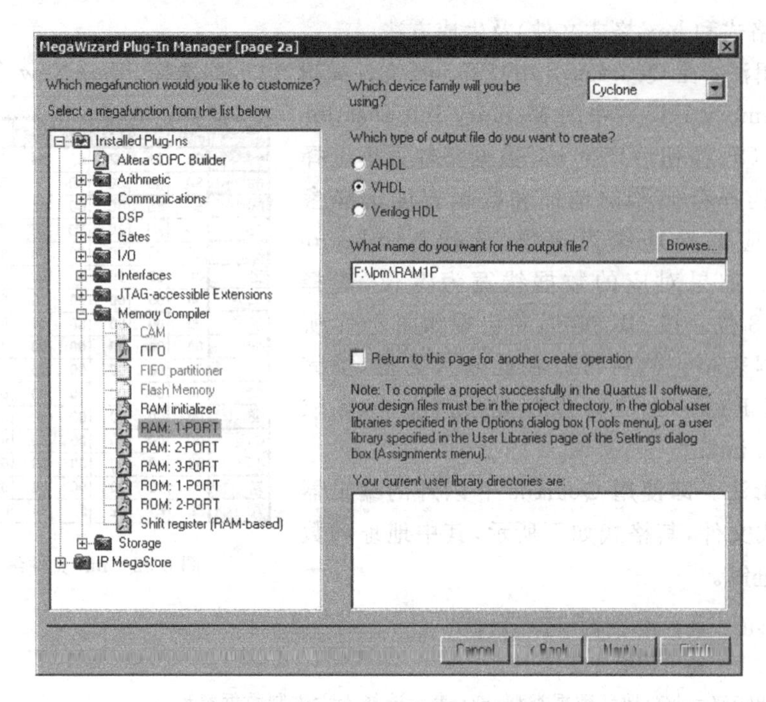

图 8-33　调用单口 LPM_RAM

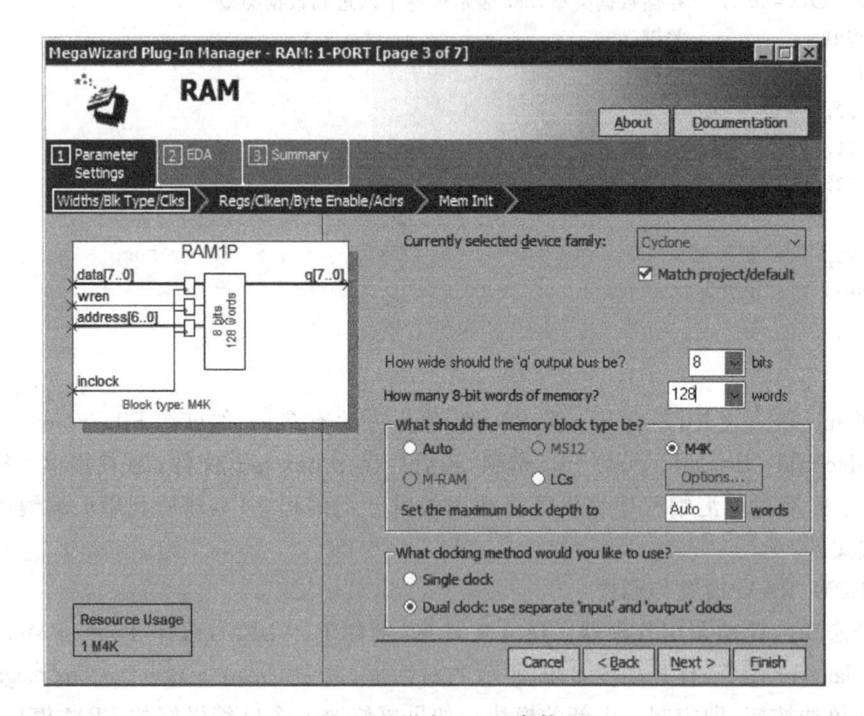

图 8-34　设定 RAM 参数

在图 8-34 中进行 RAM 参数设置，选择数据位 8 位，数据深度 128 即 7 位数据线。对应 Cyclone，存储器构建方式选择 M4K，再选择双时钟方式，单击 Next 按钮后，打开如图 8-35 所示的对话框。在这里去掉选项 'q' output port 前的钩，即选择时钟只控制锁存输入信号。

这样的选择十分重要，由于没有了输出口的锁存器，Quartus Ⅱ可通过JTAG轻易地“在系统”访问RAM内部数据。

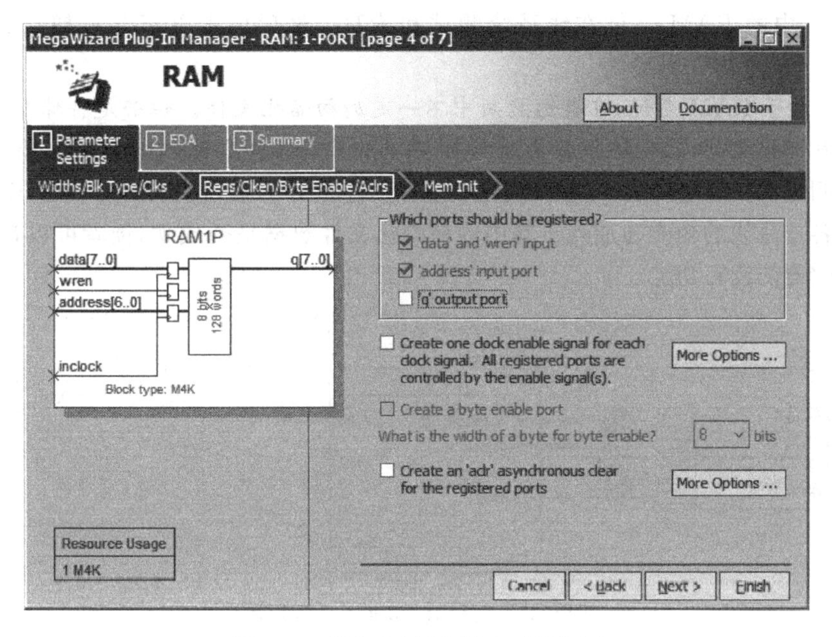

图 8-35　设定RAM仅输入时钟控制

单击Next按钮后，打开如图8-36所示的对话框，在此对话框中的Do you want to specify the initial content of the memory栏中选中Yes, use this file for the memory content date，并单击Browse按钮，选择指定路径上的初始化文件DATA7X8. mif，选中

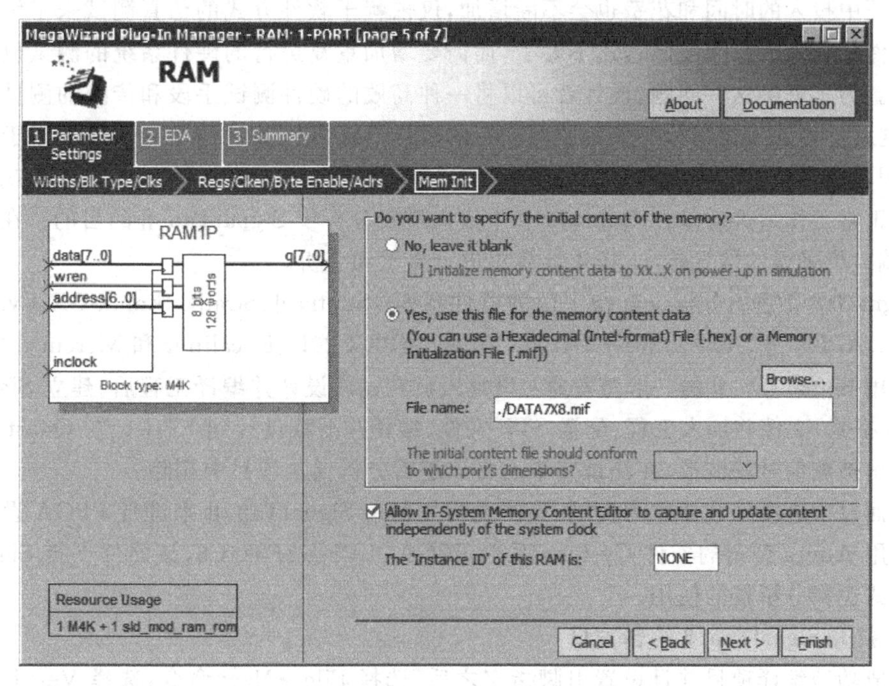

图 8-36　设定初始化文件和允许在系统编辑

Allow In-System Memory 复选框,并在 The 'Instance ID' of this RAM is 文本框中输入 MYRM 作为此 RAM 的 ID 名称。通过这个设置,可以允许 Quartus Ⅱ通过 JTAG 口对下载于 FPGA 中的 RAM 进行在线系统测试和读写。最后单击 Finish 按钮后完成 RAM 定制。

注意:对于 RAM 来说,在普通应用中不一定加初始化文件。但若是特殊应用,则需要选择调入初始化文件,则系统于每次加电后,将自动向此 LPM_RAM 加载此 mif 文件。

仿真测试 RAM 宏模块:调入顶层原理图后,连接好的端口引脚即如图 8-37 所示。主要了解其各信号线的功能和加载于其中的初始化文件数据是否成功,读者可以自己测试验证一下存储器的读写功能。

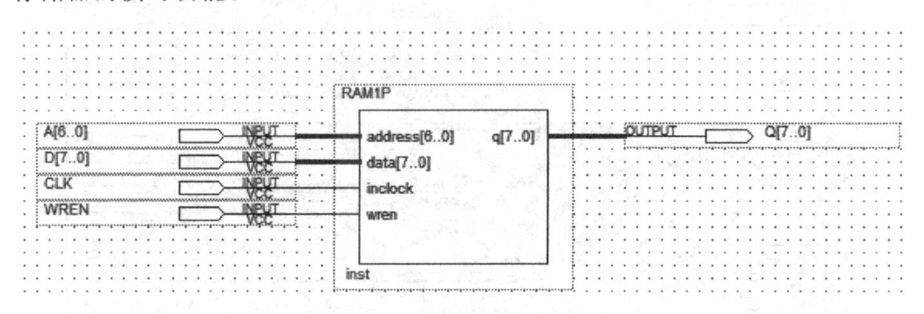

图 8-37　调用 RAM 模块的顶层图

8.5　SignalTap Ⅱ的使用方法

随着 FPGA 设计任务复杂性的不断提高,FPGA 设计调试工作的难度也越来越大,在设计验证中投入的时间和花费也会不断增加,仅依赖于软件方式的仿真测试来了解设计系统的硬件功能和存在问题已远远不够了,而需要增加重复进行的硬件系统的测试也变得更为困难。为了解决这些问题,设计者可以将一种高效的硬件测试手段和传统的测试方法相结合,这就是嵌入式逻辑分析仪的使用。它的采样部件可以随设计文件一并下载于目标芯片中,用以捕捉目标芯片内部系统信号节点处的信息或总线上的数据流,却又不影响原硬件系统的正常工作。这就是在 Quartus Ⅱ中嵌入逻辑分析仪 SignalTap Ⅱ的目的。在实际检测中,端口将采得的信息传出,送入计算机进行显示和分析。

SignalTap Ⅱ逻辑分析仪支持下面的器件系列:Stratix Ⅱ、Stratix、Stratix GX、Cyclone Ⅱ、Cyclone、APEX Ⅱ、APEX 20KE、APEX 20KC、APEX 20K、Excalibur 和 Mercury。

使用 SignalTap Ⅱ的一般流程是:设计人员在完成设计并编译工程后,建立 SignalTap Ⅱ(stp 格式)文件并加入工程、配置 STP 文件、编译并下载设计到 FPGA、在 Quartus Ⅱ软件中显示被测信号的波形、在测试完毕后将该逻辑分析仪从项目中删除。

下面以十进制计数器作为实例,具体说明如何用 SignalTap Ⅱ来进行 FPGA 设计的验证。使用 Altera 公司的器件 Cyclone 系列 FPGA- EP1C12F324C8,该器件支持 SignalTap Ⅱ嵌入式逻辑分析仪的使用。

1. 打开 SignalTap Ⅱ编辑窗口

在成功地编译项目并且设置引脚指定之后,选择 File→New 命令,选择 Verification→Debugging Files 下的 SignalTap Ⅱ Logic Anayzer File 的方法,如图 8-38 所示。单击 OK

按钮，显示如图 8-39 所示的 SignalTap Ⅱ编辑窗口。也可从 Tools 菜单中选择 SignalTap Ⅱ Logic Analyzer 打开 SignalTap Ⅱ编辑窗口。

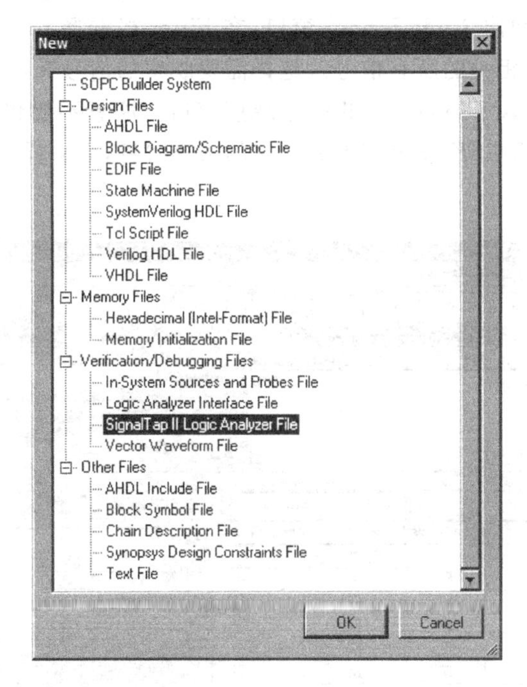

图 8-38　新建 SignalTap Ⅱ Logic Analyzer 文件

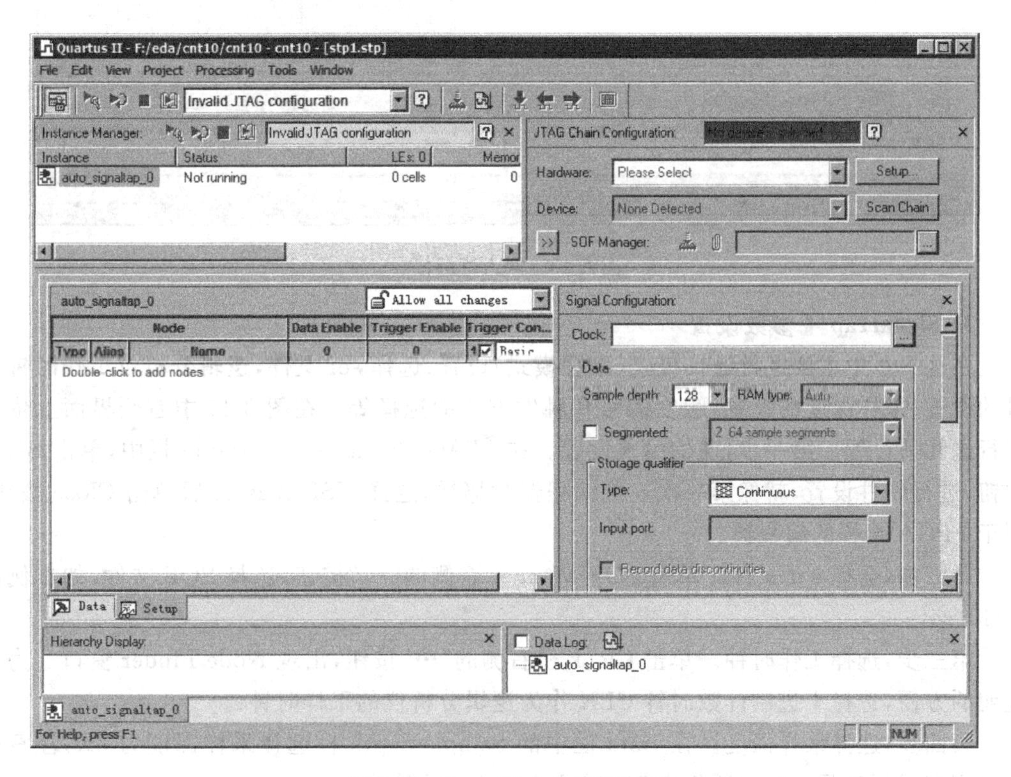

图 8-39　SignalTap Ⅱ编辑窗口

2. 加入待测信号

在图 8-39 中的 Instance 栏内的 auto_signaltao_0,更改为 cnt10,这是工程名。在 cnt10 栏中双击鼠标左键,即弹出 Node Finder 窗口,在 Filter 栏选择 pins:all,单击 List 按钮,即在左栏会出现与此工程相关的所有信号。选择需要观察的信号有:d、reset、load、enable、q,单击 OK 按钮后即可调入 SignalTap Ⅱ 信号观察窗口。注意不要将工程的 CLK 调入观察窗,因为本设计中打算用 CLK 作为逻辑分析仪的采样时钟,而采样时是不允许进入此窗的,如图 8-40 所示。

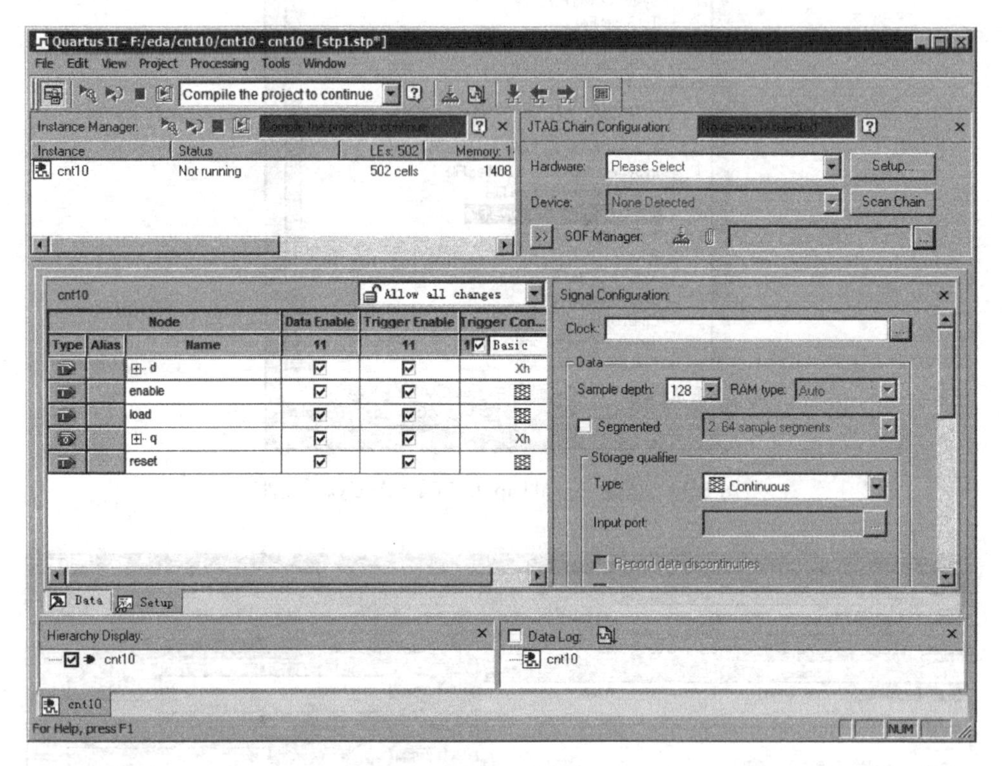

图 8-40 调入待测信号

3. SignalTap Ⅱ 参数设置

在这一步中主要进行通信模式(编程模式)设置、选择 sof 文件,逻辑分析仪工作时钟信号的设置、采样深度的设置,触发信号和触发方式的选择等。在图 8-40 中右侧界面上依次进行这几项设置。第一步,通信模式设置。在 JTAG Chain Configuration 栏中,单击 Setup 按钮,进行硬件设置,就像第一次连接编程器时那样,选择 USB-Blaster 后单击 Close 按钮,用于 FPGA 编程的编程器。

第二步,选择 sof 文件。单击 SOF Manger 右侧的"…"按钮,选择 SOF 文件,如本例的 cnt10. sof。

第三步,选择工作时钟。单击 Clock 栏右侧的"…"按钮,出现 Node Finder 窗口。为了说明的方便,选择十进制计数时钟 CLK 作为逻辑分析仪的采样时钟。

第四步,选择采样深度。在 Data 框中的 Sample depth 栏选择采样深度为 8K,注意采样深度应根据实际需要和器件内部空余 RAM 大小来决定。

第五步，选择触发信号和触发方式。在 Trigger 栏设定采样深度中的起始触发位置，比如选择前触发 Pretrigger position，最后是触发信号和触发方式选择，这可以根据需求来选定。在 Trigger 栏的 Trigger condition 下拉列表中选择 1，选中 Trigger in 复选框，并在 Source 框中选择触发信号，在此选择 cnt10 工程中的 enable 信号作为触发信号；在触发方式 Pattern 下拉列表中选择高电平触发方式，即当 enable 为高电平时，SignalTap Ⅱ在 clk 的驱动下根据设置 cnt10 的信号进行连续采样。经过上述参数设置后出现如图 8-41 所示的界面。

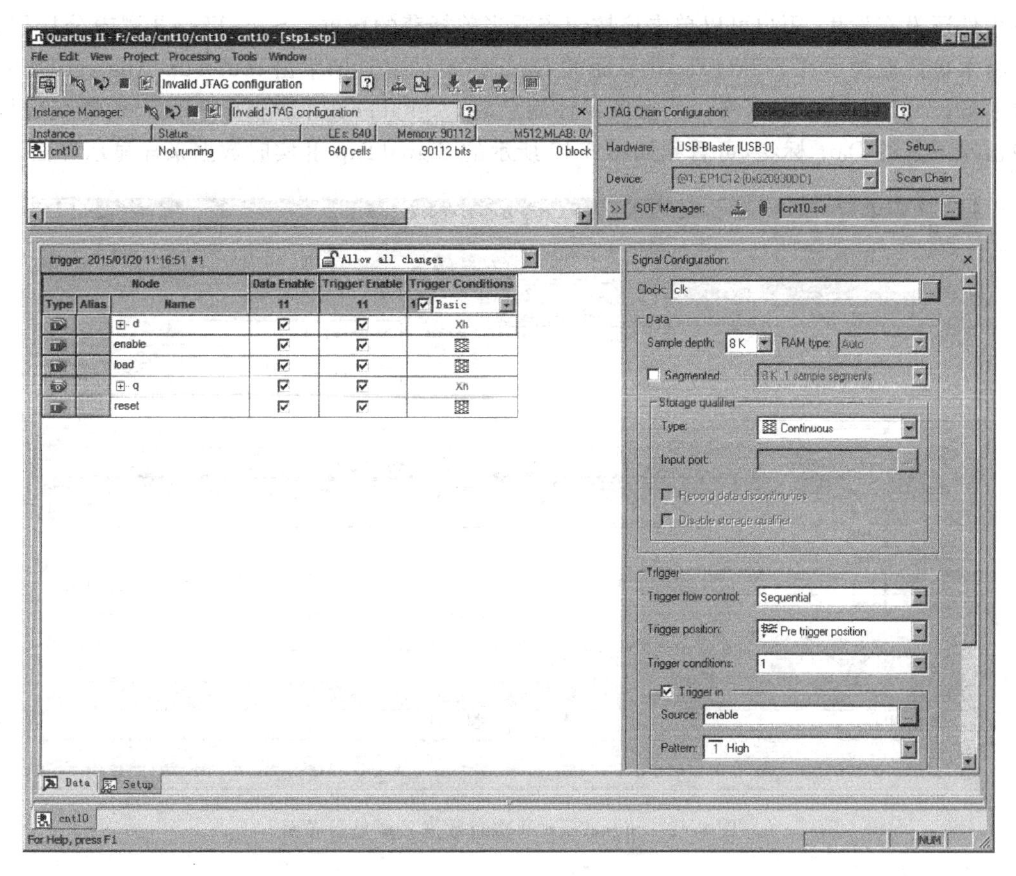

图 8-41　参数设置界面

4. 文件存盘

选择 File→Save As 命令，输入此 SignalTap Ⅱ文件名为 stp1. stp(默认文件名和后缀)，单击"保存"按钮后，将出现一个提示 Do you want to enable SignalTap Ⅱ，单击"是"按钮，表示同意再次编译时将此"SignalTap Ⅱ文件与工程(cnt10)"捆绑在一起综合/适配，以便一同被下载进 FPGA 芯片中去完成实时测试任务。如果单击"否"按钮，则必须自己去设置，方法是选择 Assignments→Settings 命令，在其 Category 栏中选择 SignalTap Ⅱ Logic Analyzer，选择已存盘的 SignalTap Ⅱ文件名。

5. 编译下载

选择 Processing→Start Compilation 命令，启动全程编译，编译结束后，选择 Tools→SignalTap Ⅱ Analyzer 命令，打开 SignalTap Ⅱ，下载。

6. 启动 SignalTap Ⅱ进行采样与分析

单击图 8-41 中 Instance 栏中的 cnt10,选择 Processing 菜单下的命令进行采样。Processing 菜单下有 4 个子菜单,其中 Run Analysis 是单步执行 SignalTap Ⅱ逻辑分析仪,即执行该命令后,SignalTap Ⅱ逻辑分析仪等待触发事件,当触发事件发生时开始采集数据,然后停止。AutoRun Analysis 是执行该命令后,SignalTap Ⅱ逻辑分析仪连续捕获数据,直到用户按下 Stop Analysis 按钮为止。Stop Analysis 是停止 SignalTap Ⅱ分析。如果触发事件还没有发生,则没有接收数据显示出来。Read Data 是显示捕获的数据。如果触发事件还没有发生,用户可以单击该按钮查看当前捕获的数据。SignalTap Ⅱ逻辑分析仪自动将采集数据显示在 SignalTap Ⅱ界面的 Data 标签页中。如单击 Autorun Analysis 按钮,启动 SignalTap Ⅱ连续采样。当触发条件满足时,SignalTap Ⅱ逻辑分析仪开始捕获数据。单击左下角的 Data 标签,可看到如图 8-42 所示的 SignalTap Ⅱ实时数据采样显示界面。

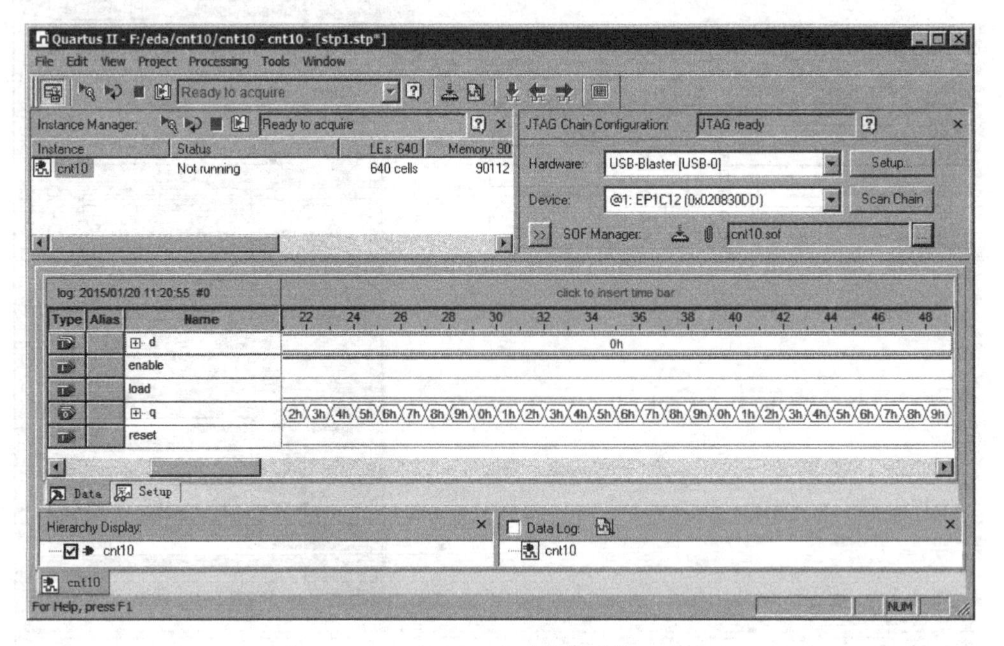

图 8-42　SignalTap Ⅱ实时数据采样显示界面

注意:除了上述方法外,还可使用 MegaWizard Plug-In Manager 建立嵌入式逻辑分析仪,具体方法如下:在 Quartus Ⅱ软件中选择 Tools→MegaWizard Plug-In Manager 命令,按照向导来建立。

第9章 数字逻辑电路设计基本实验

数字逻辑电路是电气信息类专业重要的专业基础课，具有很强的理论性和实践性，旨在培养学生解决实际问题的能力，因而，数字逻辑电路实验是数字逻辑电路课程教学中十分重要的环节。

9.1 实验方式与总体要求

9.1.1 实验方式

随着计算机技术和电子设计自动化(EDA)技术的不断发展，数字逻辑实验方式也从传统的以74系列器件、面包板和导线为主要实验器材的实验方式向以可编程器件、EDA软件、硬件描述语言(HDL)为实验手段的FPGA实验方式转变，两种实验方式在数字逻辑电路的学习过程中有十分重要的作用。

传统的"面包板+芯片"的实验方式的主要问题是实验器材耗费大，集成电路芯片和连接线容易出现连线接触不良的现象，实验排错困难，实验效率低，实验器材的好坏直接影响实验现象，但这种实验方式有利于培养学生的操作技能、增强学生的感性认识，因此，在整个数字逻辑电路实验中是必需的。

FPGA实验方式是使用开发系统将所设计的电路输入到计算机；利用开发系统将设计电路编译生成sof文件；通过下载电缆下载到可编程器件中进行验证，可以解决较大规模设计实验及课程设计中的元件不足的问题，有效缓解实验室实验耗材的问题，节约实验经费，提高实验效率。

9.1.2 实验总体要求

为了达到课程的实验教学目标，提出实验的总体要求。我们将整个实验过程分为：实验预习、实验操作过程、实验报告三个阶段，称为三段式实验。三段式实验强调每个阶段在实验教学中的作用和地位。实验预习是提高实验效果的一个重要环节，只有预习充分，实验操作时才会做到思路清晰，实验预习要求做好实验前的一些准备工作，包括实验原理的预习、开发软件的使用、设计出实验的原理图或画出芯片的连线图，准备好设计的源代码等，形成预习报告。实验操作过程是实验成功与否的关键环节，在实验中要求学生在实践中掌握操作技能，分析实验现象是否与理论值相符，从而判断设计的正确性，在实验中体验知识如何应用，并通过分析、反思等形式对课程知识进行内化，从而达到知识的习得和技能的提升。实验报告是实验过程的记录、实验现象的分析和实验的总结，实验报告应能完整而真实地反映实验结果,可以在预习报告的基础上进一步完善,书写实验报告是实验教学的重要环节,通过书写实验报告,可以使学生认真做好实验,仔细观察实验过程中所发生的现象,有利于加强对理论知识的理解和记忆,促使学生重视基本技能的学习和应用。因此,要求学生必须认真对待实验的每个环节。

实验报告要遵守一定规范和要求,实验报告应包括实验名称、实验目的、实验原理、实验内容及简要设计方案、画出原理图或写出 VHDL 语言源程序、主要实验步骤、实验的仿真波形、实验验证数据及结果、实验总结等。实验总结是对本次实验进行简要的总结,分析实验过程中出现的问题,以及解决办法,写出心得体会等。

9.1.3 实验仪器设备

数字逻辑传统实验方式使用 74 系列器件、面包板和导线完成。

FPGA 实验方式:开发软件 Quartus Ⅱ(MAX+Plus Ⅱ)、PC 一台、EDA 实验开发系统一套。

9.2 基本实验

本书安排了 20 个实验,其中第一个实验使用两种实验方式进行介绍,这样的安排既可以让学生了解传统的实验方式,也可以让学生了解最新的实验方式,读者可以从中感受两种实验方式的特点。为适应不同专业的教学要求,读者可以从中选择部分实验,以满足不同专业和不同学时学生的需求;也鼓励学生根据自己的兴趣多做一些选修实验,通过思考每个实验后的思考题,提高分析问题,解决问题的能力,从而提高自己的创新设计能力。

9.2.1 验证半加器、全加器

本实验采用两种实验方式完成实验,一是使用 TTL 小规模集成电路芯片、导线和实验板,根据原理图来搭建电路,并验证其功能;二是使用 Quartus Ⅱ原理图输入法进行实验。读者可根据具体情况选择一种或两种方法进行实验。

1. 实验目的

(1) 掌握用 TTL 小规模集成电路设计组合逻辑电路的方法。

(2) 掌握原理图输入法设计电路的方法和步骤。

(3) 进一步加深理解半加器、全加器的逻辑功能。

2. 实验原理

加法运算是计算机中最基本的一种算术运算。半加器是能完成两个一位二进制数的相加运算,求得"和"及"进位"逻辑电路。全加器是完成两个一位二进制数相加,并考虑低位来的进位,即相当于将三个一位二进制数相加的电路。根据半加器、全加器的真值表,可求出半加器、全加器的输出函数,根据所选用的逻辑门电路,将输出函数化成相应的与非门表达式,如图 9-1 所示为半加器的原理图与全加器的原理图。

3. 实验内容

(1) 根据半加器、全加器的真值表,求出输出函数,并将输出函数化成两输入的与非-与非形式。

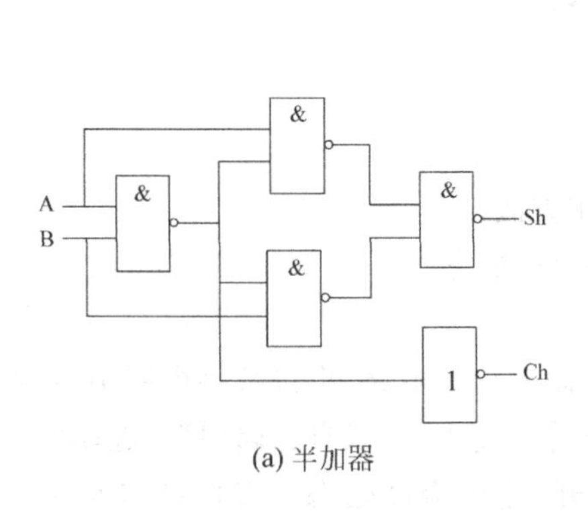

(a) 半加器

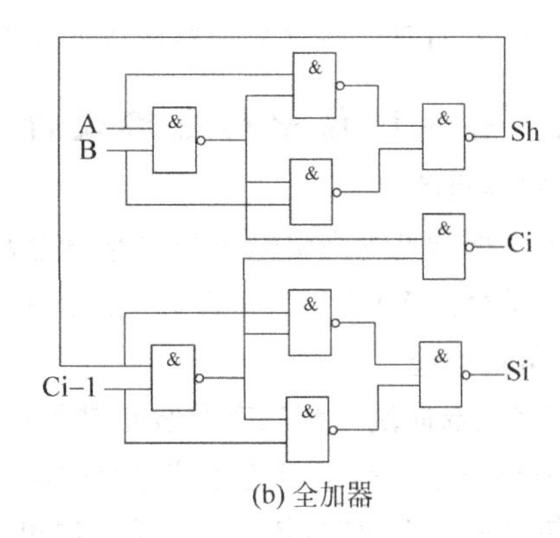

(b) 全加器

图 9-1 半加器和全加器原理图

(2) 根据选择的实验方式在相应的仪器设备上搭建实验电路或设计电路并验证其逻辑功能。

4. 实验要求

(1) 预习半加器和全加器的相关内容。

(2) 逻辑设计要求，用两个或三个电平开关来表示半加器或全加器的输入，两个二极管表示半加器或全加器的输出，验证半加器和全加器的真值表。

(3) 画出使用 74LS00 芯片实现的连线图或写出原理图输入法设计电路的详细操作步骤。

5. 实验技能培养和注意事项

(1) 学会验线方法，根据芯片功能表验证芯片的好坏。

(2) 芯片的电源和接地线一定要正确连接。

(3) 74LS00 芯片是 4 个与非门的芯片，其芯片的逻辑图与引脚图，如图 9-2 所示。接线要注意引脚号和与非门输入、输出引脚的对应关系，其中 VCC 接+5V，GND 接地。

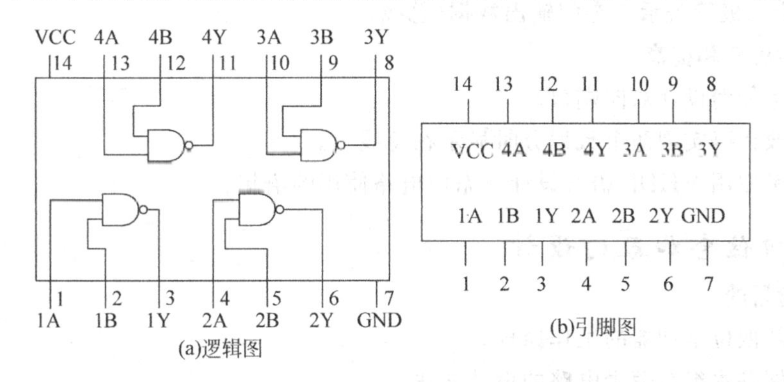

图 9-2 74LS00 芯片的逻辑图与引脚图

6. 实验思考与提高

(1) 如何判断实验中所使用器件的好坏。

(2) 如何使用 VHDL 语言设计一位全加器。

(3) 思考两种实验方式的优缺点。

(4) 思考如何用一位全加器构成四位全加器。

9.2.2 含高阻输出的电路设计

1. 实验目的

(1) 掌握常见含高阻输出的电路概念及使用方法。

(2) 学会用 VHDL 语言设计三态门和三态总线的方法。

2. 实验原理

三态门、双向端口和三态总线是常见的含高阻输出的电路,也是数字电路中经常用到的元件。所谓三态门是指当使能信号有效时,输出等于输入,可以有逻辑“1”和逻辑“0”两种状态;当使能信号无效时,传输门关闭,输出端断开,输出为高阻态。双向端口是用 INOUT 模式设计的端口,它与三态门的设计十分相似,都必须考虑端口的三态控制。这是由于双向端口在完成输入功能时,必须使原来呈输出模式的端口呈高阻态,否则,待输入的外部数据势必会与端口处原有电平发生“线与”,导致无法将外部数据正确地读入,而实现“双向”功能。计算机中的数据总线就是双向的三态总线,当使能信号有效时,总线读入数据或输出数据;当使能信号无效时,总线表现为高阻态。

3. 实验内容

使用 VHDL 语言设计三态门电路,实现信号传输。

4. 实验要求

(1) 预习三态门、双向端口、三态总线的基本概念和特性。

(2) 预习 VHDL 语言的程序结构,掌握库和程序包的使用方法、实体的定义方法、结构体的描述方法。

(3) 预习 Quartus Ⅱ软件的使用方法,使用 VHDL 语言开发的一般步骤。

(4) 使用 VHDL 语言设计三态门和总线传输电路的源程序。

(5) 逻辑设计要求:使用 4 个开关表示三态门输入,使用一个开关作为三态门的输出使能,使用 4 个二极管表示三态门输出数据(总线)。

5. 实验思考和提高

(1) 思考如何设计双向端口。

(2) 修改代码实现两个数据分时显示在总线上。

(3) 思考使用 VHDL 语言设计三态门电路使用的语句。

9.2.3 四位全加器的设计

1. 实验目的

(1) 了解四位全加器的工作原理。

(2) 掌握基本组合逻辑电路的设计方法。

(3) 熟悉应用 Quartus Ⅱ进行 FPGA 开发的过程和开发方法。

(4) 掌握 VHDL 语言程序的基本结构,熟悉 VHDL 语言设计方法。

2. 实验原理

全加器是由两个加数 X_i 和 Y_i 以及低位来的进位 C_{i-1} 作为输入,产生本位和 S_i 以及向高位的进位 C_i 的逻辑电路。它不但要完成本位二进制码 X_i 和 Y_i 相加,而且还要考虑到低

一位进位 C_{i-1} 的逻辑。对于输入为 X_i、Y_i 和 C_{i-1}，输出为 S_i 和 C_i 的情况，根据二进制加法法则可以得到全加器的真值表，如表 9-1 所示。

表 9-1　全加器真值表

X_i	Y_i	C_{i-1}	S_i	C_i
0	0	0	0	0
0	0	1	1	0
0	1	0	1	0
0	1	1	0	1
1	0	0	1	0
1	0	1	0	1
1	1	0	0	1
1	1	1	1	1

由真值表得到 S_i 和 C_i 的逻辑表达式为：

$$S_i = X_i \oplus Y_i \oplus C_{i-1}$$

$$C_i = (X_i \oplus Y_i)C_{i-1} + X_iY_i$$

这仅仅是一位的二进制全加器，要完成一个四位全加器，只需要把 4 个级联连起来即可。

3. 实验内容

根据逻辑表达式使用 VHDL 语言设计一个四位全加器电路，考虑最低位的进位输入信号。

4. 实验要求

(1) 预习 VHDL 语言的程序结构，掌握库和程序包的使用方法、实体的定义方法、结构体的描述方法。

(2) 预习 Quartus Ⅱ软件的使用方法，使用 VHDL 语言开发的一般步骤。

(3) 设计四位全加器 VHDL 语言程序，在实验报告中，对设计程序做必要说明。

(4) 使用 Quartus Ⅱ进行仿真，在实验报告中，画出仿真波形，并作说明。

(5) 利用实验系统上的拨动开关模块的 4 个开关作为一个加数 X 输入，另外 4 个开关作为另一个加数 Y 输入，1 个开关作为低位的进位，用 5 个 LED 灯作为结果 S 输出，LED 亮表示输出"1"，LED 灭表示输出"0"。下载电路到实验开发系统进行验证，并记录实验数据。

(6) 实验报告中，总结在 Quartus Ⅱ环境下进行 VHDL 开发的详细步骤。

5. 设计思考与提高

(1) 四位全加器的设计方法很多，请读者思考用三种描述方式(行为描述、结构描述、数据流描述)实现。

(2) 总结本次实验中需要注意的地方。

9.2.4　加减运算电路的设计

1. 实验目的

(1) 掌握加减运算电路的基本概念。

(2) 学会使用 VHDL 语言设计一个简单的加减运算电路。

2. 实验原理

加减运算电路是运算器重要的运算单元。常用的运算电路分为算术运算和逻辑运算。算术运算主要完成输入数据的加、减、乘、除等运算；逻辑运算主要实现两个数据的逻辑与、或、非、与非、或非、异或、同或等操作。

3. 实验内容

使用VHDL语言实现一个4位二进制数的加减运算电路。A和B是运算电路的两个输入端，Ci是输入输出进位/借位信号，运算结果为S，通过Sel开关选择执行加法运算还是减法运算，如图9-3所示。

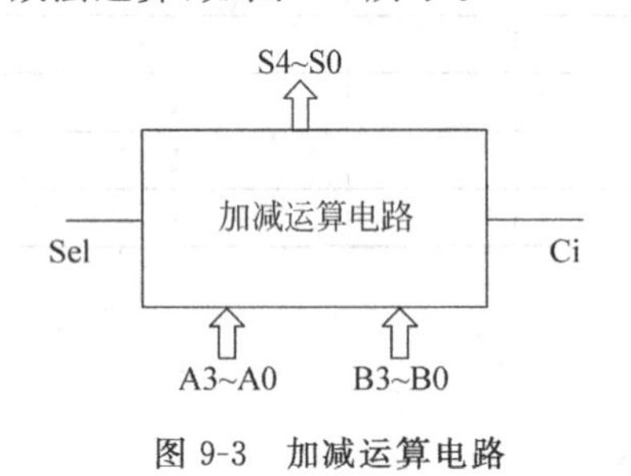

图9-3 加减运算电路

4. 实验要求

(1) 预习运算器的算术运算和逻辑运算的基本概念。

(2) 写出VHDL语言实现加减运算的源程序，并进行验证。

5. 实验思考与提高

(1) 在源代码的基础上增加什么部件，可方便实现各种算术逻辑运算。

(2) 如何修改代码实现各种算术逻辑运算。

9.2.5 编码器电路的设计

1. 实验目的

(1) 进一步熟悉开发软件进行FPGA设计的方法和过程。

(2) 熟悉编码器的工作原理。

(3) 进一步熟悉VHDL语言进行逻辑电路的设计。

2. 实验原理

在数字系统中，常常需要将某些信息变换为特定的代码。把二进制码按一定的规律进行编排，使每组代码具有特定的含义，称为编码。具有编码功能的逻辑电路称为编码器。编码器是将2^n个分立的信息代码以n个二进制码来表示，如8-3编码器具有8个输入、3位二进制输出。编码器的功能是将一组输入信号翻译成与之对应的二进制代码。编码方法有很多种，除了普通编码器外，还有一种常用的编码器叫做优先编码器。其真值表如表9-2所示。

表9-2 8-3普通编码器和优先编码器的真值表

输　　入	普通编码器	输　　入	优先编码器
00000001	000	XXXXXXX1	000
00000010	001	XXXXXX1X	001
00000100	010	XXXXX1XX	010
00001000	011	XXXX1XXX	011
00010000	100	XXX1XXXX	100
00100000	101	XX1XXXXX	101
01000000	110	X1XXXXXX	110
10000000	111	1XXXXXXX	111
其他	ZZZZ	其他	ZZZZ

对比真值表可以看出，优先编码器和普通编码器稍有不同。普通编码器的编码覆盖了8种有效输入值，其他的输入、输出均为高阻态；优先编码器则是按输入向量从低位到高位判断是否有逻辑值1，如果有1，则立即译码到对应的逻辑值，因而所有逻辑值有效的输入均为有效输入，覆盖面更大，但译码能力比普通译码器更加强大。

3. 实验内容

根据真值表使用VHDL语言实现8-3普通编码器电路的设计。

4. 实验要求

(1) 预习编码器的相关内容，根据编码器电路的原理，写出设计方案。

(2) 使用VHDL完成8-3普通编码器电路的设计，编写VHDL程序。

(3) 对8-3编码器的逻辑功能进行仿真并分析仿真结果。

(4) 逻辑设计要求，使用8个拨动开关作为输入，3个LED作为输出，将设计电路编译后下载到实验开发系统，验证8-3编码器的真值表。

5. 实验思考与提高

(1) 修改普通编码器的代码，使其成为优先编码器，在实验开发系统上进行验证。

(2) 假如要同时实现普通编码器和优先编码器，思考如何实现，修改代码，并在实验开发系统上验证你的设计。

(3) 总结使用VHDL语言描述编码器电路的方法和常用语句。

9.2.6 译码器电路的设计

1. 实验目的

(1) 熟悉译码器的工作原理。

(2) 掌握Quartus Ⅱ原理图输入法设计电路的步骤和方法。

2. 实验原理

译码是编码的逆过程，它的功能是将具有特定含义的二进制码进行辨别，并转换成控制信号。具有译码功能的逻辑电路称为译码器，译码器的功能与编码器相反，即将输入的二进制代码翻译成对应的高低电平信号。常用的译码器包含二进制译码器、七段码译码器、键盘矩阵译码器等。3-8译码器是数字系统中经常使用的电路，表9-3是优先3-8译码器与普通3-8译码器的真值表。从真值表可以看出，普通译码器可以有8种有效输入并准确译码，而

表9-3 优先3-8译码器与普通3-8译码器的真值表

输　入	普通译码器	输　入	优先译码器
000	00000001	XX1	00000001
001	00000010	X1X	00000010
010	00000100	1XX	00000100
011	00001000	XXXX	ZZZZ
100	00010000	XXXX	ZZZZ
101	00100000	XXXX	ZZZZ
110	01000000	XXXX	ZZZZ
111	10000000	XXXX	ZZZZ
其他	ZZZZ	其他	ZZZZ

优先译码器只有3类有效输入,且是从低位到高位依次判断输入向量信号是否有逻辑“1”,如果有则立即进行译码,反之输出高阻态。

在实际的译码器中,常在输入中加入一个输入使能端,当输入使能有效时,将当前的输入进行译码,当输入使能无效时,不用对当前输入信号进行译码,输出端全为高电平。本实验设计中没有考虑使能输入端,实际设计时可以考虑加入使能输入端。

3. 实验内容

根据真值表,分别使用原理图的方式和VHDL语言设计一个普通的3-8译码器,并验证其功能的正确性。

4. 实验要求

(1) 预习译码器的相关内容,根据实验的内容,写出译码器的设计方案。

(2) 预习Quartus Ⅱ软件原理图输入法的使用方法,根据3-8译码器的真值表画出3-8译码器的原理图,如图9-4所示。

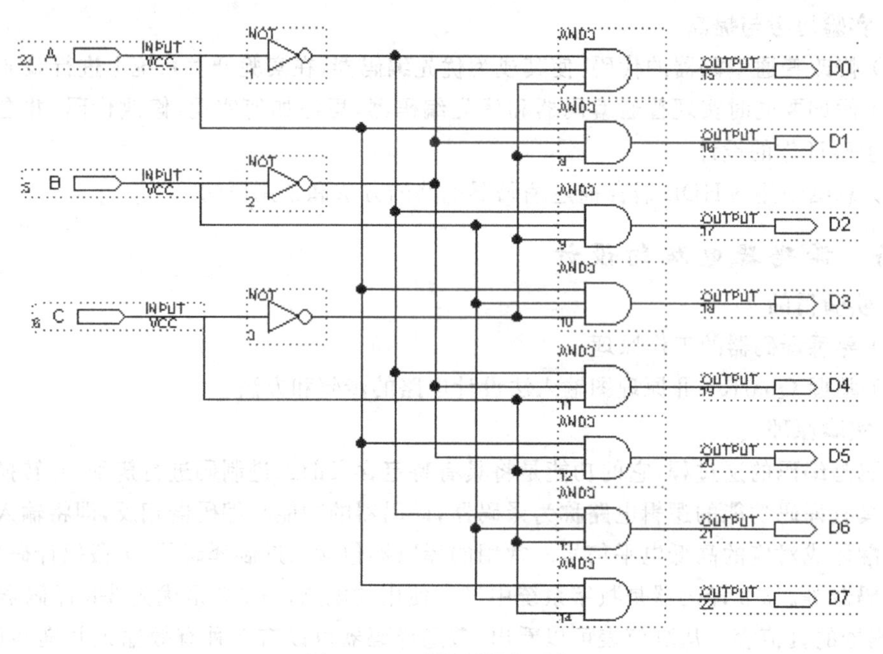

图9-4　3-8译码器原理图

(3) 使用VHDL语言完成普通3-8译码器电路的设计,编写VHDL程序。

(4) 逻辑设计要求,用3个拨动开关来表示3-8译码器的3个输入(A、B、C);用8个LED来表示3-8译码器的8个输出。下载电路到实验开发系统进行验证,通过输入不同的值来观察输出的结果与3-8译码器的真值表是否一致。

(5) 要求详细写出使用Quartus Ⅱ进行原理图方式设计的步骤。

5. 实验思考与提高

(1) 在源代码的基础上,增加一个输入使能端,修改代码,使其成为一个带使能端的普通3-8译码器。

(2) 如何根据3-8译码器的真值表,使用原理图的方式设计一个优先3-8译码器。

(3) 总结VHDL语言描述译码器电路的方法和常用语句。

(4) 比较使用原理图方式和 VHDL 方式设计组合逻辑电路的方法、步骤和优缺点。

9.2.7 七人表决器电路的设计

1. 实验目的

(1) 进一步熟悉 VHDL 语言和原理图输入法设计组合逻辑电路。

(2) 熟悉七人表决器的工作原理。

(3) 进一步熟悉组合电路的设计方法。

2. 实验原理

所谓表决器就是对于一个行为,由多个人投票,如果同意的票数过半,就认为此行为可行;如果否决的票数过半,则认为此行为无效。七人表决器顾名思义就是由 7 个人来投票,当同意的票数大于或者等于 4 时,表决结果为通过;反之,当否决的票数大于或者等于 4 时,则认为不通过。

3. 实验内容

设计一位全加器电路 ADDER,在顶层图中调用一位全加器和必要的门电路、输入输出电路,完成七人表决器的设计,如图 9-5 所示。或者使用 VHDL 语言设计一个简单的七人表决器电路。

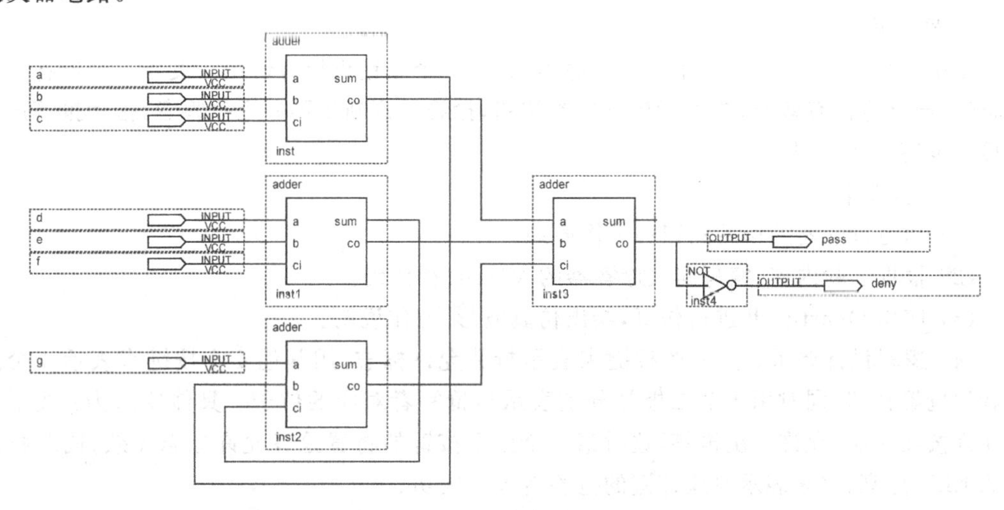

图 9-5 七人表决器原理图

4. 实验要求

(1) 预习七人表决器的工作原理,根据实验内容写出设计方案。

(2) 设计七人表决器的原理图或用 VHDL 语言完成设计,并作简要说明。

(3) 使用 Quartus Ⅱ 进行仿真,绘出仿真波形,并作说明。

(4) 利用实验开发系统的 7 个拨动开关表示 7 个人,用二极管表示表决结果。当拨动开关输入为“1”时,表示投同意票,当拨动开关输入为“0”时,表示投反对票;二极管点亮时,表示表决通过;将设计电路下载到实验系统验证设计方案。

5. 实验思考与提高

(1) 七人表决器的实现方法有很多,可以使用原理图实现、可以使用 VHDL 语言编写代码,代码的编写方法也有多种方法,请同学们思考至少使用两种方式来实现设计。

(2) 使用VHDL语言设计时,如要将表决结果中同意的人数,在数码管(二极管)上显示出来,请修改设计方案。

(3) 若7个人中有一个人具有否决权,请修改设计方案。

(4) 如使用VHDL语言来设计电路,总结使用VHDL语言描述表决器电路的方法和常用语句。

9.2.8 四人抢答器电路的设计

1. 实验目的

(1) 熟悉四人抢答器的工作原理。

(2) 进一步加深对VHDL语言的理解。

2. 实验原理

抢答器的原理就是抢答者根据抢答允许标志位的状态来决定抢答者是否可以抢答,如果抢答允许标志有效,则抢答器开始工作,4个抢答者谁先按下抢答按钮,则抢答成功,同时记录抢答者按钮的序号,并置抢答允许标志位无效,禁止后面的人再抢答。抢答器的应用,消除了原来由于人眼的误差不能正确判断最先抢答者的情况,在各类竞赛性质的场合得到了广泛的应用。

3. 实验内容

使用VHDL语言设计一个四人抢答器,每人一个按钮供抢答使用。设置一个抢答允许标志位,当标志位有效时,抢答者按下抢答按钮,抢答器判断出第一个抢答者,指示抢答成功并显示抢答者的号码。

4. 实验要求

(1) 预习抢答器的相关知识和工作原理。

(2) 根据实验内容,编写四人抢答器的VHDL源代码。

(3) 使用Quartus Ⅱ进行仿真,绘出仿真波形,并作说明。

(4) 逻辑设计要求。用一个按键来表示抢答允许标志,用其他4个按键来表示4个抢答者的抢答按钮,同时用4个二极管分别表示与抢答者对应的位子。具体要求为:按下抢答允许按钮一次,允许一次抢答,这时第一个按下按键的将置抢答允许标志无效,同时将对应的LED点亮,用来表示对应按键的抢答者抢答成功。

(5) 将设计电路下载到实验开发系统进行验证,记录实验结果。

5. 实验思考与提高

(1) 总结使用VHDL语言描述抢答器电路的方法和常用语句。

(2) 如果要求在抢答允许标志无效时抢答,对提前抢答的人发出警报,以示警告,请重新编写代码完成其功能。

(3) 如果要在抢答器中增加抢答者限时回答、计分模块,请思考如何实现?

(4) 如果要求在数码管上显示对应抢答成功者的号码,请思考应如何修改代码?

9.2.9 BCD-七段码显示译码器电路的设计

1. 实验目的

(1) 学习掌握七段码显示译码器设计的原理。

(2) 掌握VHDL语言设计七段码显示译码器。

2. 实验原理

BCD-七段码显示译码器是代码转换器中的一种。在电子系统和各种数字测量仪表中，都需要将数字量直观地显示出来，因此，数字显示电路是许多数字设备不可缺少的一部分。数字显示电路的译码器是将BCD码或者其他码转换为七段显示的编码，用十进制数进行显示。假设，七段显示数码显示采用的是共阴极连接，则1对应的二极管亮，而0不亮。图9-6是一个七段码显示译码器，表9-4是BCD-七段码显示译码器真值表。

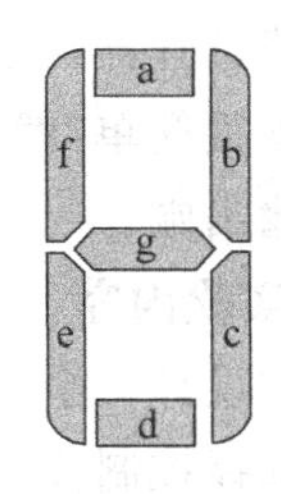

图9-6　七段码显示译码器

3. 实验内容

根据表9-4的真值表，使用VHDL语言设计一个BCD码转换为数码管对应a～g七段显示电路。

表9-4　BCD-七段显示译码的真值表

输入BCD（A3～A0）	输出七段码(GFEDCBA)	显示字形
0000	0111111	0
0001	0000110	1
0010	1011011	2
0011	1001111	3
0100	1100110	4
0101	1101101	5
0110	1111101	6
0111	0000111	7
1000	1111111	8
1001	1101111	9
其他	NULL	不显示

4. 实验要求

(1) 预习BCD码、七段数码管译码器的相关内容，理解BCD-七段码的真值表。

(2) 根据实验的内容，写出设计方案，使用VHDL完成BCD-七段码的VHDL程序。

(3) 4个开关表示一个BCD码的输入，数码管的七段码表示输出。

(4) 将设计电路下载到实验开发系统验证BCD-七段码的真值表。

5. 实验思考与提高

(1) 思考若想在某一个指定的数码管显示输出结果应如何做。

(2) 总结使用VHDL语言描述译码器电路的方法和常用语句。

9.2.10　多路数据选择器电路的设计

1. 实验目的

(1) 熟悉多路选择器的工作原理。

(2) 学会使用VHDL语言设计多路选择器电路。

2. 实验原理

多路选择器在电路中经常用到,是一种常用的组合电路,也叫多路开关。多路选择器的工作原理很简单,就是在选择控制位的控制下,从几个数据输入中选择一个并将其送到一个公共的输出端。

3. 实验内容

要求设计一个 8-1 多路数据选择器,该数据选择器有 8 个数据输入端,1 个输出端和 3 个数据选择控制位,1 个使能控制端用来控制多路选择器是否正常工作,当使能端为高电平时,多路选择器正常工作,否则输出为高阻态。

4. 实验要求

(1) 预习多路选择器的相关内容,根据实验的内容,写出设计方案。

(2) 用 VHDL 语言完成多路选择器的设计。

(3) 逻辑设计要求:使用 8 个开关作为输入,3 个开关作为数据选择,一个开关作为使能控制端,一个 LED 作为输出。

(4) 将设计电路下载到实验开发系统验证设计方案。

5. 实验思考与提高

(1) 多路数据选择器的实现方法很多,请思考使用两种方法来实现。

(2) 总结使用 VHDL 语言进行多路器电路的描述方法和常用语句。

9.2.11 四位并行乘法器电路的设计

1. 实验目的

(1) 了解四位并行乘法器的原理。

(2) 了解四位并行乘法器的设计思想。

(3) 掌握用 VHDL 语言设计四位乘法器电路。

2. 实验原理

四位乘法器有多种实现方法,根据乘法器的运算原理,其中最典型的方法是采用部分乘积项进行相加的方法(通常称为并行法)。这种算法可以采用组合逻辑来实现,其特点是,设计思路简单直观、电路运算速度快,缺点是使用逻辑资源较多。

乘数的每一位都要与被乘数相乘,获得不同的积,我们称之为部分积,将这个部分积左移一位,与下一个部分积相加,得到的和再左移一位,然后再与下一个部分积相加,依次类推,直到所有部分积相加完成,才可以得到正确的结果。

3. 实验内容

使用 VHDL 语言设计一个简单的四位并行乘法器电路,并下载验证其正确性。

4. 实验要求

(1) 预习乘法器的相关内容,根据实验的内容,写出设计方案。

(2) 逻辑设计要求:被乘数 A 用拨动开关模块的 K1~K4 来表示,乘数 B 用 K7~K10 来表示,相乘的结果用 LED 模块的 LED1~LED8 来表示,当设计文件加载到目标器件后,拨动相应的拨动开关,验证设计方案。

5. 实验思考与提高

(1) 四位乘法器实现方法很多,除了并行法之外,请思考还可以采用什么方法实现?

(2) 请思考如何使用层次化设计方法，低层分别设计乘法器和加法器，顶层使用原理图实现四位乘法器的设计。

9.2.12 寄存器的设计

1. 实验目的

(1) 掌握四位寄存器的逻辑功能及使用方法。

(2) 学会用 VHDL 语言设计四位寄存器。

2. 实验原理

寄存器主要用于寄存二进制代码信息，广泛地应用于各类数字系统中。常用的寄存器有锁存器和移位寄存器。锁存器一般有两种状态：工作状态和保持状态。当锁存器的使能信号有效时，锁存器处于工作状态，时钟上升沿触发后，输出数据等于输入数据，否则锁存器处于保持状态。

3. 实验内容

设计一个四位锁存器，使用 4 个开关表示 4 位输入数据，4 个 LED 表示 4 位输出数据，时钟信号为 CLK，使能信号为 EN，当 EN 为“1”时，输出数据等于输入数据，当 EN 为“0”时，锁存器处于保持状态。

4. 实验要求

(1) 预习寄存器的相关内容，根据实验的内容，写出设计方案。

(2) 使用 VHDL 完成锁存器的设计。

(3) 逻辑设计要求：使用 4 个开关作为输入数据，4 个 LED 作为输出数据，在时钟信号 CLK，使能信号 EN 的作用下，下载电路到实验开发系统验证结果。

5. 实验思考与提高

移位寄存器也是常用的寄存元件，主要用来实现移位功能，请思考如何使用 VHDL 语言实现寄存器左移、右移、直传功能。

9.2.13 触发器的设计

1. 实验目的

(1) 了解触发器的基本概念和工作原理。

(2) 学会使用 VHDL 语言描述触发器。

2. 实验原理

时序逻辑电路有“记忆”能力，任意时刻的输出信号不仅与当时的输入信号有关，而且和电路原来的状态相关。时序逻辑电路由组合逻辑电路和存储电路两部分组成，存储电路由触发器构成。因此，触发器是时序逻辑电路的基本单元电路，它能够保存电路的初始状态和当前状态。根据功能的不同，触发器可以分为 D 触发器、T 触发器、JK 触发器、RS 触发器。

3. 实验内容

表 9-5 为 D、RS 触发器的真值表，使用 VHDL 完成 RS、D 触发器的设计。假设各触发器均上升沿触发，当检测到时钟上升沿到来时，触发器根据输入值取得输出。

表 9-5 D、RS 触发器真值表

触 发 器	输 入	输 出
D	0	0
	1	1
RS	00	保持
	01	1
	10	0
	11	d

4. 实验要求

(1) 预习各种触发器的基本概念,写出各种触发器的真值表。

(2) 使用 VHDL 语言设计 RS、D 触发器电路。

5. 实验思考与提高

(1) 写出基本 JK 触发器、T 触发器的真值表,根据真值表使用 VHDL 语言描述并验证其功能。

(2) 思考实验中设计的 RS 触发器、D 触发器,分别属于哪种类型。

(3) 思考双稳态触发器和单稳态触发器的区别。

9.2.14 74LS160 计数器的设计

1. 实验目的

(1) 学会使用 VHDL 语言设计时序电路。

(2) 用 VHDL 语言设计 74LS160 计数器功能模块。

2. 实验原理

计数器是最常用的时序逻辑电路,其应用范围非常的广泛,从处理器的地址发生器到频率计都需要使用到计数器模块。计数器计数方式可以分为加法计数和减法计数,加法计数器每来一个脉冲计数值加 1,减法计数器每来一个脉冲计数值减 1,有时将两者做在一起称为可逆计数器。计数器还可分为自由计数器和可预置计数器,有的计数器只有简单复位控制端,称自由计数器;有的计数器可以预置计数初值,称为可预置计数器。

3. 实验内容

模仿中规模集成电路 74LS160 的功能,用 VHDL 语言设计一个十进制同步置数、异步清零的计数器。表 9-6 是中规模集成电路 74LS160 的功能表,使用 VHDL 语言设计实现 74LS160 的功能,其工作模式如表 9-6 所示。

表 9-6 74LS160 功能表

操作	CLRN	CLK	ENP	ENT	LDN	Dn(DCBA)	Qn(QD、QC、QB、QA)	RCO
复位	L	X	X	X	X	X	X	L
预置	H	C	X	X	L	L	L	L
计数	H	C	H	H	H	X	+1	d
保持	H	X	L	X	H	X	Qn	d
保持	H	X	X	L	H	X	Qn	L

模块说明：CLK 表示时钟输入，CLRN 表示清零输入，ENT、ENP 表示计数使能信号输入，Dn(D、C、B、A) 表示置数输入端，LDN 表示置数允许输入端，QD、QC、QB、QA 表示计数输出端，RCO 表示进位输出端，如图 9-7 所示。

4. 实验要求

(1) 预习计数器的相关内容，根据实验内容，写出设计方案。

(2) 完成 74LS160 计数器源程序的设计。

(3) 使用 Quartus Ⅱ电路的仿真，画出仿真波形和分析结果。

(4) 使用 8 个开关作为计数使能、复位开关，预置数，4 个 LED 灯作为计数器的输出，下载电路到实验开发系统验证结果。

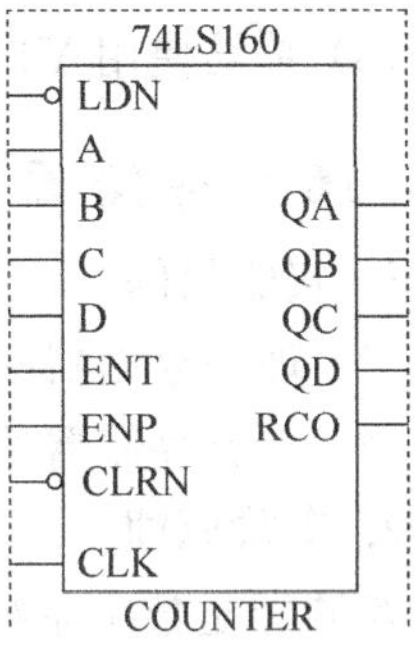

图 9-7　74LS160 模块

5. 实验思考与提高

(1) 思考如何在设计的 74LS160 源代码基础上，使计数的步长在 1～3 之间可变，设计一个可变步长的可逆计数器(提示：在设计中用两个拨动开关作为步长改变量的输入，用一个开关来控制计数器的加减)。

(2) 如何使用 74LS160 计数模块设计六进制、六十进制、二十四进制、二十九进制计数器。

(3) 改变时钟频率，看实验现象会有什么改变，试解释这一现象。

(4) 谈一谈用 VHDL 语言设计时序电路的体会。

9.2.15　分频器的设计

1. 实验目的

(1) 掌握分频器的逻辑功能及使用方法。

(2) 学会用 VHDL 语言设计分频器。

2. 实验原理

在数字电路中，常需要对较高频率的时钟进行分频操作，得到较低频率的时钟信号，这在硬件电路设计中是十分重要的。分频器中占空比通常是正脉冲持续时间与脉冲总周期的比值。分频器实际上就是计数器的应用，对于分频倍数一般是 2 的整数次幂的情况，只需取出计数器输出端的相应位即可；对于分频倍数不是 2 的整数次幂的情况，但是分频倍数为偶数的情况，需要对计数器进行一下计数控制就可以了，其占空比都可以是 50%，但分频倍数为奇数时，占空比就不可能为 50%了。

3. 实验内容

用 VHDL 语言设计一个可以实现 2 分频、4 分频、8 分频、16 分频的电路。

4. 实验要求

(1) 预习分频器的相关内容，根据实验的内容，写出设计方案。

(2) 根据分频器电路的原理，完成 2 分频、4 分频、8 分频、16 分频的 VHDL 源程序的设计。

(3) 完成分频器电路的仿真。

(4) 下载电路到实验开发系统验证设计方案。

5. 实验思考与提高

(1) 对于分频倍数不是 2 的整数次幂的情况，需要对计数器进行计数控制来实现。请思考如何实现一个 1000 分频的电路。

(2) 在进行硬件设计时,往往要求得到一个占空比不是50%的分频信号,这时仍可采用计数器的方法来产生占空比不是50%的分频信号。请思考如何设计16分频的电路,要求分频信号的占空比为1/16,也就是说高电位的脉冲宽度为输入时钟信号的一个周期。

(3) 总结使用VHDL语言描述分频器的电路的方法。

9.2.16 存储器的设计

1. 实验目的

(1) 理解存储器的基本概念和分类。

(2) 掌握存储器的VHDL语言设计方法。

2. 实验原理

存储器是数字系统中不可或缺的一部分,是计算机的重要部件之一。目前半导体存储器的种类很多,从功能上可以分为只读存储器ROM和随机存储器RAM两大类。RAM与ROM的最大区别在于RAM可读可写。在具体的FPGA设计中,RAM分为单口RAM和双口RAM。单口RAM只有一个地址线和数据线,读写不能同时进行;双口RAM有两组数据线与地址线,读写可同时进行。

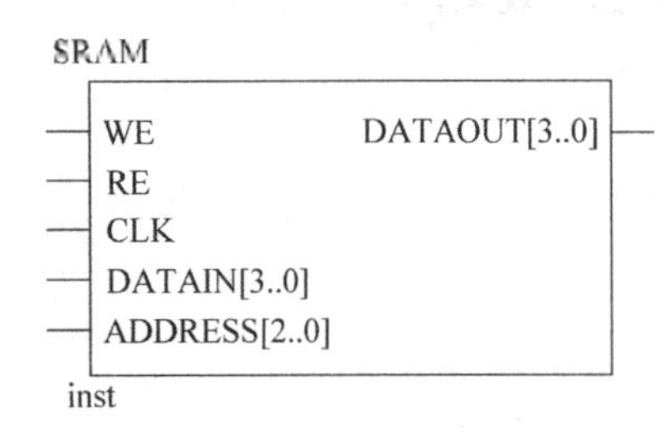

图9-8 8×4bit单口RAM

3. 实验内容

设计一个8×4bit的单口SRAM存储器,如图9-8所示,存储器在时钟信号的作用下进行读写,有读写控制信号、数据输入端、地址线输入端、数据输出端,使用VHDL语言描述,并下载验证其读写功能。

4. 实验要求

(1) 预习存储器的基本概念和种类。

(2) 写出一个8×4bit的单口RAM存储器VHDL语言源代码。

5. 实验思考与提高

(1) 思考单口RAM与双口RAM的区别。

(2) 修改VHDL代码,描述8×4bit双口RAM,并下载验证其读写功能。

(3) ROM是最常用的存储器,思考一下如何写出一个256×4的只读存储器。

9.2.17 八位七段数码管动态显示电路的设计

1. 实验目的

(1) 了解数码管的工作原理。

(2) 学习七段数码管显示译码器的设计。

2. 实验原理

七段数码管是电子开发过程中常用的输出显示设备。在实验系统中使用的是两个四位一体、共阴极型七段数码管。

由于七段数码管公共端连接到GND(共阴极型),当数码管中的那一个段被输入高电平,则相应的这一段被点亮;反之则不亮。共阳极性的数码管与之相反。四位一体的七段数码管在单个静态数码管的基础上加入了用于选择哪一位数码管的位选信号端口。8个数码管的a、b、c、d、e、f、g、h、dp都连在了一起,8个数码管分别由各自的位选信号来控制,被选通的数码管显示数据，其余关闭。这样对于一组数码管动态扫描显示需要由两组信号来控制：一组是字段输出口输出的字形代码，用来控制显示的字形，称为段码；另一组是位输出口输出的控制信号，用来选择第几位数码管工作，称为位码。

由于各位数码管的段线并联，段码的输出对各位数码管来说都是相同的。因此，在同一时刻如果各位数码管的位选线都处于选通状态，8 位数码管将显示相同的字符。若要各位数码管能够显示出与本位相应的字符，就必须采用扫描显示方式。即在某一时刻，只让某一位的位选线处于导通状态，而其他各位的位选线处于关闭状态。同时段线上输出相应位要显示字符的字形码。这样在同一时刻，只有选通的那一位显示字符，而其他各位则是熄灭的，如此循环下去，就可以使各位数码管显示出将要显示的字符。

虽然这些字符是在不同时刻出现的，而且同一时刻，只有一位显示，其他各位熄灭，但由于数码管具有余辉特性和人眼有视觉暂留现象，只要每位数码管显示间隔足够短，给人眼的视觉印象就会是连续稳定的显示。如图 9-9 所示的是 8 位数码管扫描显示电路，其中每个数码管的 8 个段分别连在一起，8 个数码管由 3-8 译码器来选择。被选通的数码管显示数据，其余关闭。当在连续的时钟 CLK 信号作用下，数码管将动态地显示数据。

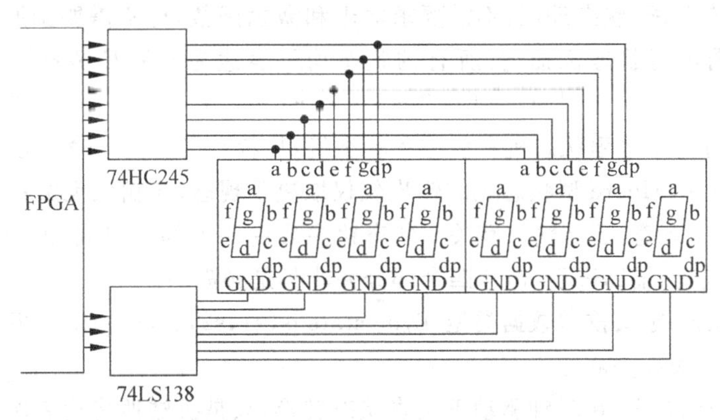

图 9-9　七段显示数码管扫描电路

3. 实验内容

本实验要求完成的任务是在时钟信号的作用下，通过输入的键值在数码管上显示相应的键值。在实验中，数字时钟选择 1kHz 作为扫描时钟，用 4 个拨动开关作为输入，当 4 个拨动开关置为一个二进制数时，在数码管上显示其十六进制的值。

4. 实验要求

(1) 预习动态数码管显示的相关内容，根据实验内容，写出设计方案。

(2) 使用 VHDL 语言完成七段数码管动态显示电路源代码的设计。

(3) 使用 4 个开关作为四位二进制的输入，选择数字信号源模块的时钟频率，下载电路到实验开发系统验证结果。

(4) 理解动态扫描的原理，改变扫描时钟频率会有什么变化，总结动态扫描的频率达到多少时会有稳定的输出？

5. 实验思考与提高

(1) 改变扫描时钟的频率观察实验现象，并解释这一现象。

(2) 该实验 8 个动态数码管显示的数字是同样的数字，请各位同学思考假设要求 8 个数码管显示不同的数字或符号,应该如何修改程序。

9.2.18 简单状态机设计

1. 实验目的

(1) 掌握状态机的原理。

(2) 掌握简单状态机的 VHDL 设计方法。

(3) 熟悉状态图设计方法的使用。

2. 实验原理

状态机设计是一类重要的时序电路,是许多逻辑电路的核心部件,是实现高效率、高可靠性逻辑控制的重要途径。状态机可以分为有限状态机和无限状态机,这里只考虑有限状态机,状态机是由状态寄存器和组合逻辑电路构成的,能够根据控制信号按照预先设定的状态进行转移,是协调相关动作、完成特定操作的控制中心。可以将状态机归纳为 4 个要素,即现态、条件、动作及次态。

状态机的传统设计方法十分繁杂,而利用 VHDL 语言设计状态机,不需要进行烦琐的状态机化简、状态分配、状态编码,不需要求输出和激励函数,也不需要画原理图,只需直接利用状态转移图进行状态机描述,所有的状态均可表达为 CASE WHEN 结构中的一条 CASE 语句,而状态的转移则通过 IF…THEN …ELSE 语句实现。状态机的 VHDL 描述有多种形式,可分为单进程状态机和多进程状态机,从状态机的信号输出方式上分为 Moore 型和 Mealy 型两种,Moore 型状态机的输出仅仅取决于现态,与输入无关;Mealy 型状态机的输出不仅取决于现态,还与输入有关。状态机主要由四个部分组成,说明部分、主控时序进程、主控组合进程、辅助进程,但这四个部分并非都是必需的。

(1) 说明部分:定义枚举数据类型 Type state is(s1,s2,s3,…);定义现态信号 current_state 和次态信号 next_state。

(2) 主控时序进程:在时钟驱动下负责状态转换,只是机械地将代表次态信号的 next_state 中的内容送入现态信号的 current_state 中。

(3) 主控组合进程:根据外部输入的控制信号和当前状态确定下一状态的取向,以及确定当前对外的输出。

(4) 辅助进程:为了完成某种算法或为了输出设置锁存器。

3. 实验内容

采用状态图方法设计一个 1 位二进制比较器,比较两个 1 位串行二进制数 n_1、n_2 的大小,二进制数序列由低位向高位按时钟节拍逐位输入。两数比较有三种结果:

$n_1=n_2$ 设为状态 S_1,输出为 $y=00$;

$n_1>n_2$ 设为状态 S_2,输出为 $y=10$;

$n_1<n_2$ 设为状态 S_3,输出为 $y=01$。

输入有 4 种情况,分别为 00、01、10、11。

采用双进程有限状态机和单进程有限状态机两种方式进行描述。

状态转换图如图 9-10 所示。

4. 实验要求

(1) 预习状态机的相关知识,根据实验内容,写出设计方案。

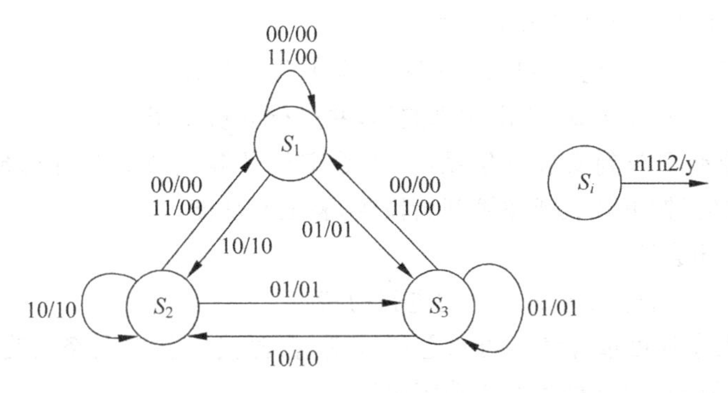

图 9-10 状态转换图

(2) 用 VHDL 语言描述状态机方式完成 1 位二进制比较器设计。

(3) 完成电路的编译、仿真,绘出仿真波形,并作说明。

(4) 用实验开发系统验证其逻辑功能,记录硬件测试结果。

5. 实验思考与提高

(1) 分析该状态机是哪种类型的状态机。

(2) 总结使用 VHDL 语言描述状态机的一般方法和常用语句。

(3) 总结用单进程和双进程设计状态机的区别。

9.2.19 序列检测器的设计

1. 实验目的

(1) 加深理解序列检测器的工作原理。

(2) 掌握时序电路设计中状态机的 VHDL 的描述方法。

(3) 进一步掌握用 VHDL 语言实现复杂时序电路的设计过程。

2. 实验原理

序列检测器的作用就是从一系列的码流中找出用户希望出现的序列,序列可长可短。比如在通信系统中,数据流帧头的检测就属于一个序列检测器。序列检测器的类型有很多种,有逐比特比较的,有逐字节比较的,也有其他的比较方式,实际应用中需要采用何种比较方式,主要是看序列的多少以及系统的延时要求。

逐比特比较的序列检测器是在输入一个特定波特率的二进制码流中,每进一个二进制码,与期望的序列相比较。首先比较第一个码,如果第一个码与期望的序列的第一个码相同,那么下一个进来的二进制码再和期望的序列的第二个码相比较,依次比较下去,直到所有的码都和期望的序列相一致,就认为检测到一个期望的序列。如果检测过程中出现一个码与期望的序列当中对应的码不一样,则从头开始比较。

3. 实验内容

用状态机实现"1111"序列检测器的设计(输入序列可重叠)。使用实验系统上的开关来输入需要检测的序列,时钟使用实验系统上的数字信号时钟源,频率为 1Hz,用开关或按键来启动检测,检测结果用 LED 模块二极管来表示,如果检测到正确的序列,则 LED 亮起,否则 LED 熄灭。

4. 实验要求

(1) 预习序列检测器的工作原理,根据实验内容,写出设计方案。

(2) 画出 1111 序列检测器的状态图。

(3) 使用 VHDL 语言完成 1111 序列检测器的代码的编写。

(4) 使用 Quartus Ⅱ仿真,绘出仿真波形,并进行分析说明。

(5) 将设计电路下载到实验开发系统,将数字信号源模块的时钟选择为 1Hz,拨动开关,使其为一个数值,按下开关或按键开始检测,验证其功能。

5. 实验思考与提高

(1) 比较 Moore 型电路与 Mealy 型电路的特点。

(2) 思考输入序列可重叠和不可重叠的区别,在源代码基础上修改使输入序列不可重叠的 1111 序列检测器,并下载到实验系统验证。

9.2.20 简易数字钟的设计

1. 实验目的

(1) 了解简易数字钟的工作原理。

(2) 进一步熟悉用 VHDL 语言编写驱动七段码管显示的代码。

(3) 掌握层次化的设计方法。

2. 实验原理

简易数字钟具有计时、暂停和复位的基本功能。要正确显示时-分-秒,首先要知道钟表的工作机理,数字钟的工作应该是在 1Hz 信号的作用下进行,这样每来一个时钟信号,秒增加 1 秒,当秒从 59 秒跳转到 00 秒时,分钟增加 1 分,同时当分钟从 59 分跳转到 00 分时,小时增加 1 小时,但是需要注意的是,小时的范围是从 0～23 时。

实验中由于七段码管是扫描的方式显示,所以虽然时钟需要的是 1Hz 时钟信号,但是扫描却需要一个比较高频率(1kHz)的信号,因此为了得到准确的 1Hz 信号,必须对输入的系统时钟进行分频。

简易数字钟的设计分为三个层次或两个层次。最低层是十进制计数器；第二层是二十四进制、六十进制计数器、分频器、动态扫描电路；顶层是简易数字钟,其设计框图如图 9-11 所示。实现方法可以用原理图实现,也可以用 VHDL 语言实现。

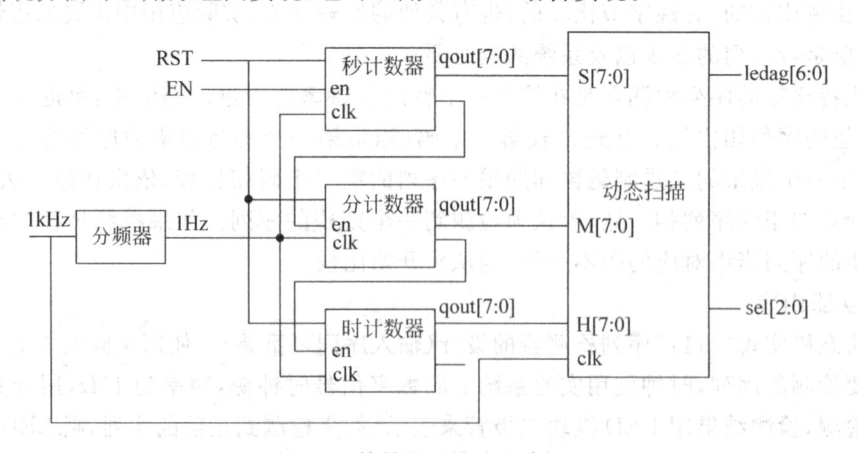

图 9-11 简易电子钟的设计框图

3. 实验内容

设计十进制计数器或调用十进制计数器模块 74LS160,然后由十进制构造二十四进制计数器和六十进制计数器(或者直接设计二十四进制、六十进制计数器),然后,再调用一个二十四进制计数器和两个六十进制计数器、分频器、动态扫描电路完成简易数字钟。要求具有计时、暂停和复位功能。

4. 实验要求

(1) 预习层次化的设计方法和层次化设计的原理。

(2) 使用层次化设计方法设计电路(使用原理图或 VHDL 语言、混合法设计电路)。

(3) 用实验仪或计算机仿真实验设计并验证其逻辑功能,绘出仿真波形,并作说明。

(4) 用一个拨动开关作为系统时钟复位,一个作为计时使能开关,用 8 个动态数码管来显示时、分、秒,显示格式为"小时-分钟-秒钟"。系统时钟选择时钟模块的 1kHz,要得到 1Hz 时钟信号,必须对系统时钟进行 1000 分频。复位和计时开关为高电平时,开始计时;复位为高电平、计时为低电平时,暂停计时;复位开关为低电平时复位,复位后全部显示 00-00-00。使用开发系统验证其功能。

5. 实验步骤

(1) 按照实验原理和自己的想法,在 VHDL 编辑窗口编写 VHDL 程序。先逐个设计底层文件,功能仿真正确后,再建立顶层数字钟文件。

(2) 编写完这些代码后,保存起来,一定要保存在一个文件夹中。

(3) 对自己编写的 VHDL 程序进行编译并仿真,对程序的错误进行修改,直到完全通过编译和仿真。

(4) 编译仿真无误后,依照按键开关、数码管、LED 灯与 FPGA 的引脚连接表进行引脚分配。

(5) 用下载电缆通过 JTAG 口将对应的 sof 文件加载到 FPGA 中。观察实验结果是否与自己的编程思想一致。

6. 实验思考与提高

(1) 在此实验的基础上增加一个整点报时功能,如何实现。

(2) 总结层次化设计的方法和优缺点。

第10章 数字逻辑电路综合设计性实验

10.1 数字秒表的设计

1. 系统设计任务及要求

(1) 具备基本的计时功能,精度应达到10ms;计时范围为0～99小时59分59秒99。

(2) 在计时过程中可以随时暂停/重启。

(3) 具有复位功能,将计数值清零。

(4) 通过数码管显示计时数值。

(5) 在Quartus Ⅱ环境下,使用VHDL编程并画出电路图完成层次化设计过程,仿真重要的功能模块并锁定引脚。

(6) 将设计结果下载到实验板上验证设计正确性。

2. 系统设计方案

根据系统的设计任务,可以得到多功能数字钟的设计框图,如图10-1所示。系统的实现可采用原理图输入方式和VHDL文本输入方式的混合法进行设计,其中顶层文件,可根据系统设计框图中各模块之间的关系,采用原理图的方式来实现,根据系统设计框图,完成设计任务及要求的数字钟可以分成计时控制、计数电路、分频和动态显示4个底层模块,这些底层模块可用VHDL语言或者电路图方式来实现。

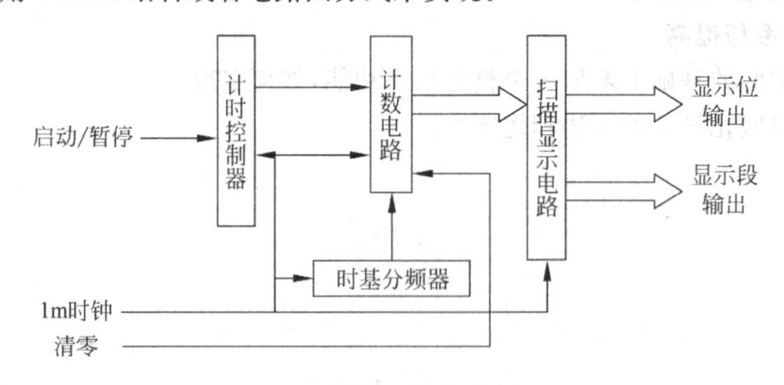

图10-1 数字秒表的设计框图

3. 系统的主要模块

1) 计时控制模块

该模块主要实现对计数过程的控制。通过设定一个脉冲按键实现计时复位功能,另外再设定一个按键完成计时暂停/重启,例如第一次按下时可以启动计时,再按下时暂停计时,如此循环往复。

脉冲按键在使用过程中会出现抖动。所谓“抖动”是指一次按键时的弹跳现象，通常硬件系统所设置的按键所用的开关为机械弹性开关，由于机械触点的弹性作用，按键开关在闭合时并不能马上接通，而断开时也不能马上断开，使得闭合及断开的瞬间伴随一系列的电压抖动，从而导致本来一次按键，希望计数一次，结果因为抖动计数多次，且次数随机，这样严重影响了时间校对的准确性。消除抖动的方案有多种，可以通过信号采样、锁定按键等方法完成，较为简单的方法是利用触发器，比如可以使用D触发器进行消抖。原因在于，D触发器边沿触发，则在除去时钟边沿到来前一瞬间之外的绝大部分时间都不接受输入，自然消除了抖动。

2）计数电路

该模块实现秒表计数，通过对基准的1kHz系统时钟进行10分频，得到100Hz信号，驱动一百进制计数器实现精度为10ms的计时，将该一百进制计数器利用进位输出级联一个六十进制计数器实现计秒；同理，将秒计数器再级联一个六十进制计数器实现计分；最后将分计数器级联另一个一百进制计数器实现计时。

3）分频模块

实验中使用1kHz为基准频率，对其进行10分频即可得到秒表所需的基准计时时钟。

4）动态显示模块

时间的显示需要用到全部8个数码管，由于实验板上的所有数码管均对应于同一组7段码，因此，需要采用动态扫描的方式实现时间显示。

动态扫描显示的原理是：所有的数码管连接同一组七段码，每一个数码管由一个选择端控制其点亮或熄灭，如果点亮，则显示七段码所对应的数字或字符形式。若要实现8位不同时间的显示，则需要利用人的视觉缺陷。具体来讲，可以在8个不同的时间段分别将每组时间经过七段译码后输出到8个数码管，当某一组时间的七段码到达时，只点亮对应位置上的数码管，显示相应的数字；下一个循环将相邻一组时间的七段码送至数码管，同样只点亮相应位置的数码管，8次一个循环，形成一个扫描序列。只要扫描频率超过人眼的视觉暂留频率(24Hz)，就可以达到点亮单个数码管，却能享有8个“同时”显示的视觉效果，人眼辨别不出差别，而且扫描频率越高，显示越稳定。

4. 设计报告要求

(1) 画出顶层原理图。

(2) 对照数字秒表电路框图分析电路工作原理。

(3) 写出各功能模块的VHDL语言源文件。

(4) 叙述各模块的工作原理。

(5) 说明按键消抖电路的工作原理，画出有关波形图。

10.2 数字频率计的设计

1. 系统设计任务与要求

(1) 理解信号频率测量方法。

(2) 实现对输入信号频率的测量，范围从1Hz～99.999999MHz。

(3) 根据输入信号频率的变化，在数码管上以动态扫描方式显示测量结果。

2. 系统设计方案

本实验要完成的任务就是设计一个8位数字频率计,系统时钟选择核心板上的50MHz的时钟,闸门时间为1s(通过对系统时钟进行分频得到)。所谓闸门信号是一个0.5Hz的方波,在闸门有效(高电平,正好持续时间为1s)期间,对输入的脉冲进行计数即可得到信号频率值;当闸门信号变为无效时,记录当前的频率值,并将频率计数器清零,为下一次信号测量做好准备。频率的显示每过2s刷新一次。被测信号频率可以通过一个拨动开关来选择是使用系统中的数字时钟源模块的时钟信号还是从外部通过系统的输入输出模块的输入端输入一个数字信号进行频率测量。比如当拨动开关为高电平时,测量从外部输入的数字信号,否则测量系统数字时钟信号模块的数字信号。实现框图如图10-2所示。

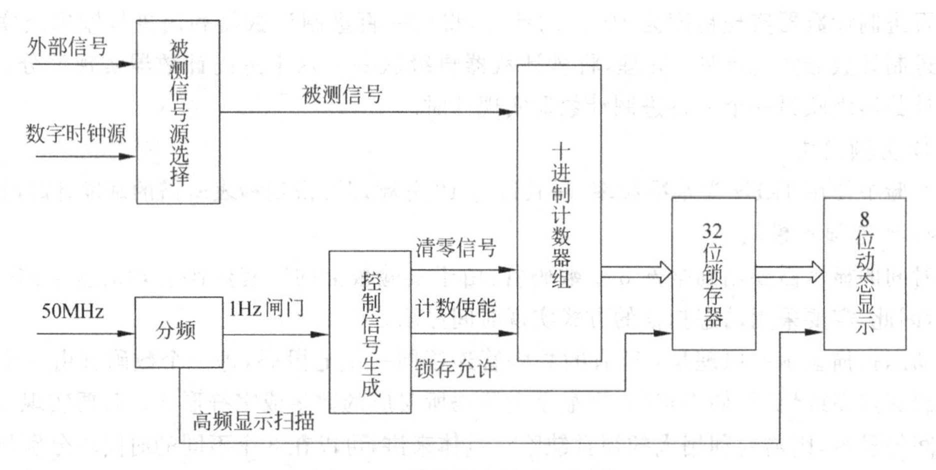

图10-2 数字频率计实现框图

3. 主要模块设计

根据图10-2,系统设计主要分为分频、控制、计数锁存和动态显示4个模块。

分频模块:对核心板50MHz系统时钟进行分频,可得到1Hz闸门信号和动态扫描信号(例如可取1kHz)。

控制模块:用于生成计数器清零、使能和锁存使能信号,协调在对不同频率信号测量过程中计数器和锁存器的工作。

计数锁存模块:将8个十进制计数器级联用于频率计数,8组BCD码计数结果输出至32位锁存器用于暂存测量结果。

动态显示模块:原理在数字秒表中已介绍,此处不再赘述。

4. 设计报告要求

(1) 对照系统设计框图,仔细分析各模块原理。

(2) 通过仿真,画出控制模块中输入输出信号的时间图,理解各信号的时序关系。

(3) 写出各模块的源程序。

(4) 画出系统顶层电路图。

(5) 书写实验报告时应结构合理,层次分明,在分析叙述时注意语言的流畅。

10.3 出租车计费器的设计

1. 系统设计任务及要求

(1) 能实现计费功能,计费标准为:按行驶里程收费,起步费为7.00元,并在车行3千米后再按2元/千米,当总费用达到或超过40元时,每千米收费4元,客户需要停车等待时按时间计费,计费单价每20秒1元。

(2) 设计动态扫描电路:以十进制显示出租车行驶的里程与车费,在数码管上显示(前四个显示里程,后三个显示车费)。

(3) 用VHDL语言设计符合上述功能要求的出租车计费器,并用层次化设计方法设计该电路。

(4) 完成电路全部设计后,通过系统实验箱下载验证设计的正确性。

2. 系统设计方案

根据系统设计要求不难得知,整个出租车计费系统按功能主要分为速度选择模块、计程模块、计时模块、计费模块4个模块。计价框图如图10-3所示。

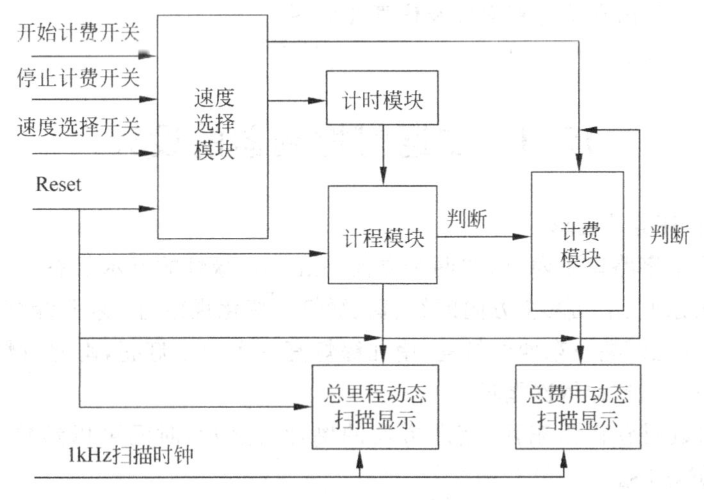

图10-3 出租车计价器框图

系统接收到Reset信号后,总费用变为7元,同时其他计数器、寄存器等全部清零。系统接收到Start信号后,首先把部分寄存器赋值,总费用不变,单价Price寄存器通过对总费用的判断后赋为2元,其他寄存器和计数器等继续保持为0。计程模块对行使的路程进行判断超过3千米后,单价2元/千米,同时计费模块还要判断当总费用超过40元时,计费单价为4元/千米。

3. 主要模块设计

根据图10-3的框图,出租车计价器可分为如下几个计费模块:速度模块、计程模块、计时模块、计费模块,最后在顶层模块中进行调用,以实现其功能。

速度模块:通过对速度信号sp的判断,决定行驶的路程,这里是通过速度信号来模拟一个变量的取值。如kinside变量,其含义是行进100m所需的时钟周期数,然后每行进

100m,则产生一个脉冲 clkout 来驱动计费模块。

计程模块:由于一个 clkout 信号代表行进 100m,故通过对 clkout 计数,可以获得共行进的距离 kmcount。

计时模块:在汽车启动后,当遇到顾客等人时,出租车采用计时收费的方式。通过对速度信号 sp 的判断决定是否开始记录时间。当 stop=1 时,不计费,当 stop=0 时,sp=0 时,开始按时间计费,当时间达到足够长时则产生 Timecount 脉冲,并重新计时。一个 Timecount 脉冲相当于等待的时间达到了时间计费的长度。使用 1kHz 的系统时钟,计算 20s 计数值为 20000。

计费模块由两个进程组成。其中一个进程根据条件对 Enable 和 Price 赋值:当记录的距离达到 3 千米后 Enable 变为 1,开始进行每千米收费,当总费用大于 40 元后,则单价 Price 由原来的 2 元/千米变为 4 元/千米;第二个进程在每个时钟周期判断 Timecount 和 Clkcount 的值。当其为 1 时,则在总费用上加上相应的费用。

4. 设计报告要求

(1) 写出设计方案,画出顶层原理图。

(2) 画出各模块原理图并用 VHDL 语言描述。

(3) 画出或打印出有关仿真文件及仿真波形图。

(4) 叙述顶层原理图工作原理,叙述各模块电路工作原理。

10.4 交通灯控制器的设计

1. 系统设计任务及要求

(1) 能显示十字路口东西、南北两个方向的红、黄、绿灯的指示状态。用两组红、黄、绿灯表示分别作为东西、南北两个方向的红、黄、绿灯。变化规律为:东西绿灯亮,南北红灯→东西黄灯亮,南北红灯亮→东西红灯亮,南北绿灯亮→东西红灯亮,南北黄灯亮→东西绿灯亮,南北红灯亮……,这样依次循环。

(2) 用两组数码管作为东西、南北方向的倒计时显示,时间可以预置,如时间为红灯 35s、绿灯 32s、黄灯 3s。

(3) 使用一个按键能实现特殊状态的功能:计数器停止计数并保持在原来的状态;东西、南北、路口均显示红灯状态;特殊状态解除后能继续计数。

(4) 要求交通灯控制器具有复位功能,在复位信号的控制下能够实现交通灯的复位,计数器由初始状态计数,对应状态的指示灯亮。

(5) 用 VHDL 语言设计符合上述功能要求的交通灯控制器,并用层次化设计方法设计该电路。

(6) 控制器、置数器的功能用功能仿真的方法验证,可通过有关波形确认电路设计是否正确。

(7) 完成电路全部设计后,下载到实验开发系统验证设计的正确性。

2. 系统设计方案

根据交通灯控制器设计要求,可以用一个有限状态机来实现这个交通灯控制器。首先根据功能要求,明确两组交通灯的状态,这两组交通灯正常情况共有 4 种状态,另外还有一种特殊状态，分别是：

St0：东西绿灯亮，南北红灯亮；

St1：东西黄灯亮，南北红灯亮；

St2：东西红灯亮，南北绿灯亮；

St3：东西红灯亮，南北黄灯亮；

St4：东西南北均红灯。

表 10-1 是交通灯各状态的状态转换表。

表 10-1　交通灯状态转换表

当前状态	下一状态	转换条件
St0	St1	东西绿灯亮了 32s
St1	St2	东西黄灯亮了 3s
St2	St3	南北绿灯亮了 32s
St3	St0	南北黄灯亮了 3s
St0/St1/St2/St3	St0	复位使能信号
St0/St1/St2/St3	St4	特殊状态使能信号

系统设计框图如图 10-4 所示。

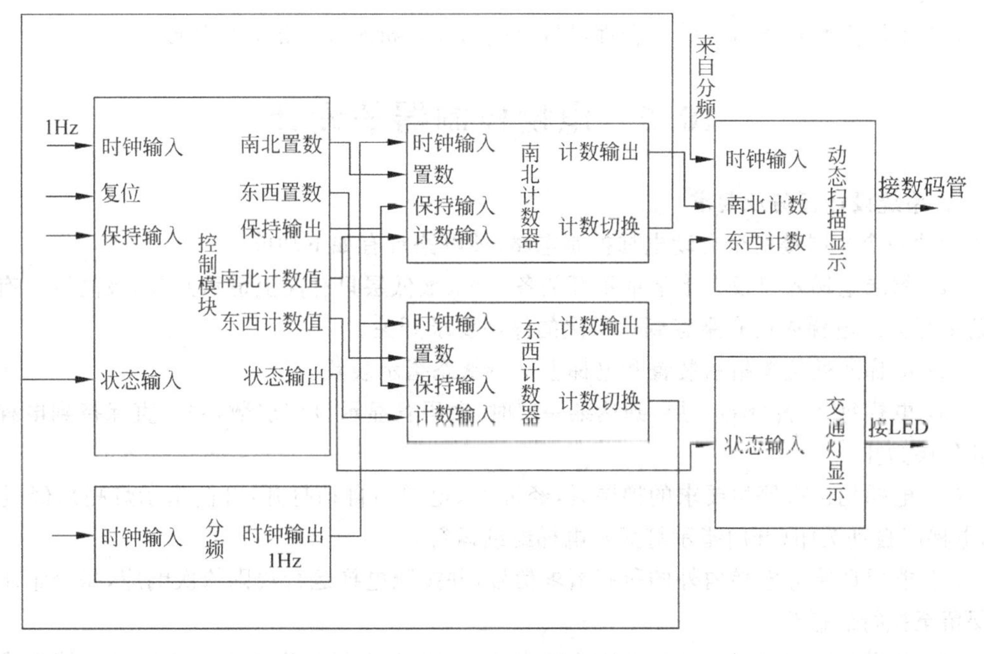

图 10-4　交通灯控制器的设计框图

如图 10-4 所示，交通灯控制器由控制模块负责协调整个系统的工作，它接收 1Hz 频率的时钟输入，初始化系统工作状态，对两个方向上的计数器工作进行协调控制，并通过计数器借位输出(图中所示为“计数切换”)的反馈进行状态切换，同时通过外部输入实现复位及暂停计时等特殊功能；计数器输出连接显示模块同时显示倒计时时间和亮灯状态。

3. 主要模块设计

分频模块：本系统的数字时钟采用 1kHz 的数字时钟，动态扫描可直接采用 1kHz 时钟，而倒计时模块需要 1Hz 的时钟信号，因此，系统中需要分频。

倒计时模块：交通灯的红绿灯通行时间，可使用计数器实现。

控制模块：负责系统初始化，设定各方向交通灯的计数初值，并根据状态变化协调两个方向上的计时和亮灯状态变化。

动态显示模块：完成交通灯的时间显示。

交通灯显示模块：实现亮灯状态显示。

特殊状态功能模块：完成交通灯复位、特殊状态下红绿灯显示的时间停止，南北、东西均显示红灯，以及特殊状态解除后恢复原状态等。在图 10-4 所示的系统设计框图中并未列出该模块，原因在于其设计包含在控制模块中。

4. 设计报告要求

(1) 画出顶层原理图。

(2) 对照交通灯电路框图分析电路工作原理。

(3) 写出各功能模块的 VHDL 语言源文件。

(4) 叙述各模块的工作原理。

(5) 详述控制器部分的工作原理，绘出详细电路图，写出 VHDL 语言源文件，画出有关状态机变化。

(6) 书写实验报告时应结构合理，层次分明，在分析时注意语言的流畅。

10.5 电梯控制器的设计

1. 系统设计任务及要求

设计一个 4 层楼房全自动电梯控制电路，该电路具有如下功能：

(1) 每层电梯入口设有上下请示开关各一个(最低层只有向上请示开关，最高层只有向下请示开关)，电梯内设有乘客到达层次的停站要求开关。

(2) 电梯所处位置指示装置和电梯上下行状态指示装置。

(3) 电梯每 3s 升(降)一层，到达某一层时，数码管显示该层层数，并一直保持到电梯到达新一层为止。

(4) 电梯到达有停站要求的梯层后，经过 1s，电梯门自动打开(开门指示灯亮)，经过 5s 后，电梯门自动关闭(开门指示灯灭)，电梯继续运行。

(5) 能保证响应电梯内外的所有请求信号，并按照电梯运行规则依次响应，每个请求信号保留至执行后撤除。

(6) 电梯运行规则：电梯处于上升模式时，只响应比所在位置高的梯层的上楼请求信号，由下而上逐个执行直到最后一个请求执行完毕。如更高层有下梯请求，则直接升到有下梯请求的最高层接客，然后转入下降模式。电梯处于下降模式时与之相反，仅响应比电梯所在位置低的下楼请求，由上到下逐个解决，直到最后一个请求被处理完毕。如果最低层有上楼请求时，则降至该层楼，并转入上升模式，电梯执行完所有的请求后，应停在最后所在位置不变，等待新的请求。

(7) 开机时，电梯应停在一楼，而各种上下请求均被清除。

2. 系统设计方案

(1) 电路控制面板如图 10-5 所示。

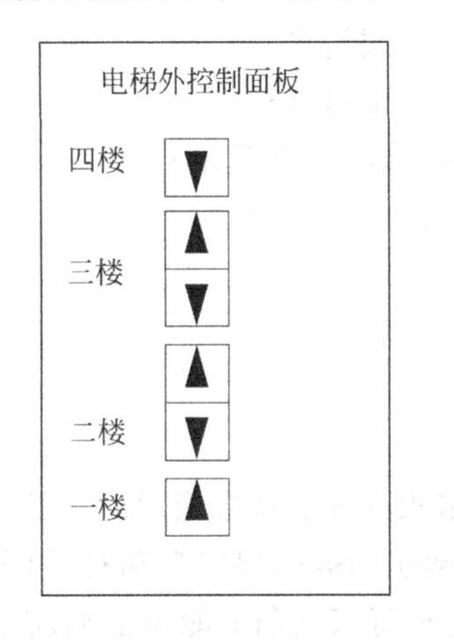

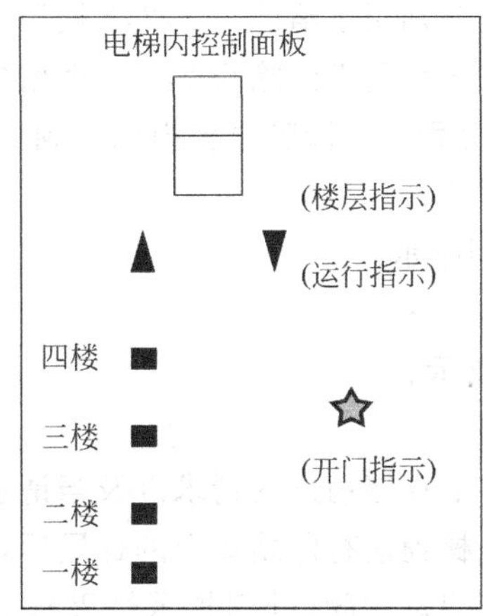

图 10-5 控制面板

在设计中，根据现有实验板的资源选择相应按键、数码管及发光二极管与控制面板相对应。

(2) 设计框图如图 10-6 所示。

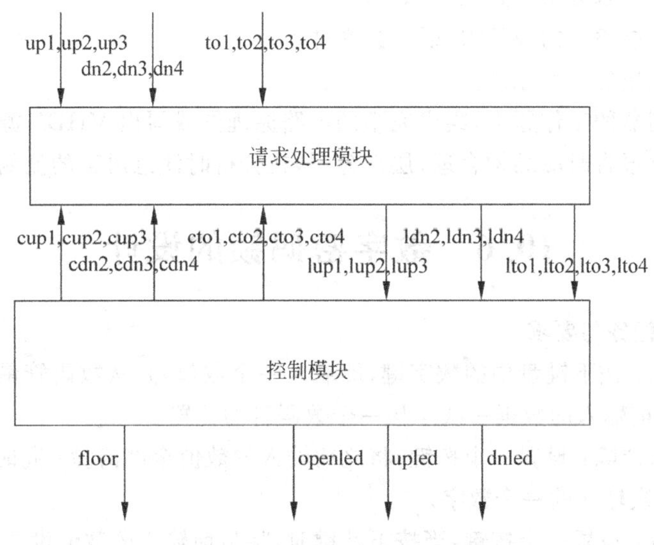

图 10-6 电梯控制器设计框图

3. 主要模块设计

根据上面的设计方案，设计中应具有一些信号和模块。

(1) 信号说明

up1～up3：分别为 1,2,3 楼用户上楼请求信号；

dn2～dn4：分别为 2,3,4 楼用户下楼请求信号；

to1～to4：分别为电梯内用户到 1,2,3,4 楼的请求信号；

lup1～lup3：分别为1,2,3楼用户上楼请求指示；

ldn2～ldn4：分别为2,3,4楼用户下楼请求指示；

lto1～lto4：分别为电梯内用户到1,2,3,4楼的请求指示；

cup1～cup3：分别用于清除为1,2,3楼用户上楼请求；

cdn2～cdn4：分别用于清除为2,3,4楼用户下楼请求；

cto1～cto4：分别用于清除电梯内用户到1,2,3,4楼的请求；

floor：楼层显示；

openled：开门指示；

upled：上升指示；

dnled：下降指示。

(2) 模块说明

请求处理模块：存储用户的请求以及当请求被处理后请求指示的清除。

控制模块：电梯到达有停站要求的梯层后，经过1s，电梯门自动打开(开门指示灯亮)，经过5s后，电梯门自动关闭(开门指示灯灭)，电梯继续运行；能保证响应电梯内外的所有请求信号，并按照电梯运行规则次第响应，每个请求信号保留至执行后撤除；开机时，电梯应停在一楼，而各种上下请求均被清除。

4. 设计报告要求

(1) 理解原理，并画出状态转换图。

(2) 对照实验要求分析电路工作原理。

(3) 写出各功能模块的VHDL语言源文件。

(4) 叙述各模块的工作原理。

(5) 详述控制器的工作原理，绘出完整的电路原理图或写出VHDL源文件。

(6) 书写实验报告时应结构合理，层次分明，在分析时注意语言的流畅。

10.6 数字密码锁的设计

1. 系统设计任务与要求

(1) 密码输入：按下键盘中的数字键，即输入一个数值，并从数码管最右侧开始显示输入数值，同时将先前输入的数据一次左移一个数码管的位置。

(2) 密码输入清除：设置一个按键，将之前输入的数值全部清除；同时设置一个退格按键，用于清除上一次输入的一个数字。

(3) 密码更改：设置一个按键，当按下此键时，将目前输入的数值设置为新的密码。

(4) 激活电锁：按下此键可将密码锁上锁。

(5) 解除电锁：按下此键会检查输入的密码是否正确，密码正确即开锁。

2. 系统设计方案

设计主要分为键盘接口电路、密码锁的控制电路、七段码显示电路三个部分来完成。

1) 键盘接口电路

图10-7所示为4×4矩阵式键盘的面板配置，用于用户输入密码。系统需要完成4×4键盘的扫描，确定有键按下后需要获取其键值，并对其进行编码，从而进行按键的识别，并将

相应的按键值进行显示。

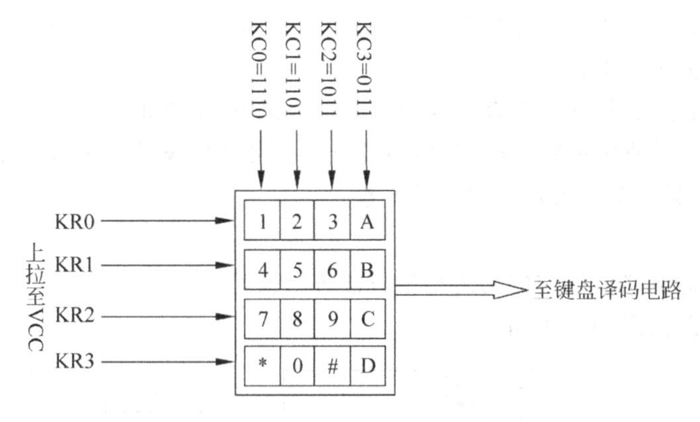

图 10-7　4×4 矩阵式键盘的面板配置

键盘扫描的实现过程如下：对于 4×4 键盘，通常连接为 4 行、4 列，为了对按键进行识别，需要判断按键所在的行列位置。为此，首先输出 4 列中的第一列为低电平，其他列为高电平，然后读取行值；然后再输出 4 列中的第二列为低电平，读取行值，依此类推，不断循环。系统在读取行值的时候会自动判断，如果读进来的行值全部为高电平，则说明没有按键按下，否则如果读进来的行值发现不全为高电平，则说明键盘整列中必定有至少一个按键按下，读取此时的行值和当前的列值，即可判断到当前的按键位置。获取到行值和列值以后，组合成一个 8 位的数据，根据实现不同的编码对每个按键进行匹配，找到键值后在七段码管显示。

上述的键盘中按键可能分为数字按键和文字按键，每个按键可能负责不同的功能，例如清除数码、退位、激活电锁、开锁等。数字按键主要是用来输入数字，但键盘所产生的输出 KR3～KR0 无法直接使用；另外不同的数字按键也担负不同的功能，因此必须由键盘译码电路来规划每个按键的输出形式，以便执行相应的动作。

因为每次扫描都会产生新的按键数据，可能会覆盖前面的数据，所以需要一个按键存储电路，将整个键盘扫描完毕后的结果记录下来。按键存储可以用移位寄存器构成。

2) 密码锁的控制电路

密码锁控制电路是整个电路的控制中心，主要有数字按键的输入和功能按键的输入。

数字按键输入部分：如果输入数字键，则第一个数字会从显示器的最右端开始显示，此后每次新按一个数字时，显示器上的数字必须往左移动一格，以便将新的数字显示出来。若想要更改输入的数字，可按倒退按键来清除前一个输入的数字，或者按清除键清除所有的输入数字(归零)，再重新输入 6 位密码。既然设计的是 6 位的电子密码锁，当输入的数字键超过 6 个时，电路不予理会，而且不会显示第 6 个以后输入的数字。

功能按键输入部分：常见电子密码锁的功能键主要用来在输入过程中清除输入、更改输入、激活或解除电锁等功能，主要有如下几个功能键。

退格键：只清除前一个输入的数字。

清除键：清除所有的输入数字，即做归零的动作。

密码核对：在密码变更、解除电锁之前，必须先核对密码是否正确。

密码变更键：按下此键时会将目前的数字设定成新的密码，要变更密码前必须输入旧的密码,核对无误后才能进一步变更成新密码。

激活电锁键：按下此键可将密码锁的门上锁。上锁之前必须先设定密码,才能上锁,此密码必须是 6 个数字有效。

解除电锁键：按下此键会检查输入的密码是否正确,密码正确即开门。

密码清除：为了怕使用者忘记密码,系统维护者可考虑设计一个万用密码,不论原先输入的密码是什么,只要输入万用密码即可开锁。

3) 七段码显示电路

可参照数字钟电路设计中的动态扫描方法进行设计。

系统设计框图如图 10-8 所示。

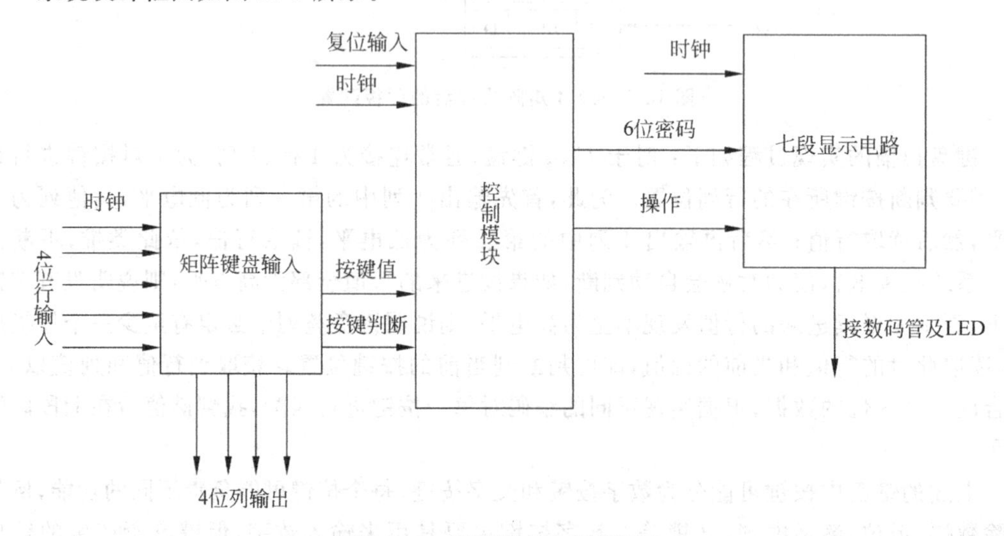

图 10-8 密码锁电路实现框图

3. 主要模块设计

根据系统的设计方案,系统主要由键盘接口电路模块、控制电路模块、显示模块等。

(1) 键盘接口模块：按照键盘扫描的原理,完成键盘按键的扫描与识别。

(2) 控制电路模块：完成密码的输入和各个功能按键的功能实现。

(3) 显示模块：完成输入 6 位密码的七段码显示。

4. 设计报告要求

(1) 画出密码锁的控制器的详细框图。

(2) 画出密码锁的控制器的详细流程图,并分析其状态改变过程。

(3) 画出电路的工作时序电路图。

(4) 叙述各模块电路工作原理。

(5) 写出各模块的源程序。

(6) 书写实验报告时应结构合理,层次分明,在分析叙述时注意语言的流畅。

附录A 实验开发系统介绍(EDA EP1C12)

目前市场上的EDA实验开发平台品牌众多,各具特色,但基本上是采用“系统板+核心板”的架构,可编程器件使用的芯片,目前基本上是Cyclone系列的,本书介绍的实验开发系统是HH-SOPC-EP1C12开发平台,集EDA和SOPC系统开发为一体的综合性实验开发系统,除了满足高校专、本科生和研究生的SOPC教学实验开发之外,也是电子设计和电子项目开发的理想工具。整个开发系统由EP1C12核心板、EDA/SOPC系统板组成。

A1 NIOSII-EP1C12核心板概述

A1.1 NIOSII-EP1C12核心板资源

NIOSII-EP1C12核心板是基于Altera Cyclone器件而开发的一款嵌入式系统开发平台,它可以为开发人员提供以下资源:

- AlteraCyclone EP1C12F324C8 FPGA
- 4Mbit的EPCS4配置芯片
- 1MB SRAM (256K×32bit)
- 2Mbytes NOR Flash ROM
- 4个用户自定义按键输入
- 4个用户自定义LED显示
- 1个七段码LED数码管显示
- 标准AS编程接口和JTAG调试接口
- 50MHz高精度时钟源
- 三个间距2.54mm标准扩展接口供用户自由扩展
- 系统上电复位电路
- 电源管理模块,输出功率、电压稳定的电源
- 支持+5V直流输入

A1.2 核心板系统功能

NIOSII-EP1C12核心板是在经过长期用户需求考察后,结合目前市面上以及实际应用需要,同时兼顾入门学生以及资深开发工程师的应用需求而研发的。就资源而言,它已经可以组成一个高性能的嵌入式系统,可以运行目前流行的RTOS,如uC/OS、uClinux等。核

心板的功能如图 A-1 所示。

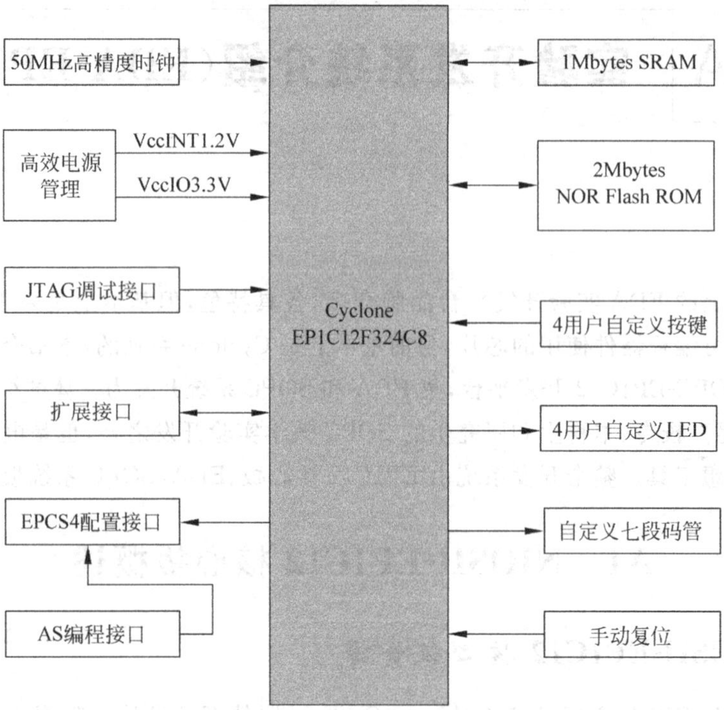

50MHz高精度时钟
高效电源管理
VccINT1.2V
VccIO3.3V
JTAG调试接口
扩展接口
EPCS4配置接口
AS编程接口
Cyclone
EP1C12F324C8
1Mbytes SRAM
2Mbytes
NOR Flash ROM
4用户自定义按键
4用户自定义LED
自定义七段码管
手动复位

图 A-1 核心板功能框图

核心板主芯片采用 324 引脚、BGA 封装的 E1C12 FPGA,它拥有 12060 个 LE,52 个 M4K 片上 RAM(共计 239 616bits),两个高性能 PLL 以及多达 249 个用户自定义 IO。板上提供了大容量的 SRAM 和 Flash ROM、24MHz 高速可靠的时钟以及常用的用户自定义按键和 LED 接口以及七段数码管等显示。不管从性能上而言,还是从系统灵活性上而言,无论是初学者,还是资深硬件工程师,它都会成为您的好帮手。

A1.3 核心板各功能模块说明

本节将重点介绍核心板所有的组成模块和各模块所在电路板的位置以及各模块在系统中所起的作用,如图 A-2 所示。核心板各模块的功能描述如表 A-1 所示。

表 A-1 系统组成部分及其功能描述

序 号	名 称	功 能 描 述
U1	Cyclone Ⅱ	主芯片 EP1C12F324C8
存 储 单 元		
U2	EPCS4	4Mbits 主动串行配置器件
U3	NOR Flash	2Mbytes 线性 Flash 存储器
U4,U5	SRAM	两片组成 1Mbytes,即 256K×32bits

续表

序　号	名　称	功 能 描 述
		接 口 资 源
JP1～JP3	扩展接口	除了板上固定连接的IO引脚,还有多达180个左右的用户自定义IO口通过不同的接插件引出,供用户进行二次开发
JP4	JTAG调试接口	供用户下载FPGA代码,实时调试Nios Ⅱ CPU,以及运行Quartus Ⅱ提供的嵌入式逻辑分析仪SignalTap Ⅱ等
JP5	AS编程接口	待用户调试FPGA成功后,可通过该接口将FPGA配置代码下载到配置器件中
		人 机 交 互
BT1～BT4	自定义按键	4个用户自定义按键,用于简单电平输入,该信号直接与FPGA的IO相连
RESET	复位按键	该按键在调试Nios Ⅱ CPU时,可以作为复位信号,当然也可以由用户自定义为其他功能输入
LED1～LED4	自定义LED	4个用户自定义LED,用于简单状态指示,LED均由FPGA的IO直接驱动
7SEG-LED	七段码LED	静态七段码LED,用于简单数字、字符显示,直接由FPGA的IO驱动
		时 钟 输 入
U8	晶振	高精度50MHz时钟源,用户可以用FPGA内部PLL或分频器来得到其他频率的时钟
		电　　源
J1	直流电源输入	直流电源适配器插座,适配器要求为+5V/1A
U6,U7	电源管理	负责提供板上所需的3.3V和1.2V电压

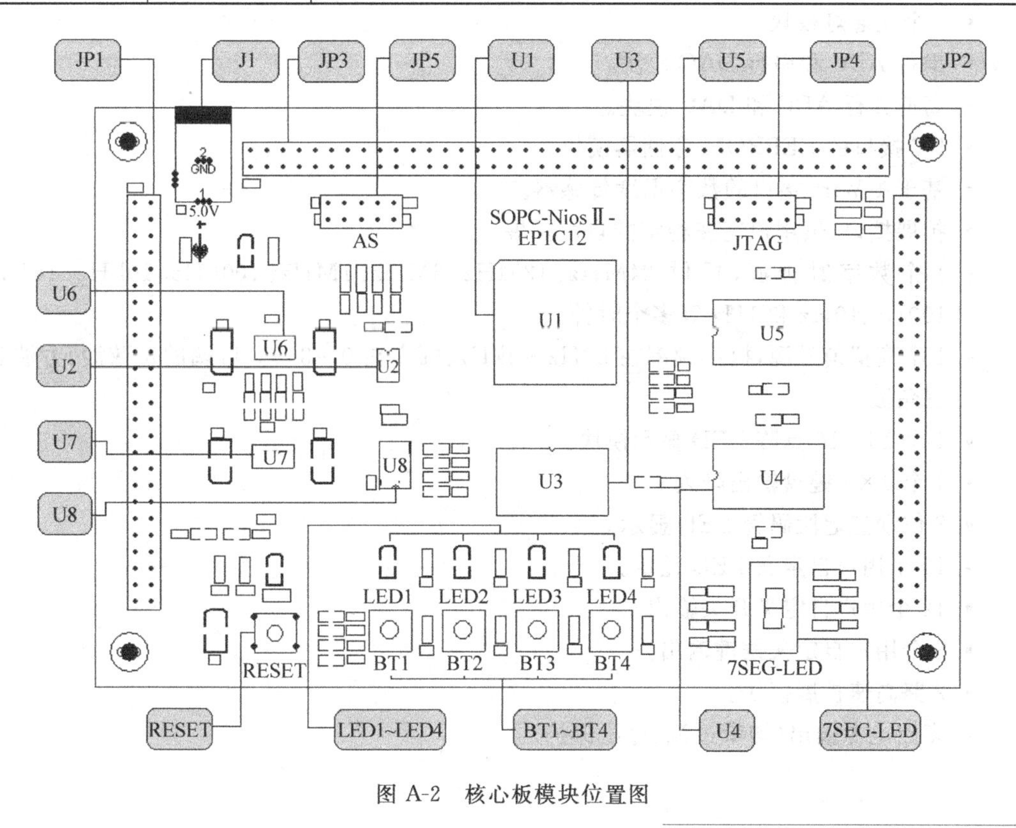

图 A-2　核心板模块位置图

A2 EDA/SOPC 系统板功能概述

本节将针对 HH-SOPC-EP1C12 EDA/SOPC 开发平台式的 EDA/SOPC 系统板上的各模块进行说明。

A2.1 EDA/SOPC 系统板资源

EDA/SOPC 实验开发平台提供的资源有：

- 标准配置核心板为 SOPC-NIOS-EP1C12(核心芯片为 EP1C12F324C8)。
- 128×240 超大图形点阵液晶屏(可更换其他黑白/彩色液晶显示屏)。
- RTC,提供系统实时时钟。
- 1 个直流电机和转速测量传感器模块。
- 1 个四相步进电机模块。
- 1 个 VGA 接口。
- 2 个标准串行接口。
- 1 个 10M/100M 以太网卡接口,利用 RTL8019AS 芯片进行数据收发。
- 1 个 USB 设备接口,利用 PDIUSBD12 芯片实现 USB 协议转换。
- 基于 SPI 或 IIC 接口的音频 CODEC 模块。
- 1 个音频喇叭输出模块。
- 2 个 PS2 键盘/鼠标接口。
- 1 个交通灯模块。
- 串行 ADC 和串行 DAC 模块。
- 高速并行 ADC 和 DAC 模块。
- IIC 接口的 EEPROM 存储器模块。
- 基于 1-Wire 接口的数字温度传感器。
- 扩展接口,供用户高速稳定的自由扩展。
- 1 个数字时钟源,提供 24MHz、12MHz、6MHz、1MHz、100kHz、10kHz、1kHz、100Hz、10Hz 和 1Hz 等多个时钟。
- 1 个模拟信号源,提供频率在 80Hz～8kHz、幅度在 0～3.3V 可调的正弦波、方波和三角波。
- 1 个 16×16 点阵 LED 显示模块。
- 1 个 4×4 键盘输出阵列。
- 8 位动态七段码管 LED 显示。
- 12 个用户自定义 LED 显示。
- 12 个用户自定义开关输出。
- 8 个用户自定义按键输出。
- 2 路高速扩展模块。
- 多路电源输出(均带过流、过压保护)。

A2.2 EDA/SOPC 系统板功能

EDA/SOPC 实验开发平台提供了丰富的资源供学生或开发人员学习使用,资源包括接口通信、控制、存储、数据转换以及人机交互显示等几大模块,接口通信模块包括 SPI 接口、IIC 接口、VGA 接口、RS232 接口、网络接口、USB 接口、PS2 键盘/鼠标接口、1-Wire 接口等;控制模块包括直流电机、步进电机和交通灯的控制模块等;存储模块包括 EEPROM 存储器模块等;数据转换模块包括串行 ADC、DAC、高速并行 ADC、DAC 以及音频 CODEC 等;人机交互显示模块包括 8 个按键、12 个拨动开关、12 个 LED 发光二极管显示、4×4 键盘阵列、128×240 图形点阵 LCD、8 位动态七段码管、16×16 点阵、实时时钟等;另外平台上还提供了一个简易模拟信号源和多路时钟模块,如图 A-3 所示。上述的这些资源模块既可以满足初学者入门的要求,也可以满足开发人员进行二次开发的要求。

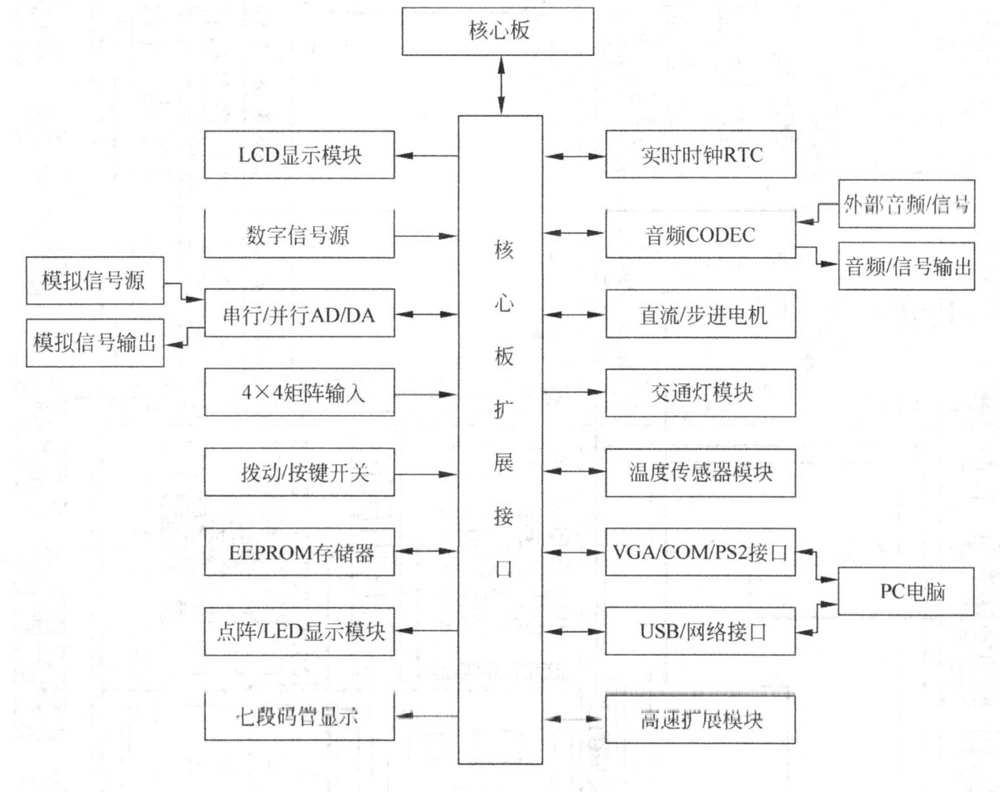

图 A-3 系统板功能框图

A2.3 EDA/SOPC 系统板各功能模块说明

本节将对 EDA/SOPC 系统板上的部分模块电路做简单的说明。如图 A-4 所示,是系统板的整个功能模块的布局图。

下面将对系统板的主要模块进行分类说明,在以下的说明中,系统板上的各组件模块与 FPGA 的连接引脚指的是核心板 NIOSII-EP1C12 核心板通过核心板扩展接口与系统板各组件相连接对应的 Pin I/O 引脚。

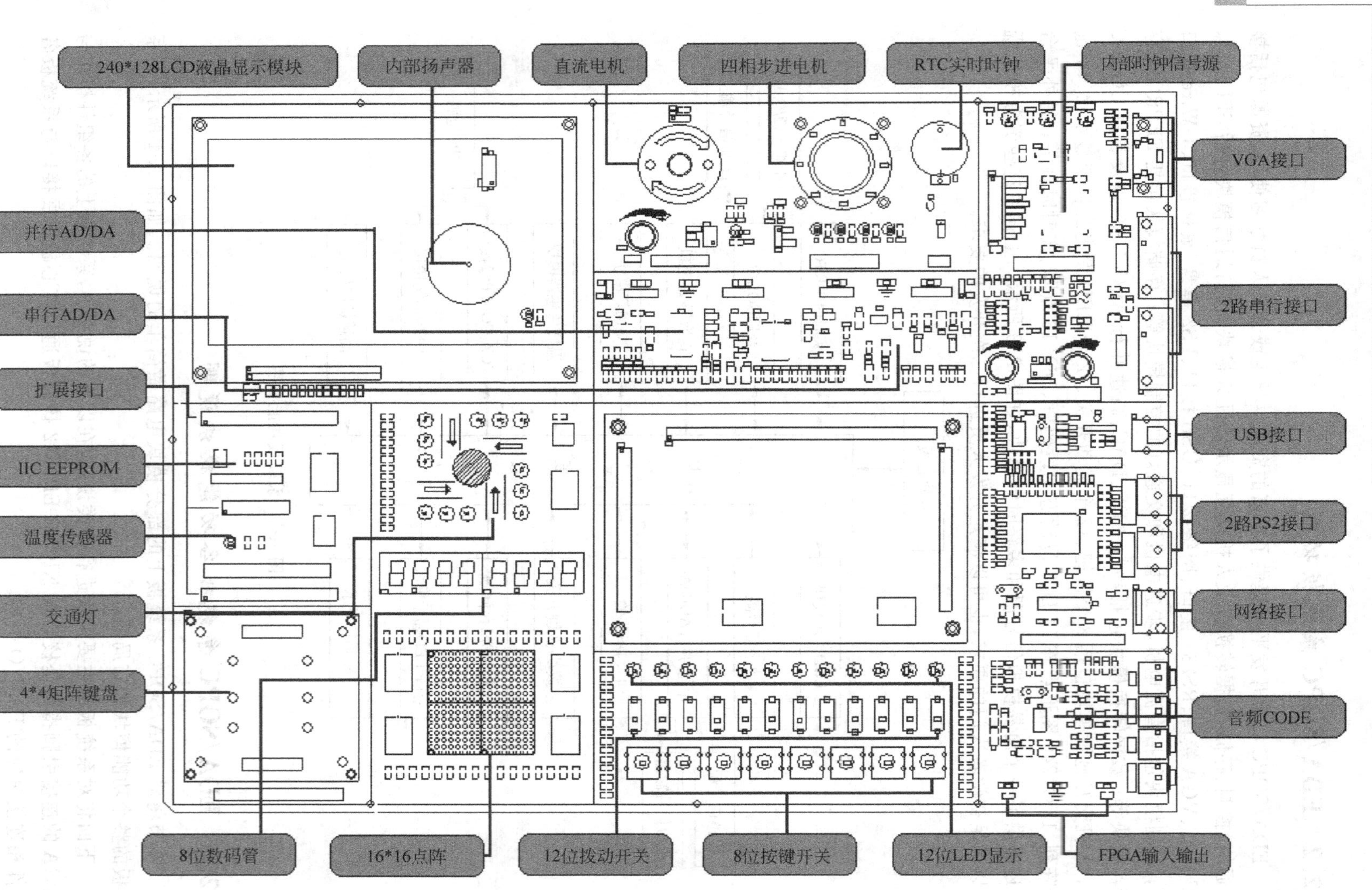
240*128LCD液晶显示模块
内部扬声器
直流电机
四相步进电机
RTC实时时钟
内部时钟信号源
VGA接口
并行AD/DA
串行AD/DA
2路串行接口
扩展接口
USB接口
IIC EEPROM
2路PS2接口
温度传感器
网络接口
交通灯
4*4矩阵键盘
音频CODE
8位数码管
16*16点阵
12位拨动开关
8位按键开关
12位LED显示
FPGA输入输出

图 A-4　系统板功能模块

1. 十二位拨动开关输入

EDA/SOPC 系统板上提供十二路拨动开关输入。通过拨动开关的挡位使连接到 FPGA 的信号成为高电平或者低电平信号。系统板上提供了 12 个拨动开关输入，从左到右依次标识为 K1～K12。

当拨动开关的挡位置于上方时该开关输入 FPGA 的信号为高电平，置于下方时该开关输入 FPGA 的信号为低电平。

拨动开关与 FPGA 的连接电路如图 A-5 所示。与 FPGA 的引脚连接配置表如表 A-2 所示。

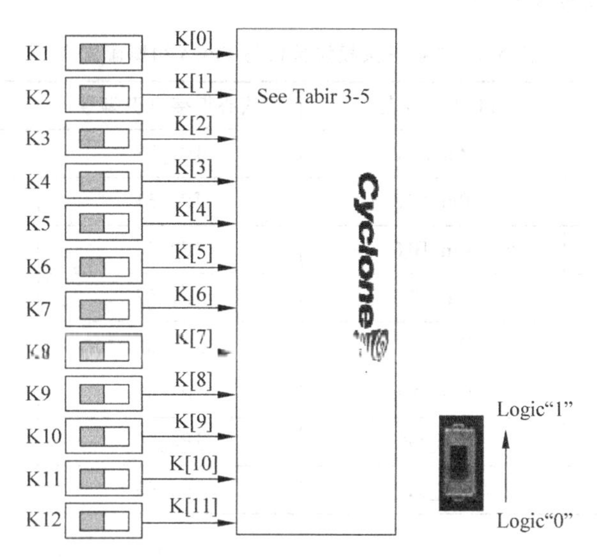

图 A-5　拨动开关输入模块与 FPGA 连接框图

表 A-2　拨动开关模块接口与 FPGA 引脚配置表

信 号 名 称	FPGA I/O 名称	核心板接口引脚号	功 能 说 明
K[0]	Pin_A12	JP3_50	"K1" Button
K[1]	Pin_B12	JP3_49	"K2" Button
K[2]	Pin_B15	JP3_54	"K3" Button
K[3]	Pin_B14	JP3_53	"K4" Button
K[4]	Pin_A15	JP3_55	"K5" Button
K[5]	Pin_D16	JP3_58	"K6" Button
K[6]	Pin_C17	JP3_59	"K7" Button
K[7]	Pin_E17	JP3_62	"K8" Button
K[8]	Pin_L7	JP3_64	"K9" Button
K[9]	Pin_E16	JP3_63	"K10" Button
K[10]	Pin_G5	JP3_68	"K11" Button
K[11]	Pin_H5	JP3_67	"K12" Button

2. 八位按键开关输入

按键开关输入模块就是通过手动按动键值为系统提供可控的脉冲信号。在系统板上提供了 8 位的按键开关供用户使用。从左到右依次标识为 S1～S8。

系统板上的按键输入模块与核心板上的用户自定义按键模块的电路基本一致。当按键被按下时,按键输出一个低电平信号到 FPGA 对应的 I/O 引脚,反之不按时按键输出一个高电平信号至 FPGA 对应的 I/O 引脚。

图 A-6 为按键开关模块与 FPGA 的电路框图;表 A-3 为按键开关输入模块接口与 FPGA 的 I/O 引脚连接配置表。

表 A-3　按键开关模块接口与 FPGA 引脚配置表

信号名称	FPGA I/O 名称	核心板接口引脚号	功能说明
S[0]	Pin_A13	JP3_52	"S1" Switch
S[1]	Pin_B13	JP3_51	"S2" Switch
S[2]	Pin_B16	JP3_56	"S3" Switch
S[3]	Pin_C16	JP3_57	"S4" Switch
S[4]	Pin_D17	JP3_60	"S5" Switch
S[5]	Pin_D18	JP3_61	"S6" Switch
S[6]	Pin_G6	JP3_66	"S7" Switch
S[7]	Pin_H6	JP3_65	"S8" Switch

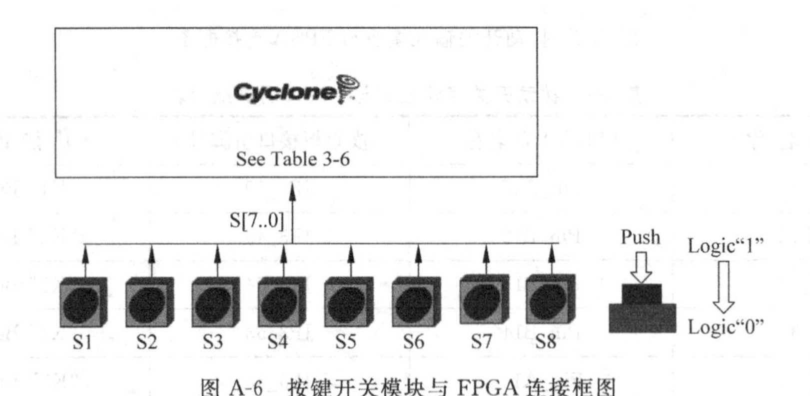

图 A-6　按键开关模块与 FPGA 连接框图

3. 十二位 LED 灯显示

EDA/SOPC 系统板上提供了 12 位用户自定义配置的 LED 灯,可以作为信号指示灯来使用。在系统板上每个 LED 灯的下方均标明了 LED 的序号,从左到右依次标识为 D1～D12。当 FPGA 对 LED 灯输出高电平时,LED 灯被点亮,输出为低电平时 LED 灯熄灭。其电路与核心板上的 LED 灯基本一致。

图 A-7 是 LED 灯模块与 FPGA 的电路连接框图。表 A-4 为 LED 灯与 FPGA 的 I/O 引脚配置表。

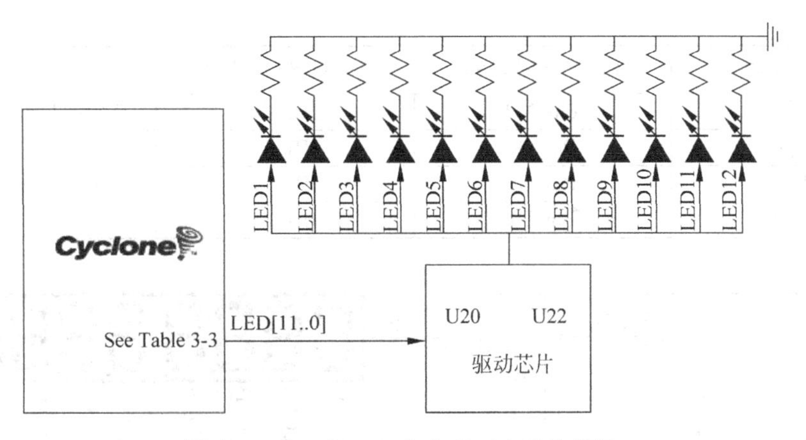

图 A-7　十二位 LED 灯与 FPGA 连接框图

表 A-4　十二位 LED 灯模块接口与 FPGA 引脚配置表

信号名称	FPGA I/O 名称	核心板接口引脚号	功能说明
LED[0]	Pin_A9	JP3_44	LED1 display
LED[1]	Pin_B9	JP3_43	LED2 display
LED[2]	Pin_A10	JP3_46	LED3 display
LED[3]	Pin_B10	JP3_45	LDE4 display
LED[4]	Pin_A11	JP3_48	LED5 display
LED[5]	Pin_B11	JP3_47	LED6 display
LED[6]	Pin_F7	JP3_70	LED7 display
LED[7]	Pin_F6	JP3_69	LED8 display
LED[8]	Pin_E10	JP3_72	LED9 display
LED[9]	Pin_E8	JP3_71	LED10 display
LED[10]	Pin_F12	JP3_74	LED11 display
LED[11]	Pin_E11	JP3_73	LED12 display

4. 八位动态七段数码显示

EDA/SOPC 系统板上使用的七段数码管为 8 位动态扫描方式的共阴极数码管。8 个数码管的段码即 a、b、c、d、e、f、g、dp 段信号均连接在一起，每个数码管的 COM 端通过一个 3-8 译码器来控制。

图 A-8 所示为数码管与 FPGA 的电路连接图。表 A-5 为其接口与 FPGA 的 I/O 配置表。

表 A-5　八位七段数码管接口与 FPGA 引脚配置表

信号名称	FPGA I/O 名称	核心板接口引脚号	功能说明
Seg[0]	Pin_H3	JP1_18	7-Seg display “a”
Seg[1]	Pin_H4	JP1_19	7-Seg display “b”
Seg[2]	Pin_K5	JP1_20	7-Seg display “c”
Seg[3]	Pin_L5	JP1_22	7-Seg display “d”
Seg[4]	Pin_K4	JP1_23	7-Seg display “e”
Seg[5]	Pin_L3	JP1_24	7-Seg display “f”
Seg[6]	Pin_L4	JP1_25	7-Seg display “g”

续表

信号名称	FPGA I/O 名称	核心板接口引脚号	功能说明
Seg[7]	Pin_M3	JP1_26	7-Seg display "dp"
SEL[0]	Pin_G4	JP1_17	7-Seg COM port settle
SEL[1]	Pin_G3	JP1_16	
SEL[2]	Pin_F4	JP1_15	

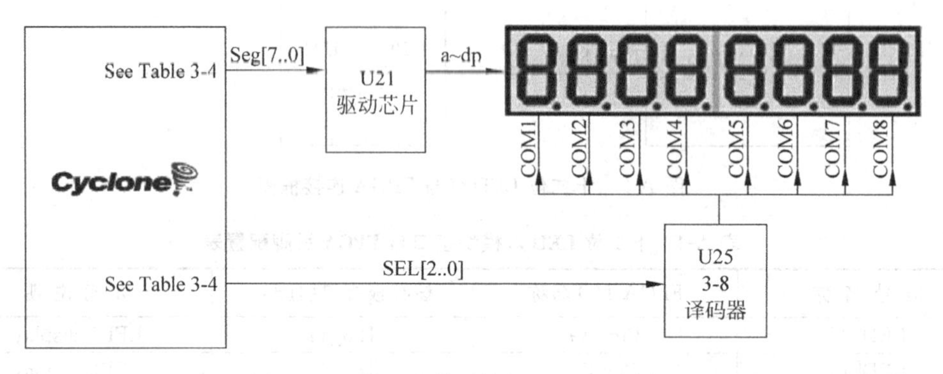

图 A-8 八位七段数码管与 FPGA 连接框图

5. 240×128 LCD 液晶显示

本实验箱标配选用的 LCD 液晶显示模块为 240×128 LCD 液晶，该模块是一种图形点阵式液晶显示器，它由控制器 T6963C、行驱动器、列驱动器及 240×128 全点阵液晶显示器组成，带有背光调节。显示模块与 CPU 的接口采用标准的 8 位微处理器接口，通过写入命令，可以实现对模块的清屏、打开/关闭显示、功能设置、模式设置、读/写待操作。关于此液晶模块使用的详细内容请阅读相关的数据资料。其主要技术参数和性能如下：

- 电源：VDD：+5V±10%；模块内可自带−10V 负压，用于 LCD 的驱动电压。
- 显示内容：240(列)×128(行)点。
- 全屏幕点阵。
- 带 8K 外部数据存储器(其地址由软件设定)。
- 其接口采用标准的 8 位微处理器接口。

图 A-9 所示为 TFT 液晶屏与配套核心板 FPGA 的 I/O 口的连接图。表 A-6 所示为 LCD 液晶屏接口与配套核心板 FPGA 对应的引脚分配表。

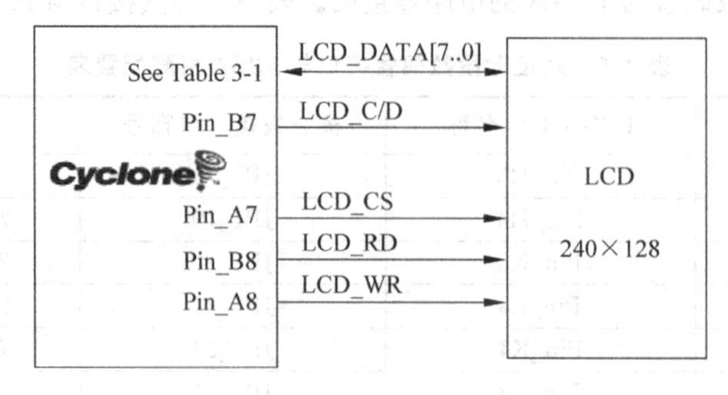

图 A-9 240×128 LCD 与 FPGA 连接框图

表 A-6 TFT 液晶显示模块与 FPGA 引脚配置表

信号名称	FPGA I/O 名称	核心板接口引脚号	功能说明
LCD_DATA[0]	Pin_A6	JP3_38	Data Input/Outputs
LCD_DATA[1]	Pin_B6	JP3_37	
LCD_DATA[2]	Pin_B5	JP3_36	
LCD_DATA[3]	Pin_A4	JP3_35	
LCD_DATA[4]	Pin_B4	JP3_34	
LCD_DATA[5]	Pin_B3	JP3_33	
LCD_DATA[6]	Pin_C3	JP3_32	
LCD_DATA[7]	Pin_C2	JP3_31	
LCD_CD	Pin_B7	JP3_39	
LCD_CS	Pin_A7	JP3_40	Chip Enable
LCD_RD	Pin_B8	JP3_41	Read Enable
LCD_WR	Pin_A8	JP3_42	Write Enable

说明：核心板接口引脚号指的是核心板与系统相连接的接插件对应的引脚的位置。如 JP3_34 指的是核心板扩展接口 JP3 的第 34 号引脚。以下所提到核心板接口引脚号均为核心板扩展接口 JP1、JP2、JP3 所对应的引脚号。

6. 16×16 点阵 LED 显示

点阵显示被广泛应用于户外广告、电视媒体等诸多领域。EDA/SOPC 系统板上提供了一个 16×16 矩阵式点阵。点阵模块由 4 个共阴极 8×8 矩阵点组成。点阵的每一个点的工作原理与 LED 灯的工作原理相同。点阵模块的接口中 16 个为点阵的每列数据，16 个用于列数的选择。图 A-10 所示是其电路连接框图。表 A-7 所示为点阵的接口与核心板上 FPGA 的 I/O 接口配置表。

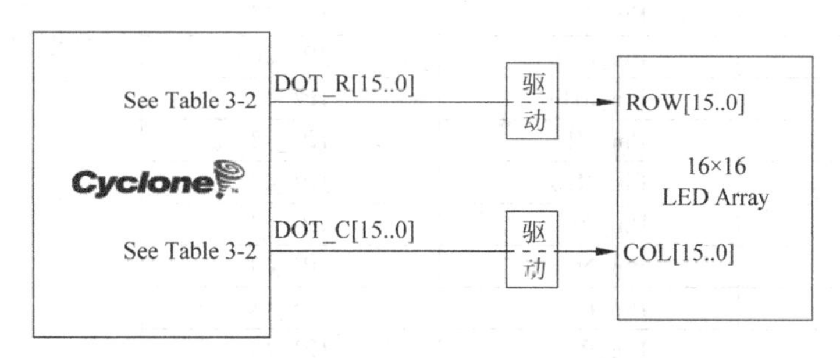

图 A-10 16×16 点阵模块与 FPGA 连接框图

7. 4×4 矩阵键盘输入

EDA/SOPC 系统板上提供 4×4 矩阵键盘输入模块供用户使用。4×4 键盘常用于工控设备的信号输入等领域，通过行、列信号不同的组合得到不同的键值。要识别按键，首先固定输出 4 行为高电平，然后输出 4 列为低电平，如果读入的 4 行有一位为低电平，那么对应的该行肯定有一个按键按下，这样便可以获取到按键的行值。同理，获取列值也是如此，先输出 4 列为高电平，然后在输出 4 行为低电平，再读入列值，如果其中有哪一位为低电平，那么肯定对应的那一列有按键按下，如图 A-11 所示。表 A-8 所示为键盘的接口与核心板上 FPGA 的 I/O 接口配置表。

表 A-7　16×16 点阵模块接口与 FPGA 引脚配置表

信号名称	FPGA I/O 名称	核心板接口引脚号	功能说明
DOT_R[0]	Pin_M3	JP1_26	Dot array Row Data
DOT_R[1]	Pin_L4	JP1_25	
DOT_R[2]	Pin_L3	JP1_24	
DOT_R[3]	Pin_K4	JP1_23	
DOT_R[4]	Pin_L5	JP1_22	
DOT_R[5]	Pin_K5	JP1_20	
DOT_R[6]	Pin_H4	JP1_19	
DOT_R[7]	Pin_H3	JP1_18	
DOT_R[8]	Pin_P5	JP1_34	
DOT_R[9]	Pin_T4	JP1_33	
DOT_R[10]	Pin_R4	JP1_32	
DOT_R[11]	Pin_P4	JP1_31	
DOT_R[12]	Pin_M5	JP1_30	
DOT_R[13]	Pin_N4	JP1_29	
DOT_R[14]	Pin_N3	JP1_28	
DOT_R[15]	Pin_M4	JP1_27	
DOT_C0	Pin_R5	JP1_35	Select Col
DOT_C1	Pin_N5	JP1_36	
DOT_C2	Pin_R6	JP1_37	
DOT_C3	Pin_T5	JP1_38	
DOT_C4	Pin_P6	JP1_39	
DOT_C5	Pin_T6	JP1_40	
DOT_C6	Pin_P7	JP1_41	
DOT_C7	Pin_T7	JP1_42	
DOT_C8	Pin_L14	JP1_50	
DOT_C9	Pin_M14	JP1_49	
DOT_C10	Pin_N14	JP1_48	
DOT_C11	Pin_N13	JP1_47	
DOT_C12	Pin_P12	JP1_46	
DOT_C13	Pin_N12	JP1_45	
DOT_C14	Pin_P10	JP1_44	
DOT_C15	Pin_P9	JP1_43	

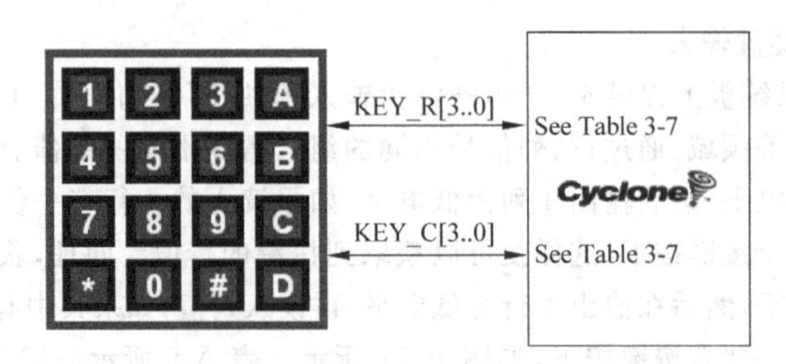

图 A-11　4×4 矩阵键盘模块与 FPGA 连接框图

表 A-8　4×4 矩阵键盘模块接口与 FPGA 引脚配置表

信号名称	FPGA I/O 名称	核心板接口引脚号	功能说明
KEY_R[0]	Pin_D17	JP3_60	Keypad row[0]
KEY_R[1]	Pin_D18	JP3_61	Keypad row[1]
KEY_R[2]	Pin_G6	JP3_66	Keypad row[2]
KEY_R[3]	Pin_H6	JP3_65	Keypad row[3]
KEY_C[0]	Pin_A13	JP3_52	Keypad col[0]
KEY_C[1]	Pin_B13	JP3_51	Keypad col[1]
KEY_C[2]	Pin_B16	JP3_56	Keypad col[2]
KEY_C[3]	Pin_C16	JP3_57	Keypad col[3]

8. 数字时钟信号源

EDA/SOPC 系统板上提供一路时钟可调的数字时钟信号源。频率分别为 48MHz、24MHz、12MHz、1MHz、100kHz、10kHz、1kHz、100Hz、10Hz、1Hz 可调。

在模块的有左边有一个 10 位的跳线，可以用来选择输出的时钟频率。当跳线接至 24MHz 时，将从对应的 FPGA 的 I/O 端口输入一个 24MHz 的时钟源，以此类推。

数字信号源与 FPGA 的引脚连接如表 A-9 所示。

表 A-9　数字信号源接口与 FPGA 引脚配置表

信号名称	FPGA I/O 名称	核心板接口引脚号	功能说明
INT_CLK	Pin_L2	JP1_21	

此外，系统板还提供了外部接口模块、AD/DA 转换模块、控制模块及传感器模块，这些模块用以完成复杂的应用实验及 SOPC 实验，由于数字逻辑课程实验中基本用不到，这里就不详细介绍了。

附表B 系统板上资源模块与FPGA的引脚连接表

信号名称	EP1C12 IO接脚	信号名称	EP1C12 IO接脚
EDA/SOPC开发平台		液晶显示模块	
C/D	B7	D2	B5
CS#	A7	D3	A4
WR#	A8	D4	B4
RD#	B8	D5	B3
D0	A6	D6	C3
D1	B6	D7	C2
EDA/SOPC开发平台		十二位LED灯显示模块	
D1	A9	D7	F7
D2	B9	D8	F6
D3	A10	D9	E10
D4	B10	D10	E8
D5	A11	D11	F12
D6	B11	D12	E11
EDA/SOPC开发平台		八位七段数码管显示模块	
A	H3	G	L4
B	H4	DP	M3
C	K5	SEL0	G4
D	L5	SEL1	G3
E	K4	SEL2	F4
F	L3		
EDA/SOPC开发平台		十二位拨动开关	
K1	A12	K7	C17
K2	B12	K8	E17
K3	B15	K9	L7
K4	B14	K10	E16
K5	A15	K11	G5
K6	D16	K12	H5
EDA/SOPC开发平台		八位按键开关模块	
S1	A13	S5	D17
S2	B13	S6	D18
S3	B16	S7	G6
S4	C16	S8	H6

续表

信 号 名 称	EP1C12 IO 接脚	信 号 名 称	EP1C12 IO 接脚
EDA/SOPC 开发平台		16×16 点阵显示模块	
C0	R5	R0	M3
C1	N5	R1	L4
C2	R6	R2	L3
C3	T5	R3	K4
C4	P6	R4	L5
C5	T6	R5	K5
C6	P7	R6	H4
C7	T7	R7	H3
C8	L14	R8	P5
C9	M14	R9	T4
C10	N14	R10	R4
C11	N13	R11	P4
C12	P12	R12	M5
C13	N12	R13	N4
C14	P10	R14	N3
C15	P9	R15	M4
EDA/SOPC 开发平台		4×4 钜阵键盘	
C0	A13	R0	D17
C1	B13	R1	D18
C2	B16	R2	G6
C3	C16	R3	H6
EDA/SOPC 开发平台		交通信号灯模块	
R1	F5	R2	E3
Y1	D3	Y2	E4
G1	D4	G2	F3
EDA/SOPC 开发平台		直流电机模块	
SPEED	D5	PWM	E6
EDA/SOPC 开发平台		步进电机模块	
A	C7	C	D6
B	C6	D	D7
EDA/SOPC 开发平台		RTC 实时时钟模块	
SCLK	C5	RST	D7
IO	E7		

续表

信号名称	EP1C12 IO 接脚	信号名称	EP1C12 IO 接脚
EDA/SOPC 开发平台		IIC EEPROM 存储模块	
SCL	D2	SDA	D1
EDA/SOPC 开发平台		数字温度传感器模块	
CLK/DAT	D2		
EDA/SOPC 开发平台		并行 ADC 模块(5510/5540)	
D0	N7	D5	P2
D1	L6	D6	P3
D2	M6	D7	N2
D3	R1	OE	M2
D4	E5	CLK	N1
EDA/SOPC 开发平台		并行 DAC 模块(5602)	
D0	F2	D5	G1
D1	E2	D6	L2
D2	G2	D7	H1
D3	F1	CLK	M1
D4	H2		
EDA/SOPC 开发平台		串行 ADC 模块(7822U)	
CS	H14	CS	H14
DOUT	G12	DOUT	G12
EDA/SOPC 开发平台		串行 DAC 模块(7513)	
DIN	H13	DIN	H13
CLK	J14	CLK	J14
EDA/SOPC 开发平台		可调数字时钟模块 CLK	
CLK	J4(GCLK1)		
EDA/SOPC 开发平台		VGA 显示模块	
R	E6	HS	C5
G	D5	VS	E7
B	D6		
EDA/SOPC 开发平台		串行接口模块 1(COM1)	
TXD1	C7	RXD1	D8
EDA/SOPC 开发平台		串行接口模块 2(COM2)	
TXD2	D7	RXD2	C6
EDA/SOPC 开发平台		PS2 键盘接口	
CLOCK	K15		
DATA	L16		

续表

信号名称	EP1C12 IO 接脚	信号名称	EP1C12 IO 接脚
EDA/SOPC 开发平台		PS2 鼠标接口	
CLOCK	L15	DATA	M16
EDA/SOPC 开发平台		USB 接口(D12)	
D0	D9	D7	C12
D1	C9	A0	C8
D2	D10	WR	D14
D3	C10	RD	C13
D4	D11	CS	D13
D5	C11	INT	J16(GCLK3)
D6	D12		
EDA/SOPC 开发平台		网络接口模块(8019)	
D0	E15	A0	F14
D1	F16	A1	E14
D2	F15	A2	E13
D3	G16	A3	F13
D4	G15	A4	C15
D5	H16	WR	C14
D6	H15	RD	D15
D7	K16	AEN	G14
		INT	J15(GCLK2)
EDA/SOPC 开发平台		音频 CODEC 接口模块(AIC23)	
SDIN	N16	DIN	P15
SCLK	N15	LRCIN	R16
CS	M15	LRCOUT	R16
BCLK	P16	DOUT	P14
EDA/SOPC 开发平台		扬声器输出模块	
SPEAKER	N6		
EDA/SOPC 开发平台		FPGA 输入输出探测模块	
INPUT(J21)	R16	OUTPUT(J20)	P16
EDA/SOPC 开发平台		电源输出扩展接口(JP12)	
1-2	+12V	13-14	GND
3-6	/	15-18	/
7-8	+5V	19-20	−12V
9-12	/		

续表

信号名称	EP1C12 IO 接脚	信号名称	EP1C12 IO 接脚
EDA/SOPC 开发平台		扩展接口模块 1(JP10)	
1-4	+12V	24	A6
5-8	GND	25	F1
9	E4	26	B6
10	/	27	H2
11	E3	28	B5
12	/	29	G1
13	D4	30	A4
14	/	31	L2
15	D3	32	B4
16	A18	33	H1
17	F5	34	B3
18	B8	35	G4
19	F2	36	C4
20	A7	37	G3
21	E2	38	C2
22	B7	39	F4
23	G2	40	F3
EDA/SOPC 开发平台		扩展接口模块 2(JP11)	
1-4	+5V	26	P4
5-8	GND	27	M5
9-12	NOP	28	N4
13	H6	29	N3
14	G6	30	M4
15	D18	31	/
16	D17	32	M3
17	C16	33	/
18	B16	34	L4
19	B13	35	L3
20	A13	36	K4
21-22	NOP	37	L5
23	P5	38	K5
24	T4	39	H4
25	R4	40	H3

附表 C 核心板上资源模块与FPGA的引脚连接表

信 号 名 称	EP1C12 I/O 接脚	信 号 名 称	EP1C12 I/O 接脚
核心板模块		FLASH(AM29LV017D)	
A0	U10	A17	R18
A1	V10	A18	U6
A2	U9	A19	T17
A3	V9	A20	R17
A4	U8	D0	V13
A5	V8	D1	U12
A6	U7	D2	V13
A7	V7	D3	U13
A8	U5	D4	U14
A9	U4	D5	V15
A10	T16	D6	U15
A11	V4	D7	U16
A12	U3	WE#	V6
A13	T3	OE#	U11
A14	R3	CE#	V11
A15	T2	RESET#	C4
A16	R2	…	…
核心板模块		SRAM(IDT74V416)	
A0	U9	A9	V4
A1	V9	A10	U3
A2	U8	A11	T3
A3	V8	A12	R3
A4	U7	A13	T2
A5	V7	A14	R2
A6	U5	A15	R18
A7	U4	A16	U6
A8	T16	A17	T17

续表

信号名称	EP1C12 I/O接脚	信号名称	EP1C12 I/O接脚
核心板模块		SRAM(IDT74V416)	
D0	V12	D20	T9
D1	U12	D21	R8
D2	V13	D22	T8
D3	U13	D23	R7
D4	U14	D24	R11
D5	V15	D25	T12
D6	U15	D26	R12
D7	U16	D27	T13
D8	N18	D28	R13
D9	M17	D29	T14
D10	M18	D30	R14
D11	L17	D31	T15
D12	L18	BE0	F17
D13	H17	BE1	G18
D14	H18	BE2	P13
D15	F18	BE3	R15
D16	T11	OE#	G17
D17	R10	WE#	N17
D18	T10	CS#	P17
D19	R9	…	…
核心板模块		自定义按键	
BT1	N8	BT3	N10
BT2	N9	BT4	N11
核心板模块		七段码 LED	
A	F11	E	G11
B	F10	F	G10
C	F9	G	G9
D	F8	DP	G8
核心板模块		复位按键、时钟	
RESET	C4	50MHz	J3

续表

信 号 名 称	EP1C12 I/O 接脚	信 号 名 称	EP1C12 I/O 接脚
核心板模块		自定义 LED(LED1～LED4)	
LED1	M8	LED3	M10
LED2	M9	LED4	M11
核心板模块		扩展接口 JP1	
1-4	VCC(5V)	29	N4
5-7	GND	30	M5
8	C4	31	P4
9	F5	32	R4
10	D3	33	T4
11	D4	34	P5
12	E3	35	R5
13	E4	36	N5
14	F3	37	R6
15	F4	38	T5
16	G3	39	P6
17	G4	40	T6
18	H3	41	P7
19	H4	42	T7
20	K5	43	P9
21	CLK1	44	P10
22	L5	45	N12
23	K4	46	P12
24	L3	47	N13
25	L4	48	N14
26	M3	49	M14
27	M4	50	L14
28	N3	…	…

续表

信号名称	EP1C12 I/O 接脚	信号名称	EP1C12 I/O 接脚
核心板模块		扩展接口 JP2	
1	D5	26	F13
2	E6	27	F14
3	C5	28	E14
4	D6	29	E15
5	C6	30	G14
6	E7	31	F15
7	C7	32	F16
8	D7	33	G15
9	C8	34	G16
10	D8	35	H15
11	C9	36	H16
12	D9	37	CLK2
13	C10	38	CLK3
14	D10	39	K15
15	C11	40	K16
16	D11	41	L15
17	C12	42	L16
18	D12	43	M15
19	C13	44	M16
20	D13	45	N15
21	C14	46	N16
22	D14	47	P15
23	C15	48	P16
24	D15	49	P14
25	E13	50	R16

续表

信 号 名 称	EP1C12 I/O 接脚	信 号 名 称	EP1C12 I/O 接脚
核心板模块		扩展接口 JP3	
1-4	VCC(5V)	44	A9
5-8	GND	45	B10
9	N7	46	A10
10	N6	47	B11
11	M6	48	A11
12	L6	49	B12
13	E5	50	A12
14	R1	51	B13
15	P3	52	A13
16	P2	53	B14
17	N1	54	B15
18	N2	55	A15
19	M1	56	B16
20	M2	57	C16
21	L2	58	D16
22	H1	59	C17
23	H2	60	D17
24	G1	61	D18
25	G2	62	E17
26	F1	63	E16
27	F2	64	L7
28	E2	65	H6
29	D1	66	G6
30	D2	67	H5
31	C2	68	G5
32	C3	69	F6
33	B3	70	F7
34	B4	71	E8
35	A4	72	E10
36	B5	73	E11
37	B6	74	F12
38	A6	75	G12
39	B7	76	G13
40	A7	77	H13
41	B8	78	H14
42	A8	79	J14
43	B9	80	J13